普通高等教育"十三五"应用型本科规划教材

高等数学（上册）

（第2版）

代　鸿　党庆一　主　编

孔昭毅　陈爱敏　赵润峰　副主编

U0230205

清华大学出版社

北　京

内 容 简 介

本书分为上、下两册.上册内容包括：函数的极限与连续,导数与微分,微分中值定理与导数的应用,不定积分,定积分,定积分的应用共 6 章.

全书弱化了定理证明,在例题及习题的选取上突出了应用性,强化了高等数学课程与后续专业课程的联系,便于教学和自学.本书可作为普通高等学校(少学时)、独立学院、成教学院、民办学院本科非数学专业的教材.本书还突出了高等数学在经济中的应用,因而经济类本科院校同样适用.

图书在版编目(CIP)数据

高等数学.上册/代鸿,党庆一主编. —2 版. —北京：清华大学出版社,2018(2024.9 重印)
(普通高等教育"十三五"应用型本科规划教材)
ISBN 978-7-302-50974-5

Ⅰ. ①高… Ⅱ. ①代… ②党… Ⅲ. ①高等数学－高等学校－教材 Ⅳ. ①O13

中国版本图书馆 CIP 数据核字(2018)第 183963 号

责任编辑：佟丽霞 陈 明
封面设计：傅瑞学
责任校对：赵丽敏
责任印制：杨 艳

出版发行：清华大学出版社
　　　　网　　　　址：https://www.tup.com.cn,https://www.wqxuetang.com
　　　　地　　　　址：北京清华大学学研大厦 A 座　　邮　　编：100084
　　　　社　总　机：010-83470000　　　　　　　　邮　　购：010-62786544
　　　　投稿与读者服务：010-62776969,c-service@tup.tsinghua.edu.cn
　　　　质　量　反　馈：010-62772015,zhiliang@tup.tsinghua.edu.cn
印　装　者：三河市东方印刷有限公司
经　　销：全国新华书店
开　　本：170mm×230mm　　印　张：17.75　　字　数：356 千字
版　　次：2014 年 7 月第 1 版　　2018 年 8 月第 2 版　　印　次：2024 年 9 月第 10 次印刷
定　　价：45.00 元

产品编号：080752-02

第2版 前言

　　本书自 2014 年 7 月出版以来,得到众多好评,并列入了普通高等教育"十三五"应用型本科规划教材.为了更好地发挥教材的作用,我们对全书的内容进行了修订.

　　本书自出版以来,许多读者对本书内容和习题等方面提出了宝贵的意见,在此特向他们表示感谢.这次修订,我们采纳了读者的意见,修正了部分内容,并在形式上进行了改变,书中标注 * 部分为选修内容,更方便读者阅读.

　　本书再版仍坚持原书的指导思想,坚持"以应用为目的,以必需够用为度"的原则,侧重于培养学生的应用能力.希望广大读者对本书的不足之处给予指正,支持我们把本书修改得更加适用.

编　者

2018 年 3 月

第1版
前言

　　高等数学课程是高等学校的一门重要基础课程,它提供了各专业后续学习所必需的大学数学知识,更是工程技术人员必须掌握的一门重要基础课程.当今社会,数学的思想、理论与方法已被广泛地应用于自然科学、工程技术、企业管理甚至人文学科之中,"数学是高新技术的本质"这一说法,已被人们所接受.

　　为了适应高等教育的发展,根据国家教委对培养应用型本科人才的要求,重庆大学城市科技学院本着"以应用为目的,以必需够用为度"的原则,对课程内容体系进行了整体优化,强化了高等数学与专业课程的联系,使之更侧重于培养学生的应用能力,以适应培养应用型本科人才的培养目标.学院组织了具有丰富教学经验的一线教师编写讲义并试用,这就是本书的雏形.在汲取国内外各种版本同类教材优点的基础上,编者还将教学实践中积累的一些有益的经验融入了其中,并在教材中加入了一定数量的提高题,来满足部分考研学生的需要.

　　本书由代鸿和党庆一担任主编.第 1 章由陈爱敏和代鸿共同编写;第 2 章由赵润峰编写;第 3 章由孔昭毅编写;第 4 章由代鸿编写;第 5 章、第 6 章由党庆一编写.全书由重庆大学易正俊审定,何传江、王晓宏、李新、张心明等老师也给予了宝贵的意见,在此一并致谢.

　　由于编者水平有限,书中缺点和错误在所难免,恳请广大同行、读者批评指正.

编　者

2013 年 11 月

目 录

第 1 章　函数的极限与连续

高等数学是一门以函数作为主要研究对象,以极限方法为基本研究方法的基础学科.极限理论几乎贯穿了高等数学的整个内容.本章主要介绍函数、函数极限与函数连续性的基本概念以及它们的一些性质.

1.1　函数

1.1.1　基本概念

1. 集合

集合是数学中的一个基本概念,讨论函数离不开集合.例如,一个教室里面的学生构成一个集合,全体有理数构成一个集合等.一般地,我们把具有某种特定性质的事物的总体称为**集合**(或简称**集**),组成这个集合的事物称为该集合的**元素**(或简称**元**).对于任何集合的元素,不仅是确定的,而且还是无序、互异的.通常用大写拉丁字母 $A,B,\cdots$ 表示集合,用小写拉丁字母 $a,b,\cdots$ 表示集合中的元素.如果 a 是集合 A 中的元素,就说"元素 a 属于集合 A",用符号"$a \in A$"来表示;如果 a 不是集合 A 中的元素,就说"元素 a 不属于集合 A",用符号"$a \notin A$"来表示.

通常用两种方法来表示集合:一种是**列举法**,即把集合的全体元素一一列举出来.例如,自然数集可以用

$$\mathbf{N} = \{0,1,2,\cdots,n,\cdots\}$$

来表示,$\mathbf{N}^+ = \{1,2,\cdots,n,\cdots\}$ 则可表示正整数集.

另一种是**描述法**,即如果集合 M 是由具有某种特定性质 P 的元素 x 的全体所构成的,就可表示为

$$M = \{x \mid x \text{ 具有性质 } P\}$$

例如,集合 A 是一元二次方程 $x^2 - 3x + 2 = 0$ 的解集,就可用

$$A = \{x \mid x^2 - 3x + 2 = 0\}$$

来表示.

习惯上,全体整数集记作 $\mathbf{Z}$,即

$$\mathbf{Z} = \{\cdots, -n, \cdots, -2, -1, 0, 1, 2, \cdots, n, \cdots\}$$

有理数集记作 $\mathbf{Q}$,即

$$\mathbf{Q} = \left\{ \frac{p}{q} \,\middle|\, p \in \mathbf{Z}, q \in \mathbf{N}^+ \text{ 且 } p, q \text{ 互质} \right\}$$

全体实数集用 $\mathbf{R}$ 来表示.

2. 区间和邻域

区间和邻域是高等数学中经常用到的两个数集,其中区间分为**有限区间**和**无限区间**,下面介绍它们的定义和记号.

(1) 区间

① 有限区间

设 a, b 都是实数,且满足 $a < b$,则数集

$$\{x \mid a \leqslant x \leqslant b\}$$

称为闭区间,记作 $[a, b]$,即

$$[a, b] = \{x \mid a \leqslant x \leqslant b\}$$

其中 a 和 b 分别称为闭区间 $[a, b]$ 的左端点和右端点,这里 $a \in [a, b]$,$b \in [a, b]$.

类似地,数集

$$\{x \mid a < x < b\}$$

称为开区间,记作 (a, b),即

$$(a, b) = \{x \mid a < x < b\}$$

其中 a 和 b 分别称为开区间 (a, b) 的左端点和右端点,这里 $a \notin (a, b)$,$b \notin (a, b)$.

同时把数集

$$\{x \mid a \leqslant x < b\}, \quad \{x \mid a < x \leqslant b\}$$

称为半开半闭区间,分别记为

$$[a, b) = \{x \mid a \leqslant x < b\}, \quad (a, b] = \{x \mid a < x \leqslant b\}$$

② 无限区间

为了叙述方便,引进记号 $+\infty$(称为正无穷大)及 $-\infty$(称为负无穷大). $(a, +\infty) = \{x \mid a < x < +\infty\}$,$[a, +\infty) = \{x \mid a \leqslant x < +\infty\}$,$(-\infty, b) = \{x \mid -\infty < x < b\}$,$(-\infty, b] = \{x \mid -\infty < x \leqslant b\}$ 与 $(-\infty, +\infty)$ 都称为无限区间.

下面将区间 $[a, b]$,(a, b),$[a, b)$,$(a, b]$,$(a, +\infty)$,$[a, +\infty)$,$(-\infty, b)$,$(-\infty, b]$ 分别在实数轴上表示出来(如图 1.1.1 所示).

(2) 邻域

邻域也是一个经常用到的概念.以点 x_0 为中心的任何开区间称为**点 x_0 的邻域**,记作 $U(x_0)$.

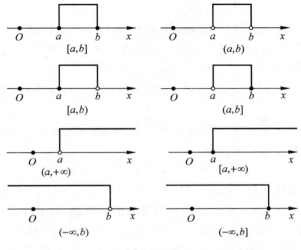

图 1.1.1

设任意的 $\delta>0$，则开区间 $(x_0-\delta,x_0+\delta)$ 称为**点 x_0 的 δ 邻域**，记作 $U(x_0,\delta)$，即

$$U(x_0,\delta)=\{x\mid x_0-\delta<x<x_0+\delta,\delta>0\}$$
$$=\{x\mid\mid x-x_0\mid<\delta,\delta>0\}$$

其中点 x_0 称为**邻域中心**，δ 称为**邻域半径**（如图 1.1.2 所示）．

因为 $\mid x-x_0\mid$ 表示点 x 与点 x_0 之间的距离，所以 $U(x_0,\delta)$ 表示与点 x_0 之间的距离小于 δ 的一切点 x 的全体．

如果把点 x_0 的 δ 邻域的中心点 x_0 去掉，所得集合称为**点 x_0 的去心 δ 邻域**，记作 $\mathring{U}(x_0,\delta)$，即

$$\mathring{U}(x_0,\delta)=\{x\mid 0<\mid x-x_0\mid<\delta,\delta>0\}$$

如图 1.1.3 所示，这里 $\mid x-x_0\mid>0$ 表示 $x\neq x_0$．

图 1.1.2   图 1.1.3

1.1.2 函数概述

1. 函数的概念

在自然现象、经济活动或技术过程中，通常会遇到各种不同的变量，它们之间往往是相互依赖、相互制约的．例如，在自由落体运动中，下降的距离 s 与时间 t 的依赖关系是 $s=\dfrac{1}{2}gt^2$（g 为重力加速度）；又如中学讲到的三角函数 $y=\sin x$ 等，它们都给出了变量与变量之间的依赖关系．将这些关系的共同特征抽象出来，就得到了函数的

概念.

定义 1.1.1　设 x,y 是两个变量,D 是一个给定的非空数集,若对于任意的 $x\in D$,变量 y 按照一定的对应法则总有唯一的数值与之对应,则称 y 是 x 的函数,记作

$$y=f(x)$$

非空数集 D 叫做函数 $f(x)$ 的**定义域**,记作 D_f,f 称为**对应法则**,其中 x 为**自变量**,y 为**因变量**.

对 $x_0\in D$,按照对应法则 f 所确定的数值 $f(x_0)$ 称为函数 $f(x)$ 在 $x=x_0$ 处的**函数值**,所有函数值所组成的数集

$$f(D)=\{y\mid y=f(x),x\in D\}$$

称为函数 $f(x)$ 的**值域**,记作 R_f.

需要指出的是,定义域、对应法则称为**函数的两要素**.由上述定义可知,只要给出了函数的定义域 D_f 以及对应法则 f,函数的值域 R_f 也随之确定.因此如果两个函数的定义域相同,对应法则相同,即使用不同的字母来表示自变量,它们也是同一函数;反之,如果两个函数的定义域或者对应法则不同,则它们不是同一函数.也就是说,**两个函数相同的充分必要条件是其定义域与对应法则完全相同**.

例如,$y=|x|$ 与 $y=\sqrt{x^2}$ 是同一函数;函数 $y=x+1$ 与 $y=\dfrac{x^2-1}{x-1}$ 是两个不同的函数,因为两者的定义域不同;而 $f(x)=x+1$ 与 $g(t)=t+1$ 则是同一函数.

定义域是函数的重要概念,在实际问题中,函数的定义域是根据问题的实际意义来确定的.如圆面积 $S=\pi r^2$,根据问题的实际意义可知,定义域为 $(0,+\infty)$.在数学中,通常将使得表达式有意义的一切实数所组成的集合作为该函数的定义域,称为函数的**自然定义域**.

例 1　求下列函数的定义域:

(1) $y=x^2+1$;　(2) $y=\dfrac{1}{\ln(x-1)}$;　(3) $y=\sqrt{x-1}+\arccos\dfrac{x}{2}$.

解　(1) 对于任意的 $x\in(-\infty,+\infty)$,函数 $y=x^2+1$ 都有意义,则定义域为 $(-\infty,+\infty)$.

(2) 要使 $\dfrac{1}{\ln(x-1)}$ 有意义,只需 $x-1>0$ 且 $\ln(x-1)\neq0$,即 $x>1$ 且 $x\neq2$,所以函数的定义域为 $(1,2)\cup(2,+\infty)$.

(3) 要使 $\sqrt{x-1}$ 有意义,只须 $x-1\geq0$,即 $x\geq1$;要使 $\arccos\dfrac{x}{2}$ 有意义,只须 $-1\leq\dfrac{x}{2}\leq1$,即 $-2\leq x\leq2$,所以函数的定义域为 $[1,2]$.

2. 函数的表示法

函数常用的表示法有解析法(或公式法)、表格法和图像法.这些方法大家在中学

已经熟悉了,下面举几个函数的例子.

例 2　对任意实数 x,记$[x]$为不超过 x 的最大整数,如$[\sqrt{3}]=1,[-3.2]=-4$,$[3.2]=3,[0]=0$ 等,称 $f(x)=[x]$ 为**取整函数**(如图 1.1.4 所示).

例 3　符号函数 $y=\operatorname{sgn} x=\begin{cases}-1, & x<0 \\ 0, & x=0 \\ 1, & x>0\end{cases}$的定义域为 $D=(-\infty,+\infty)$,值域为 $f(D)=\{-1,0,1\}$(如图 1.1.5 所示).

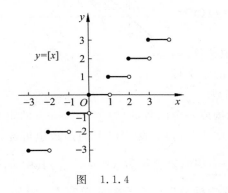

图　1.1.4

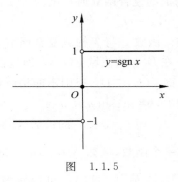

图　1.1.5

例 4　$y=|x|=\begin{cases}x, & x\geqslant0 \\ -x, & x<0\end{cases}$,定义域为$(-\infty,+\infty)$,值域为$[0,+\infty)$,其图形关于 y 轴对称,这是**绝对值函数**(如图 1.1.6 所示).

在例 3 和例 4 中我们可以看到,有时一个函数要用几个式子表示,这种在自变量的不同变化范围内,对应法则用不同式子来表示的函数,称为**分段函数**.

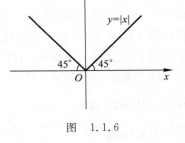

图　1.1.6

3. 反函数

定义 1.1.2　设函数 $y=f(x)$ 的定义域为 D,值域为 $f(D)$,若对任意的 $y\in f(D)$,存在唯一的 $x\in D$,使得 $f(x)=y$,则得到一个以 y 为自变量,x 为因变量的新函数 $x=\varphi(y)$,此函数称为函数 $y=f(x)$ 的反函数,记作
$$x=f^{-1}(y)$$
其定义域为 $f(D)$,值域为 D.

习惯上常用 x 表示自变量,y 表示因变量,因此,我们将函数 $y=f(x)$ 的反函数 $x=f^{-1}(y)$ 改写成 $y=f^{-1}(x)$,同时也称 $y=f^{-1}(x)$ 为函数 $y=f(x)$ 的反函数.相对于反函数,原来的函数 $y=f(x)(x\in D)$ 称为**直接函数**.互为反函数的图像关于直线

$y=x$ 对称(如图 1.1.7 所示). 例如 $y=\mathrm{e}^x$, 有反函数 $x=\ln y$, 记为 $y=\ln x$.

4. 复合函数

定义 1.1.3　设函数 $y=f(u)$ 的定义域为 D_f, 函数 $u=g(x)$ 在 D 上有定义, 且 $g(D)\subset D_f$, 则函数
$$y=f[g(x)], \quad x\in D$$
称为由函数 $u=g(x)$ 和函数 $y=f(u)$ 构成的**复合函数**, 它的定义域为 D, 变量 u 称为**中间变量**, 函数 g 与 f 构成的复合函数通常记为 $f\circ g$, 即 $(f\circ g)(x)=f[g(x)], x\in D$.

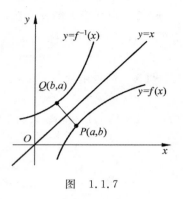

图　1.1.7

注　函数 g 与 f 构成复合函数 $f\circ g$ 的条件是: 函数 g 在 D 上的值域 $g(D)$ 必须包含在 f 的定义域 D_f 内, 即 $g(D)\subset D_f$, 否则不能构成复合函数.

例如, $y=\arcsin u$ 及 $u=3+x^2$ 就不能构成一个函数, 因为 $y=\arcsin u$ 的定义域为 $[-1,1]$, 而 $u=3+x^2$ 的值域为 $[3,+\infty)\not\subset[-1,1]$. 两个以上的函数也可经过复合构成一个函数, 例如, $y=u^2, u=\sin v, v=\dfrac{x}{2}$ 构成复合函数 $y=\sin^2\dfrac{x}{2}$, 其中 u,v 都是中间变量. 另外, 我们还可以将复合函数"拆分"为若干个简单函数. 例如, $y=\tan^2\sqrt{\mathrm{e}^x}$ 是由 4 个简单函数 $y=u^2, u=\tan v, v=\sqrt{w}, w=\mathrm{e}^x$ 所构成的复合函数.

5. 隐函数

如果变量 x 和 y 满足方程 $F(x,y)=0$, 在一定的条件下, 当 x 在某区间 I 内任意取定一个值时, 相应地总有满足该方程的唯一的 y 值存在, 则称方程 $F(x,y)=0$ 在区间 I 内确定了一个函数, 这个函数称为**隐函数**. 如方程 $\mathrm{e}^x+y\sin x-1=0$ 就确定了变量 y 与变量 x 之间的函数关系, 它是一个隐函数.

注　通常把形如 $y=f(x)$ 的函数称为**显函数**, 有些隐函数可以通过一定的运算转化为显函数, 如 $\mathrm{e}^x+y\sin x-1=0$ 可化为显函数 $y=\dfrac{1-\mathrm{e}^x}{\sin x}$; 但有些隐函数却不可能化为显函数, 如 $\cos(x+y)=\mathrm{e}^y$. 在以后的学习中会经常遇到隐函数, 多数情况下不要求化成显函数.

6. 参数式函数

由参数方程 $\begin{cases} x=\varphi(t) \\ y=\psi(t) \end{cases}(\alpha\leqslant t\leqslant\beta)$ 来表示变量 x 与 y 之间依赖关系的函数, 称为**由参数方程所确定的函数**, 简称为**参数式函数**.

例如, 由参数方程 $\begin{cases} x=\cos t \\ y=\sin t \end{cases}(0\leqslant t\leqslant\pi)$, 可以确定函数 $y=\sqrt{1-x^2}, x\in[-1,1]$.

7. 函数的特性

（1）有界性

设函数 $y = f(x)$，$x \in I$，若存在 M_1，对于任意给定的 $x \in I$，有

$$f(x) \leqslant M_1$$

则称函数 $y = f(x)$ 在区间 I 上有**上界**，而 M_1 称为函数 $y = f(x)$ 的一个上界；若存在 M_2，对于任意给定的 $x \in I$，有

$$f(x) \geqslant M_2$$

则称函数 $y = f(x)$ 在区间 I 上有**下界**，而 M_2 称为函数 $y = f(x)$ 的一个下界；若存在 $M > 0$，对于任意给定的 $x \in I$，有

$$| f(x) | \leqslant M$$

则称函数 $y = f(x)$ 在区间 I 上**有界**. 如果不存在这样的 M，则称函数 $y = f(x)$ 在区间 I 上**无界**.

注 1 函数的有界性与区间有关. 例如 $y = \dfrac{1}{x}$ 在 $(0,1)$ 上无界，在 $(1,2)$ 上有界.

注 2 若 $y = f(x)$ 在区间 I 上有界，容易知道界不是唯一的. 如果 $| f(x) | \leqslant M$，则比 M 大的所有数都可以作为函数 $f(x)$ 的界.

注 3 容易证明，函数 $f(x)$ 在区间 I 上有界的充分必要条件是它在区间 I 上既有上界又有下界.

为简便叙述，引入一些符号. 用"$\forall$"表示"任意给定的"或"每一个"，用"$\exists$"表示"存在"或"能找到". 例如，"任意给定的 $x \in I$"可写成"$\forall x \in I$"，而"存在 $M > 0$"可写成"$\exists M > 0$".

（2）单调性

设函数 $y = f(x)$，$x \in I$，若 $\forall x_1, x_2 \in I$ 且 $x_1 < x_2$，有

$$f(x_1) < f(x_2)$$

则称函数 $y = f(x)$ 在区间 I 上是**单调增加**的；若 $\forall x_1, x_2 \in I$ 且 $x_1 < x_2$，有

$$f(x_1) > f(x_2)$$

则称函数 $y = f(x)$ 在区间 I 上是**单调减少**的.

注 单调性与区间有关，如 $y = x^2$ 在 $(-1,1)$ 上无单调性，但在 $(0,1)$ 上是单调增加的，在 $(-1,0)$ 上是单调减少的.

（3）奇偶性

设函数 $y = f(x)$，$x \in I$，区间 I 关于原点对称，即对于 $\forall x \in I$，有 $-x \in I$. 若对于 $\forall x \in I$，有

$$f(-x) = -f(x)$$

则称函数 $f(x)$ 为**奇函数**；若对于 $\forall x \in I$，有

$$f(-x) = f(x)$$

则称函数 $f(x)$ 为**偶函数**.

注　容易证明,奇函数的图形关于原点对称,偶函数的图形关于 y 轴对称.

例如,$y = x^2$ 是偶函数,$y = x^3$ 是奇函数,而 $y = x+1$ 既非奇函数又非偶函数.

(4) 周期性

设函数 $y = f(x)$,$x \in I$,若 $\forall x \in I$,$\exists T > 0$,使得

$$f(x+T) = f(x), \quad x+T \in I$$

恒成立,则称 $f(x)$ 为**周期函数**,称 T 为**周期**,通常所说周期函数的周期是指**最小正周期**.

注　周期函数不一定有最小正周期,如 $y = C$(C 为常数)就没有最小正周期.

1.1.3　初等函数

1. 基本初等函数

在初等数学中已经讲过下面几类函数:

(1) 幂函数:$y = x^\mu$;

(2) 指数函数:$y = a^x$,其中 $a > 0$ 且 $a \neq 1$,特别地,当 $a = e$ 时有 $y = e^x$;

(3) 对数函数:$y = \log_a x$,其中 $a > 0$ 且 $a \neq 1$,特别地,当 $a = e$ 时有 $y = \ln x$;

(4) 三角函数:① $y = \sin x$,② $y = \cos x$,③ $y = \tan x$,④ $y = \cot x$,⑤ $y = \sec x$,⑥ $y = \csc x$;

(5) 反三角函数:① $y = \arcsin x$,② $y = \arccos x$,③ $y = \arctan x$,④ $y = \text{arccot}\, x$.

以上 5 类函数统称为**基本初等函数**,它们的图像与性质见附录 A.

2. 初等函数

由常数和基本初等函数经过有限次四则运算和有限次复合运算而得到的,且能用一个式子表示的函数称为**初等函数**.

例如,$f(x) = x^2 + \sin 2x$,$f(x) = \sqrt{x-1}$ 都是初等函数,在本课程中所讨论的函数绝大多数是初等函数.

下面介绍一些工程上经常使用的函数.

(1) 双曲正弦 $\sinh x = \dfrac{e^x - e^{-x}}{2}$;

(2) 双曲余弦 $\cosh x = \dfrac{e^x + e^{-x}}{2}$;

(3) 双曲正切 $\tanh x = \dfrac{\sinh x}{\cosh x} = \dfrac{e^x - e^{-x}}{e^x + e^{-x}}$;

(4) 反双曲正弦 $y = \text{arsinh}\, x = \ln\left(x + \sqrt{x^2+1}\right)$;

(5) 反双曲余弦 $y = \text{arcosh } x = \ln(x + \sqrt{x^2 - 1})$;

(6) 反双曲正切 $\text{artanh } x = \dfrac{1}{2} \ln \dfrac{1+x}{1-x}$.

习 题 1-1

1. 求下列函数的定义域：

(1) $y = \sqrt{x^2 + 1}$;

(2) $y = \arccos \dfrac{x-1}{5} + \dfrac{1}{\sqrt{25 - x^2}}$;

(3) $y = \dfrac{\sin x}{\ln(x-1)}$;

(4) $y = \dfrac{x-1}{x^2 - 3x + 2}$;

(5) $y = \dfrac{1}{\ln \ln x}$;

(6) $y = \dfrac{1}{\sqrt{x+2}} + \sqrt{x(x-1)}$.

2. 下列各题中函数 $f(x)$ 与 $g(x)$ 是否相同？为什么？

(1) $f(x) = x, g(x) = \sqrt{x^2}$;

(2) $f(x) = \dfrac{x^2 - 1}{x + 1}, g(x) = x - 1$;

(3) $f(x) = 1, g(x) = \sin^2 x + \cos^2 x$;

(4) $f(x) = \sqrt{\sin^2 x}, g(x) = \sin x$.

3. 求下列函数值：

(1) 设 $f(x) = \dfrac{|x-2|}{x+1}$，求 $f(2), f(-2), f(0), f(1)$;

(2) 设 $f(x) = \begin{cases} 2\sqrt{x}, & 0 \leqslant x \leqslant 1 \\ x+1, & x > 1 \end{cases}$，求 $f(0), f(1), f(2)$.

4. 设 $f(x)$ 的定义域为 $(0, 1)$，求 $f(x^2), f(\sin x), f\left(\dfrac{1}{x}\right)$ 的定义域.

5. 下列求函数的表达式：

(1) 已知 $f(x+1) = x^2 + 3x + 5$，求 $f(x)$;

(2) 已知 $f(x) = x^2 + 1$，求 $f[f(x)], f\left(\dfrac{1}{x}\right)$;

(3) 已知 $f(x+1) = \begin{cases} x^3, & 0 \leqslant x \leqslant 1 \\ 3x, & 1 < x \leqslant 2 \end{cases}$，求 $f(x)$.

6. 求下列函数的反函数：

(1) $f(x) = \dfrac{1-x}{x+1}$;

(2) $f(x) = 2x^3 + 1$.

7. 判断下列函数的奇偶性：

(1) $f(x) = x^4 - 2x^2$;

(2) $f(x) = x^2 + x$;

(3) $f(x) = \dfrac{e^x + 1}{e^x - 1}$;

(4) $f(x) = \sin x - \cos x - 1$.

8. 证明单调增加函数的反函数也是单调增加函数.

9. 设下面所考虑的函数都是定义在区间$(-l,l)$上的,证明:

(1) 两个偶函数的和是偶函数,两个奇函数的和是奇函数;

(2) 两个偶函数的乘积是偶函数,两个奇函数的乘积是偶函数,偶函数与奇函数的乘积是奇函数.

10. 设

$$f(x)=\begin{cases}0, & x\leqslant 0\\ x, & x>0\end{cases}, \quad g(x)=\begin{cases}0, & x\leqslant 0\\ -x^2, & x>0\end{cases}$$

求:$f[g(x)],f[f(x)],g[g(x)],g[f(x)]$.

1.2　数列的极限

极限是高等数学中的一个重要概念,极限的方法是高等数学中处理问题的最基本的方法,高等数学中的许多概念都是由极限来描述的,本节将讨论数列极限的情况.

1.2.1　数列的概念

由于在许多实际问题中,需要求问题的精确解,从而产生了极限的概念.例如,采用割圆术推算圆的面积,就是极限思想在几何学上的应用.

公元 3 世纪中期,我国著名数学家刘徽首创割圆术,为计算圆的面积建立了严密的理论和完善的算法.所谓割圆术就是不断倍增圆内接正多边形的边数,用正多边形的面积来逼近圆面积,从而求出圆面积的方法.

设一个半径为 r 的圆,作圆内接正三边形,正六边形,正十二边形,……,正 $3\times 2^{n-1}$边形,……,这些多边形的面积分别用

$$S_1,S_2,S_3,\cdots,S_n,\cdots$$

来表示,则它们构成一列有序的数.刘徽说:"割之弥细,所失弥少,割之又割,直至割无可割,则与圆合体而无所失矣."即随着 n 的增大,圆内接正多边形的面积越来越逼近圆的面积.但是无论 n 取得多大,只要 n 取定,S_n 终究只是正 $3\times 2^{n-1}$边形的面积,而不是圆的面积.因此我们设想 $n\to\infty$,即圆内接正多边形的边数无限增加,则其面积将无限接近于圆的面积.由此,从数值上看,圆内接正多边形的面积 S_n 随着 $n\to\infty$将无限接近于一个确定的数值,即所求圆的面积.在数学中,将这个确定的数值称为当 $n\to\infty$时,$S_1,S_2,S_3,\cdots,S_n,\cdots$这列有序数的极限.

下面先来介绍数列的概念.

定义 1.2.1　对于按照一定规律排列的一列数

$$x_1,x_2,\cdots,x_n,\cdots$$

称这一列数为**数列**,记作$\{x_n\}$,其中第n项x_n称为该数列的**通项**或**一般项**.

注 1　数列可看成是定义在正整数集上的函数$x_n = f(n)(n=1,2,\cdots)$.

注 2　数列还可看成数轴上一个动点,它依次取点$x_1, x_2, \cdots, x_n, \cdots$(如图 1.2.1 所示).

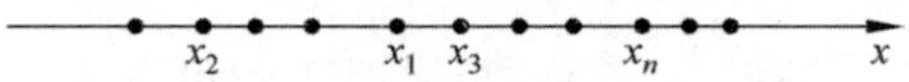

图　1.2.1

定义 1.2.2　对数列$\{x_n\}$,若$\forall n \in \mathbf{N}^+$,有

$$x_n < x_{n+1}$$

则称$\{x_n\}$为**单调增加数列**;若$\forall n \in \mathbf{N}^+$,有

$$x_n > x_{n+1}$$

则称$\{x_n\}$为**单调减少数列**.单调增加数列与单调减少数列统称为**单调数列**.

例如,$1, \dfrac{1}{\sqrt{2}}, \dfrac{1}{\sqrt{3}}, \cdots, \dfrac{1}{\sqrt{n}}, \cdots$是一个单调减少数列,$1, 2, \cdots, n, \cdots$是一个单调增加数列.

定义 1.2.3　若$\exists M > 0$,使$\forall n \in \mathbf{N}^+$,有

$$|x_n| \leqslant M$$

则称$\{x_n\}$为**有界数列**,否则为**无界数列**.

例如,$1, \dfrac{1}{\sqrt{2}}, \dfrac{1}{\sqrt{3}}, \cdots, \dfrac{1}{\sqrt{n}}, \cdots$是一个有界数列,$1, 2, \cdots, n, \cdots$是一个是无界数列.

1.2.2　数列极限的定义

极限的概念最初是在运动观点的基础上,凭借几何直观产生的直觉用自然语言来定性描述的.

对于数列

$$2, \frac{3}{2}, \cdots, \frac{n+1}{n}, \cdots$$

当n无限增大时,考察x_n的变化趋势.

容易发现,随着n的不断增大,x_n无限接近于 1,此时称$\left\{\dfrac{n+1}{n}\right\}$为**收敛数列**,其极限为 1.像这种随着$n$的无限增大,数列的一般项$x_n$无限接近于某个常数$a$的情形,就称数列$\{x_n\}$有极限,并把常数$a$叫做数列$\{x_n\}$的极限.

这是对数列极限作的一个定性描述,其中"无限增大"和"无限接近"之类的语言,用来描述数学概念是远远不够精确的.所以我们希望用精确的数学语言来定义极限.

对于数列 $\left\{\dfrac{n+1}{n}\right\}$，随着 n 的不断增大，x_n 无限接近于 1，其实质含义就是：当 n 充分大时，$\dfrac{n+1}{n}$ 与 1 的距离无限小. n 充分大可以用 n 大于某一个正整数 N 来描述（即大于 N 的数我们理解为是充分大的数）；而距离无限小可以用两者之间的距离小于任意小的正数来刻画. 于是，数列 $\left\{\dfrac{n+1}{n}\right\}$ 的极限是 1 就可以描述为：给定一个任意小的正数 ε，总能找到一个正整数 N，当 $n>N$ 时（即 n 充分大时），$\left|\dfrac{n+1}{n}-1\right|<\varepsilon$ 成立（即 $\dfrac{n+1}{n}$ 与 1 的距离是无限小的）.

为了验证这一描述的正确性，下面来举例说明.

例如，给定一个很小的正数 $\dfrac{1}{100}$，是否能找到满足要求的正整数 N 呢？

事实上，给定 $\dfrac{1}{100}$，要使 $\left|\dfrac{n+1}{n}-1\right|=\dfrac{1}{n}<\dfrac{1}{100}$，只要 $n>100$ 即可. 所以对于给定的 $\dfrac{1}{100}$，我们已经找到一个正整数 $N=100$，使得当 $n>N$ 时，不等式 $\left|\dfrac{n+1}{n}-1\right|<\dfrac{1}{100}$ 恒成立.

同样地，给定 $\dfrac{1}{10000}$，要使 $\left|\dfrac{n+1}{n}-1\right|=\dfrac{1}{n}<\dfrac{1}{10000}$，只要 $n>10000$ 即可. 所以对于给定的 $\dfrac{1}{10000}$，我们也找到一个正整数 $N=10000$，使得当 $n>N$ 时，不等式 $\left|\dfrac{n+1}{n}-1\right|<\dfrac{1}{10000}$ 恒成立.

由此可以推断，给定一个任意小的正数 ε，总能找到一个正整数 $N=\max\left\{\left[\dfrac{1}{\varepsilon}\right],1\right\}$，使得当 $n>N$ 时，不等式 $\left|\dfrac{n+1}{n}-1\right|<\varepsilon$ 恒成立.

通过以上分析，我们可以得到数列极限的精确定义.

定义 1.2.4　设 $\{x_n\}$ 为一数列，如果存在常数 a，对于 $\forall\varepsilon>0$（无论它多么小），$\exists N\in\mathbf{N}^+$，使得当 $n>N$ 时，不等式

$$|x_n-a|<\varepsilon$$

恒成立，则称 a 是**数列** $\{x_n\}$ **的极限**，或**数列** $\{x_n\}$ **收敛**于 a，记为

$$\lim_{n\to\infty}x_n=a \quad \text{或} \quad x_n\to a(n\to\infty)$$

否则称数列 $\{x_n\}$ 没有极限或者数列 $\{x_n\}$ **发散**.

下面介绍数列极限的**几何解释**.

将常数 a 及数列 $x_1,x_2,\cdots,x_n,\cdots$ 表示在数轴上，并在数轴上作邻域 $U(a,\varepsilon)$（如图 1.2.2 所示）.

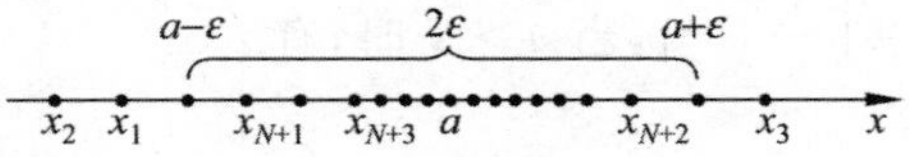

图 1.2.2

注意到不等式 $|x_n-a|<\varepsilon$ 等价于 $a-\varepsilon<x_n<a+\varepsilon$,所以数列 $\{x_n\}$ 的极限为 a 在几何上表示:对于 $\forall\varepsilon>0$,总能找到一个正整数 N,当 $n>N$ 时,所有点 x_n 都落在开区间 $(a-\varepsilon,a+\varepsilon)$ 内,而落在这个区间外的点最多有 N 个.由于 ε 的任意性,点 a 的邻域可以任意小,所以数列 $\{x_n\}$ 中从第 N 项以后的无穷多项所对应的点 x_n 都聚集在点 a 的附近.

关于数列极限概念的两点说明:

(1) ε 的任意性与相对确定性

一方面,由于 ε 的任意性,使得它可以任意小,从而刻画 x_n 与 a 的无限接近的含义.另一方面,ε 具有相对确定性.ε 一旦取定就固定下来了,只要 $\{x_n\}$ 的极限 a 存在,那么就总能找到一个正整数 N,使得 $n>N$ 时,$|x_n-a|<\varepsilon$ 恒成立.

(2) N 的不唯一性

如果对于 $\forall\varepsilon>0$,总 $\exists N\in\mathbf{N}^+$,当 $n>N$ 时,不等式 $|x_n-a|<\varepsilon$ 恒成立,那么当 $n>N_1$ 时 $(N_1>N)$,不等式 $|x_n-a|<\varepsilon$ 也一定成立.因此,对于给定的 ε,对应的 N 是不唯一的.

在定义中,"$\exists N\in\mathbf{N}^+$"在于强调 N 的存在性,而不在于它的值究竟有多大.而且由(1)可知,N 与正数 ε 有关,它是随着正数 ε 的给定而选取的.一般来说,给定的正数 ε 越小,选取的 N 就越大.

为了更直观地表述 ε 与 N 之间的关系,下面进行举例说明.

例 1 证明 $\lim\limits_{n\to\infty}\dfrac{n}{n+1}=1$.

证 因为 $\left|\dfrac{n}{n+1}-1\right|=\dfrac{1}{n+1}<\dfrac{1}{n}$,则对于 $\forall\varepsilon>0$,要使

$$|x_n-a|=\left|\frac{n}{n+1}-1\right|<\varepsilon$$

恒成立,即

$$\frac{1}{n+1}<\varepsilon$$

只需

$$\frac{1}{n}<\varepsilon$$

即可,即

$$n>\frac{1}{\varepsilon}$$

所以,对于 $\forall \varepsilon > 0$, $\exists N = \left[\dfrac{1}{\varepsilon}\right] + 1$,当 $n > N$ 时,有

$$\left|\frac{n}{n+1} - 1\right| < \varepsilon$$

恒成立,即

$$\lim_{n\to\infty} \frac{n}{n+1} = 1$$

例 2　证明 $\lim\limits_{n\to\infty} q^n = 0 (|q| < 1)$.

证　对于 $\forall \varepsilon > 0$,要使

$$|x_n - a| = |q^n - 0| = |q^n| = |q|^n < \varepsilon$$

恒成立,即要

$$n\ln|q| < \ln \varepsilon$$

成立. 又因为 $|q| < 1$,所以

$$n > \frac{\ln \varepsilon}{\ln|q|}$$

于是,对于 $\forall \varepsilon > 0$, $\exists N = \max\left\{\left[\dfrac{\ln \varepsilon}{\ln|q|}\right], 1\right\}$,当 $n > N$ 时,有

$$|q^n - 0| < \varepsilon$$

恒成立,即

$$\lim_{n\to\infty} q^n = 0$$

1.2.3　收敛数列的性质

定理 1.2.1(唯一性)　若数列 $\{x_n\}$ 的极限存在,则其极限必唯一.

证　用反证法. 设 $x_n \to a$ 且 $x_n \to b (n\to\infty)$, $a \neq b$.

因为 $\lim\limits_{n\to\infty} x_n = a$,根据数列极限的定义,对于 $\forall \varepsilon > 0$, $\exists N_1 \in \mathbf{N}^+$,当 $n > N_1$ 时,有

$$|x_n - a| < \frac{\varepsilon}{2} \tag{1.2.1}$$

成立. 又因为 $\lim\limits_{n\to\infty} x_n = b$,根据数列极限的定义,对于 $\forall \varepsilon > 0$, $\exists N_2 \in \mathbf{N}^+$,当 $n > N_2$ 时,有

$$|x_n - b| < \frac{\varepsilon}{2} \tag{1.2.2}$$

成立,取 $N = \max\{N_1, N_2\}$,则当 $n > N$ 时,(1.2.1)式和(1.2.2)式同时成立. 因此,当 $n > N$ 时,有

$$|a - b| = |(x_n - b) - (x_n - a)| \leqslant |x_n - b| + |x_n - a| < \frac{\varepsilon}{2} + \frac{\varepsilon}{2} = \varepsilon$$

因为 $|a - b| \geqslant 0$,而 ε 是任意的一个正数,所以只有 $|a - b| = 0$ 才能使上式成立. 即

$a=b$,从而结论得证.

定理 1.2.2(有界性) 收敛数列必有界.

证 设 $\lim\limits_{n\to\infty}x_n=a$,由数列极限定义可知,对于 $\varepsilon=1$,$\exists N\in\mathbf{N}^+$,当 $n>N$ 时,有

$$|x_n-a|<\varepsilon=1$$

成立,即

$$|x_n|=|(x_n-a)+a|\leqslant|x_n-a|+|a|<1+|a|$$

取 $M=\max\{|x_1|,|x_2|,\cdots,|x_N|,1+|a|\}$,则对于一切的 n,都有

$$|x_n|\leqslant M$$

成立. 所以,数列 $\{x_n\}$ 有界.

注 1 有界数列不一定收敛. 例如摆动数列 $\{(-1)^n\}$ 为有界数列,但它无休止地重复 -1 和 1 两个数,所以它不能随着 n 的增大无限趋近于某个常数,因此该数列无极限.

注 2 无界数列必发散.

定理 1.2.3(保号性) 若 $\lim\limits_{n\to\infty}x_n=a$ 且 $a>0$(或 $a<0$),则 $\exists N\in\mathbf{N}^+$,使得当 $n>N$ 时,有

$$x_n>0(\text{或 } x_n<0)$$

证 就 $a>0$ 的情形证明. 因为 $\lim\limits_{n\to\infty}x_n=a$,由数列极限定义可知,对于 $\varepsilon=\dfrac{a}{2}$,$\exists N\in\mathbf{N}^+$,当 $n>N$ 时,有

$$|x_n-a|<\varepsilon=\frac{a}{2}$$

成立,则

$$a-\frac{a}{2}<x_n<a+\frac{a}{2}$$

所以

$$x_n>\frac{a}{2}>0$$

同理可证 $a<0$ 时的情形.

推论 1.2.1 若 $\exists N\in\mathbf{N}^+$,使得当 $n>N$ 时,有 $x_n\geqslant0$(或 $x_n\leqslant0$),且 $\lim\limits_{n\to\infty}x_n=a$,则 $a\geqslant0$(或 $a\leqslant0$).

定理 1.2.4(保序性) 若 $\lim\limits_{n\to\infty}x_n=a$,$\lim\limits_{n\to\infty}y_n=b$ 且 $a>b$(或 $a<b$),则 $\exists N\in\mathbf{N}^+$,使得当 $n>N$ 时,有

$$x_n>y_n \quad(\text{或 } x_n<y_n)$$

证 就 $a>b$ 的情形证明. 取 $\varepsilon=\dfrac{a-b}{2}$,因为 $\lim\limits_{n\to\infty}x_n=a$,由数列极限定义可知,

$\exists N_1 \in \mathbf{N}^+$，当 $n > N_1$ 时，有

$$| x_n - a | < \varepsilon = \frac{a-b}{2}$$

即

$$x_n > a - \varepsilon = \frac{a+b}{2} \tag{1.2.3}$$

又因为 $\lim\limits_{n\to\infty} y_n = b$，由数列极限定义可知，$\exists N_2 \in \mathbf{N}^+$，当 $n > N_2$ 时，有

$$| y_n - b | < \varepsilon = \frac{a-b}{2}$$

即

$$y_n < b + \varepsilon = \frac{a+b}{2} \tag{1.2.4}$$

令 $N = \max\{N_1, N_2\}$，则当 $n > N$ 时，(1.2.3)式和(1.2.4)式同时成立，故当 $n > N$ 时，有

$$x_n > y_n$$

同理可证 $a < b$ 时的情形.

推论 1.2.2　若 $\exists N \in \mathbf{N}^+$，使得当 $n > N$ 时，有 $x_n \geqslant y_n$（或 $x_n \leqslant y_n$），且 $\lim\limits_{n\to\infty} x_n = a$，$\lim\limits_{n\to\infty} y_n = b$，则

$$a \geqslant b (\text{或 } a \leqslant b)$$

定理 1.2.5　单调有界数列必有极限.

该定理在此不作证明. 一般地，经常使用"单调增加且有上界的数列必有极限，单调减少且有下界的数列必有极限".

注　收敛的数列不一定单调. 例如 $\lim\limits_{n\to\infty} (-1)^n \dfrac{1}{n} = 0$，但数列 $\left\{(-1)^n \dfrac{1}{n}\right\}$ 不是单调的.

定理 1.2.6（夹逼定理）　若数列 $\{x_n\}, \{y_n\}, \{z_n\}$ 满足

（1）$\exists N \in \mathbf{N}^+$，使当 $n > N$ 时，有 $y_n \leqslant x_n \leqslant z_n$，

（2）$\lim\limits_{n\to\infty} y_n = \lim\limits_{n\to\infty} z_n = a$，

则数列 $\{x_n\}$ 收敛且 $\lim\limits_{n\to\infty} x_n = a$.

证　因为 $\lim\limits_{n\to\infty} y_n = \lim\limits_{n\to\infty} z_n = a$，由数列极限定义可知，$\forall \varepsilon > 0$，$\exists N_1 \in \mathbf{N}^+$ 和 $N_2 \in \mathbf{N}^+$，使得当 $n > N_1$ 时，有

$$| y_n - a | < \varepsilon$$

当 $n > N_2$，有

$$| z_n - a | < \varepsilon$$

取 $N = \max\{N_1, N_2\}$，则当 $n > N$ 时，以上两个不等式同时成立，即

$$a - \varepsilon < y_n < a + \varepsilon \quad \text{与} \quad a - \varepsilon < z_n < a + \varepsilon$$

由条件可知,当 $n > N$ 时,恒有

$$a - \varepsilon < y_n \leqslant x_n \leqslant z_n < a + \varepsilon$$

即 $|x_n - a| < \varepsilon$ 成立,所以

$$\lim_{n \to \infty} x_n = a$$

定义 1.2.5 在数列 $\{x_n\}$ 中任意抽取无限多项,并保持这些项在原数列 $\{x_n\}$ 中的先后顺序,这样得到的一个数列称为原数列 $\{x_n\}$ 的**子数列**(或**子列**).

例如,设在数列 $\{x_n\}$ 中,第一次抽取 x_{n_1},第二次在 x_{n_1} 后抽取 x_{n_2},第三次在 x_{n_2} 后抽取 x_{n_3},这样无休止地抽取下去,得到一个新数列

$$x_{n_1}, x_{n_2}, \cdots, x_{n_k}, \cdots$$

这个数列 $\{x_{n_k}\}$ 就是原数列 $\{x_n\}$ 的一个子列.

注 在数列 $\{x_{n_k}\}$ 中,一般项 x_{n_k} 是第 k 项,而 x_{n_k} 在原数列 $\{x_n\}$ 中却是第 n_k 项. 显然,$n_k \geqslant k$,且当 $k \to \infty$ 时,$n_k \to \infty$.

* 定理 1.2.7(收敛数列与其子列之间的关系) 若数列 $\{x_n\}$ 收敛于 a,则其任一子列也收敛于 a.

定理 1.2.7 常用于证明数列 $\{x_n\}$ 发散,以下两种情形都能说明数列 $\{x_n\}$ 发散:

(1) 如果有一个发散的子列,那么该数列 $\{x_n\}$ 必发散;

(2) 如果数列 $\{x_n\}$ 有两个子列收敛于不同的极限值,那么该数列 $\{x_n\}$ 必发散.

例如,数列

$$1, -1, 1, \cdots, (-1)^{n+1}, \cdots$$

的子列 $\{x_{2k-1}\}$ 收敛于 1,而子列 $\{x_{2k}\}$ 收敛于 -1,因此数列 $x_n = (-1)^{n+1}$ ($n = 1$, $2, \cdots$)是发散的. 同时这个例子也说明,**发散的数列也可能存在收敛的子列**.

习题 1-2

1. 判断下列数列哪些有界,哪些单调,哪些收敛,哪些发散;如果收敛,指出其极限.

(1) $1, 2, 3, 4, \cdots, n, \cdots$;

(2) $1, \dfrac{1}{2}, \dfrac{1}{3}, \dfrac{1}{4}, \cdots, \dfrac{1}{n}, \cdots$;

(3) $2, \dfrac{3}{2}, \dfrac{4}{3}, \dfrac{5}{4}, \cdots, \dfrac{n+1}{n}, \cdots$;

(4) $1, -1, 1, -1, \cdots, (-1)^{n+1}, \cdots$;

(5) $\dfrac{1}{3}, \dfrac{1}{3^2}, \dfrac{1}{3^3}, \dfrac{1}{3^4}, \cdots, \dfrac{1}{3^n}, \cdots$;

(6) $-1, 2, -3, 4, \cdots, (-1)^n n, \cdots$;

(7) $0, \dfrac{3}{2}, \dfrac{2}{3}, \dfrac{5}{4}, \cdots, \dfrac{n + (-1)^n}{n}, \cdots$.

* 2. 用数列极限定义证明:

(1) $\lim\limits_{n \to \infty} \dfrac{1}{\sqrt{n}} = 0$;

(2) $\lim\limits_{n \to \infty} \dfrac{1}{n^2} = 0$;

(3) $\lim\limits_{n\to\infty}\dfrac{\sin n}{n}=0$；　　　　　　(4) $\lim\limits_{n\to\infty}\dfrac{3n-1}{2n-1}=\dfrac{3}{2}$.

*3. 若 $\lim\limits_{n\to\infty}x_n=a$，是否必有 $\lim\limits_{n\to\infty}|x_n|=|a|$？反之，若 $\lim\limits_{n\to\infty}|x_n|=|a|$，是否必有 $\lim\limits_{n\to\infty}x_n=a$？

1.3　函数的极限

1.2 节中讨论了当 $n\to\infty$ 时数列 $\{x_n\}$ 的极限. 因为数列 $\{x_n\}$ 可以看成是定义在正整数集合上的函数 $x_n=f(n)$，所以数列的极限是一种特殊类型的函数极限. 在本节中我们将数列极限推广到一般函数的极限上来，即在自变量的某个变化过程中，如果对应的函数值无限接近于某个确定的常数，那么这个确定的常数就叫做这个变化过程中函数的极限. 函数极限就是研究自变量在各种变化过程中函数值的变化趋势. 本节主要研究以下两种情形：

(1) 自变量 x 的绝对值无限增大时，函数 $f(x)$ 的变化情形；

(2) 自变量 x 充分接近于有限值 x_0 时，函数 $f(x)$ 的变化情形.

1.3.1　当自变量趋于无穷大时函数的极限

我们已经知道数列 $\{x_n\}$ 的极限为 a，就是当自变量 n 取正整数且无限增大（即 $n\to\infty$）时，对应的函数值 $f(n)$ 无限接近于确定的常数 a. 在这个过程中，自变量的变化是跳跃式的无限增大，即自变量取一列离散点. 将数列的极限推广到一般函数的极限，对于一般函数 $y=f(x)$，用符号 $x\to+\infty$ 表示函数 $f(x)$ 的自变量 x 无限增大的一种过程，在这个过程中自变量 x 是连续变化的无限增大. 那么，如果 $x\to+\infty$ 时，函数值 $f(x)$ 无限接近于确定的常数 A，则 A 叫做当 $x\to+\infty$ 时 $f(x)$ 的极限.

类似地，若自变量 x 的绝对值无限增大（记作 $x\to\infty$）时，对应的函数值 $f(x)$ 无限接近于某个确定的常数 A，则 A 叫做当 $x\to\infty$ 时 $f(x)$ 的极限. 而函数值 $f(x)$ 无限接近于 A，类似于数列极限的定义，可以用 $|f(x)-A|<\varepsilon$ 来刻画，其中 ε 是任意给定的正数. 因为函数值 $f(x)$ 无限接近于 A 是在 $x\to\infty$ 这个条件下实现的（即要求 $|x|$ 充分大），所以对于任意给定的正数 ε，只要求存在一个正数 X，使得当 $|x|>X$（即 $|x|$ 充分大）时，所对应的函数值 $f(x)$ 满足不等式 $|f(x)-A|<\varepsilon$ 即可.

通过以上分析，我们给出 $x\to\infty$ 时函数 $f(x)$ 极限的定义.

定义 1.3.1　设当 $|x|$ 大于某一正数时函数 $f(x)$ 有定义，A 为常数，若对于 $\forall\varepsilon>0$（无论它多么小），$\exists X>0$，使得当 $|x|>X$ 时，有

$$|f(x)-A|<\varepsilon$$

恒成立，则称常数 A 为当 $x\to\infty$ 时，函数 $f(x)$ 的极限，记作

$$\lim\limits_{x\to\infty}f(x)=A\quad\text{或}\quad f(x)\to A\quad(x\to\infty)$$

注 类似于数列极限,定义中的 ε 刻画了 $f(x)$ 与 A 的接近程度,X 刻画了 $|x|$ 充分大的程度,X 不是唯一的,它与 ε 有关.一般来说,给定的正数 ε 越小,选取的 X 就越大.

下面介绍 $\lim\limits_{x\to\infty} f(x)=A$ 的**几何解释**.

作直线 $y=A+\varepsilon$ 与 $y=A-\varepsilon$,对于 $\forall\varepsilon>0$,总能找到一个 $X>0$,当 $|x|>X$ 时,函数 $y=f(x)$ 的图像全部落在这两条直线之间(如图 1.3.1 所示).

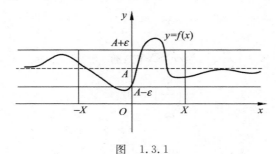

图 1.3.1

以上定义还可简单叙述为

$$\lim\limits_{x\to\infty} f(x) = A \Leftrightarrow \forall\varepsilon>0,\exists X>0,当\ |x|>X\ 时,有\ |f(x)-A|<\varepsilon$$

类似地,还可定义

$$\lim\limits_{x\to+\infty} f(x) = A \Leftrightarrow \forall\varepsilon>0,\exists X>0,当\ x>X\ 时,有\ |f(x)-A|<\varepsilon$$

$$\lim\limits_{x\to-\infty} f(x) = A \Leftrightarrow \forall\varepsilon>0,\exists X>0,当\ x<-X\ 时,有\ |f(x)-A|<\varepsilon$$

定理 1.3.1 $\lim\limits_{x\to\infty} f(x)=A$ 的充分必要条件是 $\lim\limits_{x\to-\infty} f(x) = \lim\limits_{x\to+\infty} f(x)=A$.

例 1 证明 $\lim\limits_{x\to\infty}\dfrac{1}{x}=0$.

证 对于 $\forall\varepsilon>0$,要使

$$|f(x)-A| = \left|\frac{1}{x}-0\right| = \frac{1}{|x|} < \varepsilon$$

成立,即

$$|x| > \frac{1}{\varepsilon}$$

于是,对于 $\forall\varepsilon>0$,$\exists X=\dfrac{1}{\varepsilon}$,当 $|x|>X$ 时,有

$$\left|\frac{1}{x}-0\right| < \varepsilon$$

成立,所以

$$\lim\limits_{x\to\infty}\frac{1}{x} = 0$$

例 2　证明 $\lim\limits_{x\to+\infty}\left(\dfrac{1}{2}\right)^x=0$.

证　对于 $\forall\varepsilon>0$,要使

$$|f(x)-A|=\left|\left(\frac{1}{2}\right)^x-0\right|=\left(\frac{1}{2}\right)^x<\varepsilon$$

成立,只要 $2^x>\dfrac{1}{\varepsilon}$,也就是 $x\ln 2>\ln\dfrac{1}{\varepsilon}$,即

$$x>-\frac{\ln\varepsilon}{\ln 2}$$

所以,对于 $\forall\varepsilon>0$,$\exists X=\left|\dfrac{\ln\varepsilon}{\ln 2}\right|$,当 $x>X$ 时,有

$$\left|\left(\frac{1}{2}\right)^x-0\right|<\varepsilon$$

成立,所以

$$\lim\limits_{x\to+\infty}\left(\frac{1}{2}\right)^x=0$$

类似可证

$$\lim\limits_{x\to+\infty}\frac{1}{a^x}=\lim\limits_{x\to+\infty}\left(\frac{1}{a}\right)^x=0,\quad a>1$$

1.3.2　自变量趋于有限值时函数的极限

若当 $x\to x_0$ 时,对应的函数值 $f(x)$ 无限接近于某个确定的常数 A,则 A 称为当 $x\to x_0$ 时 $f(x)$ 的极限.其中 $x\to x_0$ 表示 x 充分接近于 x_0 的意思,即 $|x-x_0|$ 充分小,类似于前面的分析,它可用 $0<|x-x_0|<\delta$ 来刻画,其中 δ 是某个正数.严格的数学定义如下:

定义 1.3.2　设函数 $f(x)$ 在点 x_0 的某邻域内有定义,A 为常数,若对于 $\forall\varepsilon>0$,总 $\exists\delta>0$,使得当 $0<|x-x_0|<\delta$(或 $x\in\mathring{U}(x_0,\delta)$)时,有

$$|f(x)-A|<\varepsilon$$

恒成立,则称 A 是当 $x\to x_0$ **时,函数** $f(x)$ **的极限**,记作

$$\lim\limits_{x\to x_0}f(x)=A\quad\text{或}\quad f(x)\to A(x\to x_0)$$

注 1　定义中 $0<|x-x_0|$ 表示 $x\neq x_0$,说明函数 $f(x)$ 在点 x_0 的极限是否存在与函数 $f(x)$ 在点 x_0 是否有定义无关.

注 2　定义中的 δ 刻画了 x 与 x_0 的接近程度,它不是唯一的,且与 ε 有关.一般来说,当给定的正数 ε 越小,选取的 δ 就越小.

下面介绍 $\lim\limits_{x\to x_0}f(x)=A$ 的**几何解释**.

作直线 $y=A+\varepsilon$ 与 $y=A-\varepsilon$,则总能找到一个 $\delta>0$,当 $0<|x-x_0|<\delta$(或 $x\in \mathring{U}(x_0,\delta)$)时,函数 $y=f(x)$ 的图像全部落在这两条直线之间(如图 1.3.2 所示).

以上定义还可简单叙述为

$$\lim_{x\to x_0}f(x)=A\Leftrightarrow\forall\varepsilon>0,\exists\delta>0,当\ 0<|x-x_0|<\delta\ 时,有$$

$$|f(x)-A|<\varepsilon$$

例 3 证明 $\lim\limits_{x\to x_0}c=c.$

证 因为 $|f(x)-A|=|c-c|=0$,所以对于 $\forall\varepsilon>0$,可任取 $\delta>0$,当 $0<|x-x_0|<\delta$ 时,有

$$|c-c|<\varepsilon$$

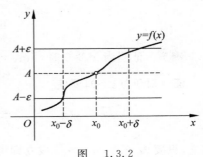

图   1.3.2

成立,所以 $\lim\limits_{x\to x_0}c=c.$

例 4 证明 $\lim\limits_{x\to x_0}x=x_0.$

证 对于 $\forall\varepsilon>0$,要使

$$|f(x)-A|=|x-x_0|<\varepsilon$$

成立,只需取 $\delta=\varepsilon$ 即可.

于是,对于 $\forall\varepsilon>0,\exists\delta=\varepsilon>0$,当 $0<|x-x_0|<\delta$ 时,有

$$|x-x_0|<\varepsilon$$

成立,即

$$\lim_{x\to x_0}x=x_0$$

例 5 证明 $\lim\limits_{x\to 1}(3x-1)=2.$

证 对于 $\forall\varepsilon>0$,要使

$$|f(x)-A|=|3x-1-2|=3|x-1|<\varepsilon$$

成立,只需取 $\delta=\dfrac{\varepsilon}{3}$ 即可.

于是,对于 $\forall x>0,\exists\delta=\dfrac{\varepsilon}{3}>0$,使当 $0<|x-1|<\delta$ 时,有

$$|3x-1-2|<\varepsilon$$

成立,即

$$\lim_{x\to 1}(3x-1)=2$$

例 6 证明 $\lim\limits_{x\to 0}x\sin\dfrac{1}{x}=0.$

证 对于 $\forall\varepsilon>0$,要使

$$\left|x\sin\frac{1}{x}-0\right|=\left|x\sin\frac{1}{x}\right|=|x|\left|\sin\frac{1}{x}\right|\leqslant|x-0|<\varepsilon$$

成立,只需取 $\delta=\varepsilon$ 即可.

于是,对于 $\forall \varepsilon>0$,$\exists \delta=\varepsilon>0$,当 $0<|x-0|<\delta$ 时,有

$$\left| x\sin\frac{1}{x}-0 \right|<\varepsilon$$

成立,所以

$$\lim_{x\to 0}x\sin\frac{1}{x}=0$$

例 7　证明当 $x_0>0$ 时,$\lim\limits_{x\to x_0}\sqrt{x}=\sqrt{x_0}$.

证　对于 $\forall \varepsilon>0$,要使

$$|\sqrt{x}-\sqrt{x_0}|=\left| \frac{x-x_0}{\sqrt{x}+\sqrt{x_0}} \right|\leqslant\frac{1}{\sqrt{x_0}}|x-x_0|<\varepsilon$$

成立,只要 $|x-x_0|<\sqrt{x_0}\varepsilon$ 成立即可.

由题可知,必须保证 $x\geqslant 0$,将其变形为 $|x-x_0|\leqslant x_0$. 于是,对于 $\forall \varepsilon>0$,$\exists \delta=\min\{x_0,\sqrt{x_0}\varepsilon\}$,当 $0<|x-x_0|<\delta$ 时,有

$$|\sqrt{x}-\sqrt{x_0}|<\varepsilon$$

成立,即

$$\lim_{x\to x_0}\sqrt{x}=\sqrt{x_0}$$

类似可证,当 $x_0>0$ 时,有

$$\lim_{x\to x_0}\sqrt[n]{x}=\sqrt[n]{x_0}$$

例 8　证明 $\lim\limits_{x\to 2}(x^2+1)=5$.

证　因为

$$|f(x)-A|=|x^2+1-5|=|x+2||x-2|$$

且 $x\to 2$,根据极限定义,只需观察 $0<|x-2|<\delta$ 时,$f(x)$ 的变化情况即可. 不妨取 $\delta=1$,则 $|x-2|<1$,即 $1<x<3$,所以

$$3<|x+2|<5$$

故对于 $\forall \varepsilon>0$,要使

$$|f(x)-A|=|x+2||x-2|<5|x-2|<\varepsilon$$

成立,只需 $|x-2|<\dfrac{\varepsilon}{5}$ 成立即可.

于是,对于 $\forall \varepsilon>0$,$\exists \delta=\min\left\{1,\dfrac{\varepsilon}{5}\right\}$,当 $0<|x-2|<\delta$ 时,有

$$|x^2+1-5|<\varepsilon$$

成立,即

$$\lim_{x \to 2}(x^2 + 1) = 5$$

类似可证,当 m 为正整数时,有

$$\lim_{x \to x_0} x^m = x_0^m$$

类似于 $\lim\limits_{x \to x_0} f(x) = A$ 的定义,还可定义当 x 从一侧无限接近于 x_0 时函数 $f(x)$ 的极限:

对于 $\forall \varepsilon > 0$,$\exists \delta > 0$,使得当 $-\delta < x - x_0 < 0$ 时,都有 $|f(x) - A| < \varepsilon$ 恒成立,则称 A 为当 $x \to x_0$ 时函数 $y = f(x)$ 的**左极限**,记作

$$f(x_0^-) = \lim_{x \to x_0^-} f(x) = A$$

对于 $\forall \varepsilon > 0$,$\exists \delta > 0$,使得当 $0 < x - x_0 < \delta$ 时,都有 $|f(x) - A| < \varepsilon$ 恒成立,则称 A 为当 $x \to x_0$ 时函数 $y = f(x)$ 的**右极限**,记作

$$f(x_0^+) = \lim_{x \to x_0^+} f(x) = A$$

函数的左、右极限统称为函数的**单侧极限**.

定理 1.3.2 $\lim\limits_{x \to x_0} f(x) = A$ 的充分必要条件是 $\lim\limits_{x \to x_0^-} f(x) = \lim\limits_{x \to x_0^+} f(x) = A$.

例 9 证明 $\lim\limits_{x \to 1^+} \dfrac{x^2 - 1}{x - 1} = 2$.

证 因为 $x \to 1^+$,根据右极限定义,只需观察 $0 < x - 1 < \delta$ 时,$f(x)$ 的变化情况即可,而此时

$$|f(x) - A| = \left| \frac{x^2 - 1}{x - 1} - 2 \right| = |x - 1| = x - 1$$

对于 $\forall \varepsilon > 0$,要使

$$|f(x) - A| = x - 1 < \varepsilon$$

成立,只需取 $\delta = \varepsilon$ 即可.

于是,对于 $\forall \varepsilon > 0$,$\exists \delta = \varepsilon > 0$,当 $0 < x - 1 < \delta$ 时,有

$$\left| \frac{x^2 - 1}{x - 1} - 2 \right| < \varepsilon$$

成立,即

$$\lim_{x \to 1^+} \frac{x^2 - 1}{x - 1} = 2$$

例 10 已知 $f(x) = \begin{cases} x - 1, & x < 0 \\ 0, & x = 0 \\ x + 1, & x > 0 \end{cases}$,判断函数 $f(x)$

在点 $x = 0$ 处的极限是否存在(如图 1.3.3 所示).

解 仿本节例 9 可证,当 $x \to 0$ 时,$f(x)$ 的左、右极限

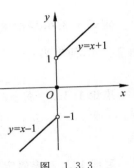

图 1.3.3

分别为

$$\lim_{x \to 0^-} f(x) = \lim_{x \to 0^-} (x-1) = -1$$

$$\lim_{x \to 0^+} f(x) = \lim_{x \to 0^+} (x+1) = 1$$

故

$$\lim_{x \to 0^-} f(x) = -1 \neq 1 = \lim_{x \to 0^+} f(x)$$

所以由定理 1.3.2 可知,函数 $f(x)$ 在点 $x=0$ 处的极限不存在.

1.3.3 函数极限的性质

与收敛数列的性质一样,函数极限也有一些相应的性质.这些性质可根据函数极限的定义,运用类似于数列极限性质的证明方法加以证明.下面仅以 $\lim\limits_{x \to x_0} f(x)$ 这种形式为例给出函数极限的一些性质.

定理 1.3.3(唯一性) 若极限存在必唯一.

定理 1.3.4(局部有界性) 若 $\lim\limits_{x \to x_0} f(x) = A$,则 $\exists M > 0, \delta > 0$,使得当 $0 < |x - x_0| < \delta$ (或 $x \in \mathring{U}(x_0, \delta)$)时,有 $|f(x)| \leqslant M$.

定理 1.3.5(局部保号性) 如果 $\lim\limits_{x \to x_0} f(x) = A$ 且 $A > 0$(或 $A < 0$),则 $\exists \delta > 0$,使得当 $0 < |x - x_0| < \delta$(或 $x \in \mathring{U}(x_0, \delta)$)时,有

$$f(x) > 0 \quad (\text{或 } f(x) < 0)$$

推论 1.3.1 如果 $\lim\limits_{x \to x_0} f(x) = A$ 且 $A \neq 0$,则 $\exists \delta > 0$,使得当 $0 < |x - x_0| < \delta$ (或 $x \in \mathring{U}(x_0, \delta)$)时,有

$$|f(x)| > \frac{|A|}{2}$$

推论 1.3.2 若 $\exists \delta > 0$,使得当 $0 < |x - x_0| < \delta$(或 $x \in \mathring{U}(x_0, \delta)$)时,有 $f(x) \geqslant 0$ (或 $f(x) \leqslant 0$)且 $\lim\limits_{x \to x_0} f(x) = A$,则

$$A \geqslant 0 \quad (\text{或 } A \leqslant 0)$$

定理 1.3.6(局部保序性) 若 $\lim\limits_{x \to x_0} f(x) = A, \lim\limits_{x \to x_0} g(x) = B$ 且 $A > B$(或 $A < B$),则 $\exists \delta > 0$,使得当 $0 < |x - x_0| < \delta$(或 $x \in \mathring{U}(x_0, \delta)$)时,有

$$f(x) > g(x) \quad (\text{或 } f(x) < g(x))$$

推论 1.3.3 若 $\exists \delta > 0$,使得当 $0 < |x - x_0| < \delta$(或 $x \in \mathring{U}(x_0, \delta)$)时,有 $f(x) \geqslant g(x)$(或 $f(x) \leqslant g(x)$)且 $\lim\limits_{x \to x_0} f(x) = A, \lim\limits_{x \to x_0} g(x) = B$,则

$$A \geqslant B \quad (\text{或 } A \leqslant B)$$

定理 1.3.7(夹逼定理) 若 $\exists \delta > 0$,使得当 $0 < |x - x_0| < \delta$(或 $x \in \mathring{U}(x_0, \delta)$)时,

有 $g(x) \leqslant f(x) \leqslant h(x)$ 且 $\lim\limits_{x \to x_0} g(x) = \lim\limits_{x \to x_0} h(x) = A$，则

$$\lim_{x \to x_0} f(x) = A$$

定理 1.3.8（Heine 定理） $\lim\limits_{x \to x_0} f(x) = A$ 的充分必要条件是对任何收敛于 x_0 的数列 $\{x_n\}$ $(x_n \neq x_0, n \in \mathbf{N}^+)$，都有 $\lim\limits_{n \to \infty} f(x_n) = A$.

定理 1.3.8 常用于证明函数在 x_0 点的极限不存在，以下两种情形都能说明函数 $f(x)$ 在 x_0 点的极限不存在：

(1) 若存在以 x_0 为极限的数列 $\{x_n\}$，使得 $\lim\limits_{n \to \infty} f(x_n)$ 不存在，则 $f(x)$ 在 x_0 点的极限不存在；

(2) 若存在以 x_0 为极限的两个数列 $\{x_n\}$ 与 $\{y_n\}$，使得 $\lim\limits_{n \to \infty} f(x_n)$ 与 $\lim\limits_{n \to \infty} f(y_n)$ 都存在，但 $\lim\limits_{n \to \infty} f(x_n) \neq \lim\limits_{n \to \infty} f(y_n)$，则 $f(x)$ 在 x_0 点的极限不存在.

以上性质对其他形式的极限也有类似的结论.

例 11 证明极限 $\lim\limits_{x \to \infty} \cos x$ 和 $\lim\limits_{x \to \infty} \sin x$ 不存在.

证 令 $f(x) = \cos x$. 取 $x_n = 2n\pi$ $(n \in \mathbf{N}^+)$，则

$$\lim_{n \to \infty} f(x_n) = \lim_{n \to \infty} \cos 2n\pi = 1$$

又取 $y_n = 2n\pi + \dfrac{\pi}{2}$ $(n \in \mathbf{N}^+)$，则

$$\lim_{n \to \infty} f(y_n) = \lim_{n \to \infty} \cos \left(2n\pi + \frac{\pi}{2}\right) = 0$$

所以 $\lim\limits_{x \to \infty} \cos x$ 不存在.

类似可证，$\lim\limits_{x \to \infty} \sin x$ 不存在.

习题 1-3

*1. 用极限的定义证明：

(1) $\lim\limits_{x \to \infty} \dfrac{x^2 + 1}{2x^2} = \dfrac{1}{2}$；　　　　(2) $\lim\limits_{x \to 1}(2x + 1) = 3$；　　　　(3) $\lim\limits_{x \to 2} \dfrac{x^2 - 4}{x - 2} = 4$.

*2. 当 $x \to 2$ 时，$x^2 - 1 \to 3$，问 δ 应取何值，使当 $0 < |x - 2| < \delta$ 时，$|x^2 - 1 - 3| < 0.001$？

*3. 当 $x \to \infty$ 时，$y = \dfrac{x^2 + 1}{x^2 - 3} \to 1$，问 X 应取何值，使得当 $|x| > X$ 时，$|y - 1| < 0.01$？

4. 设函数 $f(x) = \begin{cases} 2x - 1, & x < 1 \\ 3, & x = 1 \\ 1, & x > 1 \end{cases}$，画出它的图形，求当 $x \to 1$ 时，函数的左右极

限,从而说明当 $x\to1$ 时函数的极限是否存在?

5. 求 $f(x)=\dfrac{x}{x},g(x)=\dfrac{|x|}{x}$,当 $x\to0$ 时,求两函数的左右极限,并说明在 $x\to0$ 时两函数的极限是否存在?

1.4　无穷小与无穷大

对无穷小的认识问题,可以追溯到古希腊,那时阿基米德就曾用无穷小量方法得到许多重要的数学结论.本节将主要介绍无穷小和无穷大的定义及其运算性质.

1.4.1　无 穷 小

1. 无穷小的定义

如果当 $x\to x_0$(或 $x\to\infty$)时,对应的函数值 $|f(x)|$ 越来越小(即小于任意给定的正数),则称函数 $f(x)$ 是当 $x\to x_0$(或 $x\to\infty$)时的无穷小量,其严格的定义如下:

定义 1.4.1　以零为极限的变量(函数)称为**无穷小量**,简称**无穷小**.

将定义 1.4.1 用"$\varepsilon\text{-}\delta(\varepsilon\text{-}N)$"语言进行描述,便可得到如下定义.

定义 1.4.2　若 $f(x)$ 对于 $\forall\varepsilon>0$,$\exists\delta>0$(或 $\exists X>0$),使得当 $0<|x-x_0|<\delta$(或 $|x|>X$)时,有 $|f(x)|<\varepsilon$ 恒成立,则称函数 $f(x)$ 是当 $x\to x_0$(或 $x\to\infty$)时的无穷小.

由定义可知,以零为极限的数列 $\{x_n\}$ 也称为当 $n\to\infty$ 时的无穷小.

例如,$\lim\limits_{x\to\infty}\dfrac{1}{x}=0$,称函数 $\dfrac{1}{x}$ 是当 $x\to\infty$ 时的无穷小;$\lim\limits_{n\to\infty}\dfrac{1}{n}=0$,称数列 $\left\{\dfrac{1}{n}\right\}$ 是当 $n\to\infty$ 时的无穷小;可以证明 $\lim\limits_{x\to2}(x-2)=0$,于是函数 $x-2$ 是当 $x\to2$ 时的无穷小.

注 1　无穷小是一个变量,不能与很小的数(如 10^{-10})混为一谈.

注 2　零是唯一一个可以作为无穷小的常数.因为函数 $f(x)\equiv0$ 对于 $\forall\varepsilon>0$,$|f(x)|<\varepsilon$ 是恒成立的.

2. 无穷小与函数极限的关系

定理 1.4.1　$\lim\limits_{\substack{x\to x_0\\(x\to\infty)}}f(x)=A$ 的充分必要条件是

$$f(x)=A+\alpha$$

其中 α 是当 $x\to x_0$(或 $x\to\infty$)时的无穷小.

证　(必要性)因为 $\lim\limits_{\substack{x\to x_0\\(x\to\infty)}}f(x)=A$,所以对 $\forall\varepsilon>0$,$\exists\delta>0$(或 $\exists X>0$),使得当 $0<|x-x_0|<\delta$(或 $|x|>X$)时,有

$$|f(x)-A|<\varepsilon$$

恒成立. 令 $\alpha=f(x)-A$, 则 α 是当 $x\to x_0$ (或 $x\to\infty$) 时的无穷小, 即

$$f(x)=A+\alpha$$

(充分性) 设 $f(x)=A+\alpha$, 其中 A 是常数, 且 α 是当 $x\to x_0$ (或 $x\to\infty$) 时的无穷小. 于是

$$|f(x)-A|=|\alpha|$$

因为 α 是当 $x\to x_0$ (或 $x\to\infty$) 时的无穷小, 所以对 $\forall\varepsilon>0$, $\exists\delta>0$ (或 $\exists X>0$), 使得当 $0<|x-x_0|<\delta$ (或 $|x|>X$) 时, 有 $|\alpha|<\varepsilon$ 恒成立, 即

$$|f(x)-A|<\varepsilon$$

所以

$$\lim_{\substack{x\to x_0\\(x\to\infty)}}f(x)=A$$

定理 1.4.1 将函数的极限运算问题转化为常数与无穷小的代数运算问题, 这一结论在今后的学习中, 尤其是在理论推导或证明中有重要的作用.

3. 无穷小的运算性质

关于无穷小的运算性质有如下定理:

定理 1.4.2 有限个无穷小的代数和仍为无穷小.

证 不妨先考虑两个无穷小的和以及 $x\to\infty$ 时的情形.

设 α,β 是当 $x\to\infty$ 时的无穷小, 则需证明 $\alpha+\beta$ 也是当 $x\to\infty$ 时的无穷小.

因为 α 是当 $x\to\infty$ 时的无穷小, 所以 $\forall\dfrac{\varepsilon}{2}>0$, $\exists X_1>0$, 当 $|x|>X_1$ 时, 有

$$|\alpha|<\frac{\varepsilon}{2}$$

又因为 β 是当 $x\to\infty$ 时的无穷小, 所以 $\forall\dfrac{\varepsilon}{2}>0$, $\exists X_2>0$, 当 $|x|>X_2$ 时, 有

$$|\beta|<\frac{\varepsilon}{2}$$

取 $X=\max\{X_1,X_2\}$, 当 $|x|>X$ 时, 同时有

$$|\alpha|<\frac{\varepsilon}{2},\quad|\beta|<\frac{\varepsilon}{2}$$

而

$$|\alpha+\beta|\leqslant|\alpha|+|\beta|<\varepsilon$$

所以 $\alpha+\beta$ 也是当 $x\to\infty$ 时的无穷小.

有限个无穷小的和的情形可以同样证明.

类似还可证明 $x\to x_0$ 的情形.

注 无穷多个无穷小的代数和不一定是无穷小. 例如, 当 $n\to\infty$ 时, 和式

$\underbrace{\dfrac{1}{n}+\dfrac{1}{n}+\cdots+\dfrac{1}{n}}_{n\uparrow}$ 中每一项都是无穷小,但

$$\lim_{n\to\infty}\left(\underbrace{\frac{1}{n}+\frac{1}{n}+\cdots+\frac{1}{n}}_{n\uparrow}\right)=1$$

定理 1.4.3　有界函数与无穷小的乘积仍为无穷小.

证　就 $x\to\infty$ 时的情形加以证明.

设 $f(x)$ 是有界函数,α 是当 $x\to\infty$ 时的无穷小,则需证明 $\lim\limits_{x\to\infty}f(x)\alpha=0$.

因为 $f(x)$ 有界,即 $\exists M>0$,使得 $|f(x)|\leqslant M$. 又因为 α 是当 $x\to\infty$ 时的无穷小,所以 $\forall\dfrac{\varepsilon}{M}>0$,$\exists X>0$,当 $|x|>X$ 时,有

$$|\alpha|<\frac{\varepsilon}{M}$$

恒成立,从而

$$|f(x)\alpha|=|f(x)|\cdot|\alpha|<M\cdot\frac{\varepsilon}{M}=\varepsilon$$

所以

$$\lim_{x\to\infty}f(x)\alpha=0.$$

其他情形类似可证.

推论 1.4.1　常数与无穷小的乘积仍是无穷小.

推论 1.4.2　有限个无穷小的乘积仍是无穷小.

例 1　求 $\lim\limits_{x\to\infty}\dfrac{\sin x}{x}$.

解　因为函数 $\sin x$ 在 $(-\infty,+\infty)$ 上是有界函数,而 $\lim\limits_{x\to\infty}\dfrac{1}{x}=0$,所以

$$\lim_{x\to\infty}\frac{\sin x}{x}=0$$

1.4.2　无穷大

如果当自变量 $x\to x_0$(或 $x\to\infty$)时,对应的函数值 $|f(x)|$ 无限增大(即大于任意给定的正数),则称函数 $f(x)$ 是当 $x\to x_0$(或 $x\to\infty$)时的无穷大量,其严格定义如下:

定义 1.4.3　如果函数 $f(x)$ 对于 $\forall M>0$,$\exists\delta>0$(或 $\exists X>0$),使得当 $0<|x-x_0|<\delta$(或 $|x|>X$)时,有 $|f(x)|>M$ 恒成立,则称函数 $f(x)$ 为当 $x\to x_0$(或 $x\to\infty$)时的**无穷大量**,简称**无穷大**.

对于当 $x\to x_0$(或 $x\to\infty$)时是无穷大的函数 $f(x)$,按照极限的定义,是不存在极限的,但为叙述方便,我们仍说"函数的极限是无穷大",记作

$$\lim_{x \to x_0} f(x) = \infty \quad \text{或} \quad \lim_{x \to \infty} f(x) = \infty$$

如果在无穷大的定义中,把 $|f(x)| > M$ 换成 $f(x) > M$(或 $f(x) < -M$),则称函数 $f(x)$ 当 $x \to x_0$(或 $x \to \infty$)时为**正无穷大**(或**负无穷大**),记作

$$\lim_{\substack{x \to x_0 \\ (x \to \infty)}} f(x) = +\infty \quad \left[\text{或} \lim_{\substack{x \to x_0 \\ (x \to \infty)}} f(x) = -\infty \right]$$

注 1 无穷大是描述函数的一种状态,而不是很大的数,不能将无穷大与很大的数(如 10^{10})混为一谈.

注 2 无穷大是没有极限的变量,但无极限的变量不一定是无穷大.例如,$\lim_{x \to \infty} \sin x$ 不存在,但当 $x \to \infty$ 时,$\sin x$ 不是无穷大.

注 3 无穷大的函数一定无界,但无界函数不一定是无穷大.

例如,函数 $f(x) = x \cos x$,当 $x \to \infty$ 时,函数 $f(x) = x \cos x$ 是无界的,但它却不是无穷大.

事实上,选取数列 $x_n = 2n\pi \, (n \in \mathbf{N}^+)$,则

$$\lim_{n \to \infty} f(x_n) = \lim_{n \to \infty} (2n\pi \cdot \cos 2n\pi) = \lim_{n \to \infty} 2n\pi = +\infty$$

所以 $\{f(x_n)\}$ 是无界的,从而 $f(x)$ 也是无界的.

又选取数列 $y_n = 2n\pi + \dfrac{\pi}{2} \, (n \in \mathbf{N}^+)$,则

$$\lim_{n \to \infty} f(y_n) = \lim_{n \to \infty} \left[\left(2n\pi + \frac{\pi}{2} \right) \cdot \cos \left(2n\pi + \frac{\pi}{2} \right) \right] = 0$$

于是当 $n \to \infty$ 时,对于 $\forall M > 0$,不等式

$$|f(x_n)| > M$$

不恒成立,所以当 $x \to \infty$ 时,对于 $\forall M > 0$,不等式

$$|f(x)| > M$$

不恒成立,即函数 $f(x) = x \cos x$ 当 $x \to \infty$ 时不是无穷大.

例 2 证明 $\lim_{x \to \infty} [ax + b] = \infty \, (a, b$ 为常数,且 $a \neq 0)$.

证 因为 $|ax + b| \geqslant |a| \cdot |x| - |b|$,所以对于 $\forall M > 0$,要使 $|ax + b| > M$,只需

$$|a| \cdot |x| - |b| > M$$

即可,因为 $a \neq 0$,则

$$|x| > \frac{M + |b|}{|a|}$$

只需取 $X = \dfrac{M + |b|}{|a|}$,则对于 $\forall M > 0$,$\exists X > 0$,当 $|x| > X$ 时,都有

$$|ax + b| > M$$

成立.所以

$$\lim_{x\to\infty}[ax+b]=\infty$$

一般地,有以下结论:

(1) $\lim\limits_{f(x)\to\infty}[af(x)+b]=\infty$($a,b$ 为常数,且 $a\neq0$);

(2) $\lim\limits_{f(x_n)\to\infty}[af(x_n)+b]=\infty$($a,b$ 为常数,且 $a\neq0$).

无穷小与无穷大的关系

定理 1.4.4　在自变量的同一变化过程中,如果函数 $f(x)$ 是无穷大,则函数 $\dfrac{1}{f(x)}$ 为无穷小;反之,如果函数 $f(x)$ 是无穷小且 $f(x)\neq0$,则函数 $\dfrac{1}{f(x)}$ 为无穷大.

证　就 $x\to x_0$ 时的情形进行证明.

因为 $\lim\limits_{x\to x_0}f(x)=\infty$,所以对 $\forall\varepsilon>0$,取 $M=\dfrac{1}{\varepsilon}>0$,$\exists\delta>0$,使得当 $0<|x-x_0|<\delta$ 时,有

$$|f(x)|>M=\frac{1}{\varepsilon}$$

成立,即

$$\left|\frac{1}{f(x)}\right|<\frac{1}{M}=\varepsilon$$

成立,所以函数 $\dfrac{1}{f(x)}$ 是当 $x\to x_0$ 时的无穷小.

反之,因为当 $x\to x_0$ 时,函数 $f(x)$ 是无穷小且 $f(x)\neq0$,所以对 $\forall M>0$,取 $\varepsilon=\dfrac{1}{M}>0$,$\exists\delta>0$,使得当 $0<|x-x_0|<\delta$ 时,有

$$|f(x)|<\varepsilon=\frac{1}{M}$$

成立,即

$$\left|\frac{1}{f(x)}\right|>M$$

成立,所以函数 $f(x)$ 是无穷小且 $f(x)\neq0$ 时,函数 $\dfrac{1}{f(x)}$ 为无穷大.

类似可证 $x\to\infty$ 时的情形.

注　一般很少利用无穷大的定义来证明函数的极限是无穷大,而经常利用定理 1.4.4 来进行计算或证明.

习题 1-4

1. 两个无穷小的商是否一定是无穷小? 举例说明.

2. 两个无穷大的差是否一定是无穷大? 举例说明.

3. 指出下列各题中哪些是无穷小？哪些是无穷大？

(1) x^2-1，当 $x \to 1$ 时；

(2) $\dfrac{1}{x-2}$，当 $x \to 2$ 时；

(3) $x\sin\dfrac{1}{x}$，当 $x \to 0$ 时；

(4) e^{-x}，当 $x \to +\infty$ 时.

4. 函数 $f(x)=x\sin x$ 在 $(-\infty,+\infty)$ 内是否有界？又当 $x \to +\infty$ 时，函数 $f(x)$ 是否为无穷大？

1.5　极限运算法则

根据函数极限的定义来计算函数极限是非常困难的，所以本节将介绍利用函数极限的四则运算法则及复合函数极限运算法则来求极限。由于自变量变化趋势有多种，故本节不指明自变量变化趋势，只要是同一变化过程的极限，我们就用"lim"来表示，以下结论中 x 都是同一变化过程。

1.5.1　极限的四则运算法则

定理 1.5.1　若 $\lim f(x)=A,\lim g(x)=B(A,B$ 为常数$)$，则

(1) $\lim[f(x) \pm g(x)]=\lim f(x) \pm \lim g(x)=A \pm B$；

(2) $\lim[f(x) \cdot g(x)]=\lim f(x) \cdot \lim g(x)=AB$；

(3) $\lim \dfrac{f(x)}{g(x)}=\dfrac{\lim f(x)}{\lim g(x)}=\dfrac{A}{B}(B \neq 0)$.

证　(1) 因为 $\lim f(x)=A,\lim g(x)=B$，由无穷小与函数极限的关系可得
$$f(x)=A+\alpha, \quad g(x)=B+\beta \quad (\alpha \to 0, \beta \to 0)$$
则
$$[f(x) \pm g(x)]=(A \pm B)+(\alpha \pm \beta)$$
因为 $\alpha \to 0, \beta \to 0$，所以 $(\alpha \pm \beta) \to 0$，根据无穷小与函数极限的关系，可得
$$\lim[f(x) \pm g(x)]=A \pm B$$
即
$$\lim[f(x) \pm g(x)]=\lim f(x) \pm \lim g(x)$$
(2) 因为 $\lim f(x)=A,\lim g(x)=B$，由无穷小与函数极限的关系可得
$$f(x)=A+\alpha, \quad g(x)=B+\beta \quad (\alpha \to 0, \beta \to 0)$$
则
$$[f(x) \cdot g(x)]=(A+\alpha) \cdot (B+\beta)=AB+(A\beta+B\alpha+\alpha\beta)$$
因为 $\alpha \to 0, \beta \to 0$，由无穷小的运算性质可得
$$(A\beta+B\alpha+\alpha\beta) \to 0$$
根据无穷小与函数极限的关系，可得

31

$$\lim [f(x) \cdot g(x)] = AB$$

即

$$\lim [f(x) \cdot g(x)] = \lim f(x) \cdot \lim g(x)$$

（3）根据结论（2）可知

$$\lim \frac{f(x)}{g(x)} = \lim \left[f(x) \cdot \frac{1}{g(x)} \right] = \lim f(x) \cdot \lim \frac{1}{g(x)}$$

所以只需要证明当 $B \neq 0$ 时，有

$$\lim \frac{1}{g(x)} = \frac{1}{B} = \frac{1}{\lim g(x)}$$

即可.

因为 $\lim g(x) = B$，所以 $g(x) = B + \beta (\beta \rightarrow 0)$，则

$$\left| \frac{1}{g(x)} - \frac{1}{B} \right| = \left| \frac{1}{B+\beta} - \frac{1}{B} \right| = \frac{|\beta|}{|B+\beta| \cdot |B|}$$

又因为 $\lim (B+\beta) = B, B \neq 0, \beta \rightarrow 0$，由推论 1.3.1 可知 $|B+\beta| > \dfrac{|B|}{2}$，所以

$$0 \leqslant \left| \frac{1}{g(x)} - \frac{1}{B} \right| = \frac{|\beta|}{|B+\beta| \cdot |B|} < \frac{2}{|B|^2} \cdot |\beta| \rightarrow 0$$

由夹逼定理得

$$\left| \frac{1}{g(x)} - \frac{1}{B} \right| \rightarrow 0$$

即

$$\lim \frac{1}{g(x)} = \frac{1}{B} = \frac{1}{\lim g(x)}$$

所以结论得证.

定理 1.5.1 还可推广到有限多个函数的情形：

推论 1.5.1 若 $\lim f_i(x) = A_i (i=1,2,\cdots,n)$，则

（1）$\lim \displaystyle\sum_{i=1}^{n} f_i(x) = \sum_{i=1}^{n} \lim f_i(x) = \sum_{i=1}^{n} A_i$；

（2）$\lim \displaystyle\prod_{1 \leqslant i \leqslant n} f_i(x) = \prod_{1 \leqslant i \leqslant n} \lim f_i(x) = \prod_{1 \leqslant i \leqslant n} A_i = A_1 A_2 \cdots A_n$.

注 $\displaystyle\prod_{1 \leqslant i \leqslant n} f_i(x)$ 表示 n 个函数的乘积.

特别地，有

$$\lim [cf(x)] = c \lim f(x), \quad c \text{ 为常数}$$

$$\lim f^n(x) = [\lim f(x)]^n, \quad n \in \mathbf{N}^+$$

由于数列是特殊的函数，因此以上运算法则对数列极限也成立.

推论 1.5.2 $\lim\limits_{x \rightarrow \infty} \dfrac{a}{x^n} = 0 (a \text{ 为常数}, n \in \mathbf{N}^+)$.

证 因为 $\lim\limits_{x\to\infty}\dfrac{1}{x}=0$(见 1.3 节例 1),由极限的四则运算法则及推论可得

$$\lim_{x\to\infty}\frac{a}{x^n}=a\lim_{x\to\infty}\frac{1}{x^n}=a\left(\lim_{x\to\infty}\frac{1}{x}\right)^n=0$$

其中 a 为常数,$n\in\mathbf{N}^+$.

推论 1.5.2 中利用无穷小与无穷大的关系还可以得到

$$\lim_{x\to\infty}x^n=\infty,\quad n\in\mathbf{N}^+$$

推论 1.5.3 若 $a>1$,则 $\lim\limits_{x\to+\infty}ca^x=\infty(c\neq 0)$.

证 因为 $\lim\limits_{x\to+\infty}\dfrac{1}{a^x}=0,a>1$(见 1.3 节例 2),且 $c\neq 0$,所以

$$\lim_{x\to+\infty}\frac{1}{a^x}\cdot\frac{1}{c}=0$$

由无穷小与无穷大的关系可得

$$\lim_{x\to+\infty}ca^x=\infty\quad(a>1,c\neq 0)$$

一般地,有

$$\lim_{x\to+\infty}ca^x=\begin{cases}\infty,& a>1\\ c,& a=1\\ 0,& 0<a<1\end{cases}\quad(c\neq 0)$$

例 1 已知 n 次多项式 $P(x)=a_0x^n+a_1x^{n-1}+\cdots+a_{n-1}x+a_n$,求 $\lim\limits_{x\to x_0}P(x)$.

解
$$\begin{aligned}\lim_{x\to x_0}P(x)&=\lim_{x\to x_0}(a_0x^n)+\lim_{x\to x_0}(a_1x^{n-1})+\cdots+\lim_{x\to x_0}(a_{n-1}x)+\lim_{x\to x_0}a_n\\ &=a_0\lim_{x\to x_0}x^n+a_1\lim_{x\to x_0}x^{n-1}+\cdots+a_{n-1}\lim_{x\to x_0}x+\lim_{x\to x_0}a_n\\ &=a_0(\lim_{x\to x_0}x)^n+a_1(\lim_{x\to x_0}x)^{n-1}+\cdots+a_{n-1}\lim_{x\to x_0}x+\lim_{x\to x_0}a_n\\ &=a_0x_0^n+a_1x_0^{n-1}+\cdots+a_{n-1}x_0+a_n=P(x_0)\end{aligned}$$

于是得到结论:**多项式函数在有限点处的极限为该点的函数值.**

例 2 求 $\lim\limits_{x\to 2}(x^2+x-1)$.

解 $\lim\limits_{x\to 2}(x^2+x-1)=2^2+2-1=5$.

例 3 求 $\lim\limits_{x\to 1}\dfrac{x^2+1}{x+1}$.

解 $\lim\limits_{x\to 1}\dfrac{x^2+1}{x+1}=\dfrac{\lim\limits_{x\to 1}(x^2+1)}{\lim\limits_{x\to 1}(x+1)}=\dfrac{1^2+1}{1+1}=1$.

一般地,对于有理分式函数

$$f(x)=\frac{P_n(x)}{P_m(x)}$$

其中 $P_n(x)=a_0x^n+a_1x^{n-1}+\cdots+a_{n-1}x+a_n$,$P_m(x)=b_0x^m+b_1x^{m-1}+\cdots+b_{m-1}x+$

b_m 分别是 x 的 n 次与 m 次多项式,$P_m(x_0)\neq0$,则

$$\lim_{x\to x_0}f(x)=\lim_{x\to x_0}\frac{P_n(x)}{P_m(x)}=\frac{\lim\limits_{x\to x_0}P_n(x)}{\lim\limits_{x\to x_0}P_m(x)}=\frac{P_n(x_0)}{P_m(x_0)}=f(x_0)$$

若 $P_m(x_0)=0$,上述结论不能使用,应该如何求极限呢?下面介绍属于这种情形的例子.

例 4　求 $\lim\limits_{x\to1}\dfrac{x^2+1}{x-1}$.

解　由于 $\lim\limits_{x\to1}(x-1)=0$,所以商的法则不能用,而 $\lim\limits_{x\to1}(x^2+1)=2\neq0$,所以

$$\lim_{x\to1}\frac{x-1}{x^2+1}=\frac{\lim\limits_{x\to1}(x-1)}{\lim\limits_{x\to1}(x^2+1)}=\frac{1-1}{1^2+1}=\frac{0}{2}=0$$

又由无穷大与无穷小的关系得

$$\lim_{x\to1}\frac{x^2+1}{x-1}=\infty$$

例 5　求 $\lim\limits_{x\to1}\dfrac{x^2-1}{x-1}$.

分析　当 $x\to1$ 时,分子和分母的极限都是零,通常记作 $\dfrac{0}{0}$ 型.由于这种形式的极限可能存在,也可能不存在.它可以约去因子后再求极限.

解　$\lim\limits_{x\to1}\dfrac{x^2-1}{x-1}=\lim\limits_{x\to1}\dfrac{(x-1)(x+1)}{x-1}=\lim\limits_{x\to1}(x+1)=2.$

例 6　求 $\lim\limits_{x\to\infty}\dfrac{2x^2-1}{x^2-3x+2}$.

解　$\lim\limits_{x\to\infty}\dfrac{2x^2-1}{x^2-3x+2}=\lim\limits_{x\to\infty}\dfrac{2-\frac{1}{x^2}}{1-\frac{3}{x}+\frac{2}{x^2}}=\dfrac{\lim\limits_{x\to\infty}\left(2-\frac{1}{x^2}\right)}{\lim\limits_{x\to\infty}\left(1-\frac{3}{x}+\frac{2}{x^2}\right)}=\dfrac{2-0}{1-0+0}=2.$

例 7　求 $\lim\limits_{x\to\infty}\dfrac{x^2-3x+2}{x+1}$.

解　因为

$$\lim_{x\to\infty}\frac{x+1}{x^2-3x+2}=\lim_{x\to\infty}\frac{\frac{1}{x}+\frac{1}{x^2}}{1-\frac{3}{x}+\frac{2}{x^2}}=\frac{\lim\limits_{x\to\infty}\left(\frac{1}{x}+\frac{1}{x^2}\right)}{\lim\limits_{x\to\infty}\left(1-\frac{3}{x}+\frac{2}{x^2}\right)}$$

$$=\frac{0+0}{1-0+0}=0$$

所以

$$\lim_{x\to\infty}\frac{x^2-3x+2}{x+1}=\infty$$

一般地,有以下结论:

$$\lim_{x \to \infty} \frac{P_n(x)}{P_m(x)} = \lim_{x \to \infty} \frac{a_0 x^n + a_1 x^{n-1} + \cdots + a_{n-1}x + a_n}{b_0 x^m + b_1 x^{m-1} + \cdots + b_{m-1}x + b_m} = \begin{cases} 0, & m > n \\ \dfrac{a_0}{b_0}, & m = n \\ \infty, & m < n \end{cases}$$

1.5.2 复合函数的极限运算法则

定理 1.5.2 设函数 $y = f[g(x)]$ 是由函数 $u = g(x)$ 与函数 $y = f(u)$ 复合而成,函数 $y = f[g(x)]$ 在点 x_0 的某去心邻域内有定义,若 $\lim\limits_{x \to x_0} g(x) = u_0$,$\lim\limits_{u \to u_0} f(u) = A$,且 $\exists \delta_0 > 0$,使当 $0 < |x - x_0| < \delta_0$ 时,有 $g(x) \neq u_0$,则

$$\lim_{x \to x_0} f[g(x)] = \lim_{u \to u_0} f(u) = A$$

证 由函数极限的定义可知,要证对于 $\forall \varepsilon > 0$,$\exists \delta > 0$,使得当 $0 < |x - x_0| < \delta$ 时,有

$$|f[g(x)] - A| < \varepsilon$$

恒成立.

由于 $\lim\limits_{u \to u_0} f(u) = A$,所以 $\forall \varepsilon > 0$,$\exists \eta > 0$,使得当 $0 < |u - u_0| < \eta$ 时,有

$$|f(u) - A| < \varepsilon$$

成立.

又由于 $\lim\limits_{x \to x_0} g(x) = u_0$,所以对于上面得到的 $\eta > 0$,$\exists \delta_1 > 0$,使得当 $0 < |x - x_0| < \delta_1$ 时,有

$$|g(x) - u_0| < \eta$$

成立.

由题可知,当 $0 < |x - x_0| < \delta_0$ 时,有 $g(x) \neq u_0$. 取 $\delta = \min\{\delta_0, \delta_1\}$,则当 $0 < |x - x_0| < \delta$ 时,有

$$|g(x) - u_0| < \eta, \quad |g(x) - u_0| \neq 0$$

同时成立,即

$$0 < |g(x) - u_0| < \eta$$

成立.

而 $u = g(x)$,所以当 $0 < |x - x_0| < \delta$ 时,$0 < |u - u_0| < \eta$ 一定成立.

又因为对于 $\forall \varepsilon > 0$,$\exists \eta > 0$,使得当 $0 < |u - u_0| < \eta$ 时,有

$$|f(u) - A| < \varepsilon$$

成立. 所以对于 $\forall \varepsilon > 0$,$\exists \delta > 0$,使得当 $0 < |x - x_0| < \delta$ 时,有

$$|f[g(x)] - A| = |f(u) - A| < \varepsilon$$

恒成立.

在定理 1.5.2 中，把 $\lim\limits_{x \to x_0} g(x) = u_0$ 换成 $\lim\limits_{x \to \infty} g(x) = u_0$，定理仍成立；将其换成 $\lim\limits_{x \to x_0} g(x) = \infty$ 或 $\lim\limits_{x \to \infty} g(x) = \infty$，而把 $\lim\limits_{u \to u_0} f(u) = A$ 换成 $\lim\limits_{u \to \infty} f(u) = A$，也可得类似定理.

例 8　求 $\lim\limits_{x \to 0} \dfrac{\sqrt{1+x}-1}{x}$.

解　分子有理化，得

$$\lim_{x \to 0} \frac{\sqrt{1+x}-1}{x} = \lim_{x \to 0} \frac{(\sqrt{1+x}-1)(\sqrt{1+x}+1)}{x(\sqrt{1+x}+1)}$$

$$= \lim_{x \to 0} \frac{1}{\sqrt{1+x}+1} = \frac{1}{\lim\limits_{x \to 0}(\sqrt{1+x}+1)}$$

而

$$\lim_{x \to 0}(\sqrt{1+x}+1) \xlongequal{u=1+x} \lim_{u \to 1}\sqrt{u}+1 = 2$$

于是

$$\lim_{x \to 0}(\sqrt{1+x}+1) = 2$$

所以

$$\lim_{x \to 0} \frac{\sqrt{1+x}-1}{x} = \frac{1}{2}$$

在计算比较熟练之后，可以省略换元的过程.

习题 1-5

1. 计算下列极限：

(1) $\lim\limits_{x \to 2} \dfrac{2x^2-1}{x+1}$;

(2) $\lim\limits_{x \to 2} \dfrac{x^2-4}{x^2-3x+2}$;

(3) $\lim\limits_{x \to 1}\left(\dfrac{2}{x^2-1} - \dfrac{1}{x-1}\right)$;

(4) $\lim\limits_{x \to 3} \dfrac{x^2-4x+3}{x^2-5x+6}$;

(5) $\lim\limits_{x \to 1}(x^3+2x^2-3x+4)$;

(6) $\lim\limits_{x \to 2} \dfrac{x^2-5x+6}{x^2-4x+4}$;

(7) $\lim\limits_{x \to \infty} \dfrac{2x^2+3x-4}{x^3-x^2+5x}$;

(8) $\lim\limits_{x \to \infty} \dfrac{3x^2-4x+5}{x^2-x+3}$;

(9) $\lim\limits_{x \to \infty} \dfrac{x^4-5x+3}{2x^2+x-3}$;

(10) $\lim\limits_{n \to \infty} \dfrac{\sin n}{n}$;

(11) $\lim\limits_{n \to \infty}(\sqrt{n+1}-\sqrt{n})$;

(12) $\lim\limits_{n \to \infty} \dfrac{(n+1)(2n-1)}{5n^2}$;

(13) $\lim\limits_{x \to \infty} \dfrac{\cos x}{x}$;

(14) $\lim\limits_{n \to \infty} \dfrac{2^n+3^n}{2^{n+1}+3^{n+1}}$;

(15) $\lim\limits_{n \to \infty} \dfrac{1+2+3+\cdots+n}{2n^2}$;

(16) $\lim\limits_{x \to \infty} \dfrac{\arctan x}{x}$.

2. 已知 $\lim\limits_{x\to 1}\dfrac{x^2+ax+b}{1-x}=3$，求 a,b.

3. 已知 $\lim\limits_{x\to x_0}f(x)=0,\lim\limits_{x\to x_0}g(x)=\infty$，则 $\lim\limits_{x\to x_0}f(x)\cdot g(x)$ 是否一定存在？

1.6　两个重要极限

本节介绍极限运算中经常用到的两个重要极限：

$$\lim_{x\to 0}\frac{\sin x}{x}=1\quad\text{与}\quad\lim_{x\to\infty}\left(1+\frac{1}{x}\right)^x=\mathrm{e}$$

1.6.1 $\lim\limits_{x\to 0}\dfrac{\sin x}{x}=1$

我们注意到，函数 $\dfrac{\sin x}{x}$ 对一切 $x\neq 0$ 的实数都有意义，作单位圆（如图 1.6.1 所示），

图中 $BC\perp OA,DA\perp OA$，设圆心角 $\angle AOB=x\left(0<x<\dfrac{\pi}{2}\right)$，则 $\sin x=BC<\overset{\frown}{AB}=x$，

$\tan x=AD$.

因为 $\triangle OAB$ 的面积 $<$ 扇形 OAB 的面积 $<\triangle OAD$ 的面积，所以

图　1.6.1

$$\frac{1}{2}OA\cdot BC<\frac{1}{2}OA\cdot\overset{\frown}{AB}<\frac{1}{2}OA\cdot AD$$

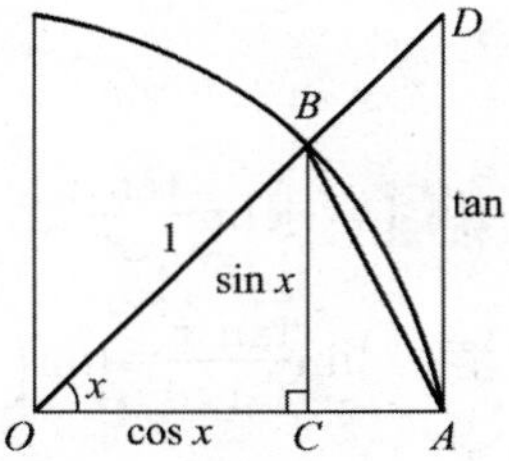

即

$$\sin x<x<\tan x$$

又因为 $0<x<\dfrac{\pi}{2}$，故 $\sin x>0$，于是

$$1<\frac{x}{\sin x}<\frac{1}{\cos x}$$

即

$$\cos x<\frac{\sin x}{x}<1$$

我们注意到，$\cos x,\dfrac{\sin x}{x},1$ 都是偶函数，故当 $-\dfrac{\pi}{2}<x<0$ 时，上述不等式也成立.因此当 $0<|x|<\dfrac{\pi}{2}$ 时，有

$$\cos x<\frac{\sin x}{x}<1$$

下面来证明 $\lim\limits_{x\to 0}\cos x=1$.

当 $0<|x|<\dfrac{\pi}{2}$ 时，有

$$0 < |\cos x - 1| = 1 - \cos x = 2\sin^2\frac{x}{2} < 2\left(\frac{x}{2}\right)^2 = \frac{x^2}{2} < x^2$$

即

$$0 < 1 - \cos x < x^2$$

因为当 $x \to 0$ 时, $x^2 \to 0$, 由夹逼定理可得

$$\lim_{x \to 0}(1 - \cos x) = 0$$

由极限的运算法则可得

$$\lim_{x \to 0}\cos x = 1$$

因为 $\lim\limits_{x \to 0}\cos x = 1, \lim\limits_{x \to 0}1 = 1, \cos x < \dfrac{\sin x}{x} < 1$, 由夹逼定理得

$$\lim_{x \to 0}\frac{\sin x}{x} = 1$$

注　由复合函数的极限运算法则可得

$$\lim_{f(x) \to 0}\frac{\sin f(x)}{f(x)} = 1$$

由 Heine 定理可得

$$\lim_{x_n \to 0}\frac{\sin x_n}{x_n} = 1$$

例 1　求 $\lim\limits_{x \to 0}\dfrac{\tan x}{x}$.

解　$\lim\limits_{x \to 0}\dfrac{\tan x}{x} = \lim\limits_{x \to 0}\left(\dfrac{\sin x}{x} \cdot \dfrac{1}{\cos x}\right) = \lim\limits_{x \to 0}\dfrac{\sin x}{x} \cdot \lim\limits_{x \to 0}\dfrac{1}{\cos x}$

$\qquad = \lim\limits_{x \to 0}\dfrac{\sin x}{x} \cdot \dfrac{1}{\lim\limits_{x \to 0}\cos x} = 1.$

例 2　求 $\lim\limits_{x \to 0}\dfrac{1 - \cos x}{x^2}$.

解　$\lim\limits_{x \to 0}\dfrac{1 - \cos x}{x^2} = \lim\limits_{x \to 0}\dfrac{2\sin^2\frac{x}{2}}{x^2} = \lim\limits_{x \to 0}\dfrac{\sin^2\frac{x}{2}}{\left(\frac{x}{2}\right)^2} \cdot \dfrac{1}{2} = 1 \times \dfrac{1}{2} = \dfrac{1}{2}.$

例 3　求 $\lim\limits_{x \to 0}\dfrac{\arcsin x}{x}$.

解　令 $t = \arcsin x$, 则 $x = \sin t$, 当 $x \to 0$ 时, $t \to 0$, 于是

$$\lim_{x \to 0}\frac{\arcsin x}{x} = \lim_{t \to 0}\frac{t}{\sin t} = \lim_{t \to 0}\frac{1}{\frac{\sin t}{t}} = \frac{1}{\lim\limits_{t \to 0}\frac{\sin t}{t}} = 1$$

类似地, 还可计算 $\lim\limits_{x \to 0}\dfrac{\arctan x}{x} = 1$.

例 4 求 $\lim\limits_{n \to \infty} 2^n \sin \dfrac{x}{2^n}$（$x$ 是不为零的常数）.

解 $\lim\limits_{n \to \infty} 2^n \sin \dfrac{x}{2^n} = \lim\limits_{n \to \infty} \dfrac{\sin \dfrac{x}{2^n}}{\dfrac{x}{2^n}} \cdot x = x.$

例 5 求 $\lim\limits_{x \to \infty} x \sin \dfrac{1}{x}$.

解 $\lim\limits_{x \to \infty} x \sin \dfrac{1}{x} = \lim\limits_{x \to \infty} \dfrac{\sin \dfrac{1}{x}}{\dfrac{1}{x}} = 1.$

例 6 求 $\lim\limits_{x \to \infty} \dfrac{2x-1}{x^2 \sin \dfrac{2}{x}}$.

解 $\lim\limits_{x \to \infty} \dfrac{2x-1}{x^2 \sin \dfrac{2}{x}} = \lim\limits_{x \to \infty} \dfrac{2x-1}{2x \cdot \dfrac{\sin \dfrac{2}{x}}{\dfrac{2}{x}}} = \dfrac{\lim\limits_{x \to \infty} \dfrac{2x-1}{2x}}{\lim\limits_{x \to \infty} \dfrac{\sin \dfrac{2}{x}}{\dfrac{2}{x}}} = \dfrac{1}{1} = 1.$

例 7 求 $\lim\limits_{x \to 0} \dfrac{\tan 3x}{\sin x}$.

解 $\lim\limits_{x \to 0} \dfrac{\tan 3x}{\sin x} = \lim\limits_{x \to 0} \dfrac{\tan 3x}{3x} \cdot \dfrac{x}{\sin x} \cdot 3 = 1 \times 1 \times 3 = 3.$

1.6.2 $\lim\limits_{x \to \infty} \left(1 + \dfrac{1}{x}\right)^x = e$

令 $y = \left(1 + \dfrac{1}{x}\right)^x$，通过计算机计算出 y 的函数值（见表 1.6.1）.

表 **1.6.1**

x	10	50	100	1000	10000	100000	1000000	…
y	2.593742	2.691588	2.704814	2.716924	2.718146	2.718268	2.718280	…
x	−10	−50	−100	−1000	−10000	−100000	−1000000	…
y	2.867972	2.745973	2.731999	2.719642	2.718418	2.718295	2.718283	…

从表 1.6.1 可以观察出，当 $x > 0$ 时，$y = \left(1 + \dfrac{1}{x}\right)^x$ 随着自变量 x 的增大而增大，但增大的速度越来越慢，且逐步接近于一个常数. 当 $x < 0$ 时，$y = \left(1 + \dfrac{1}{x}\right)^x$ 随着自变量 x 的减小而减小，但减小的速度越来越慢，且逐步接近于一个常数. 为了更进一步

观察 $y=\left(1+\dfrac{1}{x}\right)^{x}$ 的变化趋势,我们利用计算机画出它的图像(图 1.6.2).容易观察出,当 $x\to\infty$ 时,$y\to c$(c 为某常数).

如果令 $t=\dfrac{1}{x}$,则当 $x\to\infty$ 时,$t\to 0$,且该函数变为 $y=(1+t)^{\frac{1}{t}}$.注意到它与函数 $y=(1+x)^{\frac{1}{x}}$ 的性质是一致的,为了研究其性质,画出 $y=(1+x)^{\frac{1}{x}}$ 的函数图像(图 1.6.3).容易观察出,当 $x\to 0$ 时,$y\to c$.

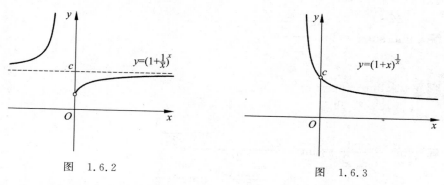

图　1.6.2　　　　　　　　　　图　1.6.3

为了说明这两类函数的极限问题,需要进行严格的证明.

首先证明 $\lim\limits_{n\to\infty}\left(1+\dfrac{1}{n}\right)^{n}$ 的极限是存在的.

设 $x_{n}=\left(1+\dfrac{1}{n}\right)^{n}$,下面证明数列 $\{x_{n}\}$ 单调增加且有上界.由二项式定理得

$$x_{n}=\left(1+\frac{1}{n}\right)^{n}=\sum_{k=0}^{n}\mathrm{C}_{n}^{k}1^{n-k}\frac{1}{n^{k}}$$

$$=1+\frac{n}{1!}\cdot\frac{1}{n}+\frac{n(n-1)}{2!}\cdot\frac{1}{n^{2}}+\frac{n(n-1)(n-2)}{3!}\cdot\frac{1}{n^{3}}+\cdots+$$

$$\frac{n(n-1)(n-2)\cdots[n-(n-1)]}{n!}\cdot\frac{1}{n^{n}}$$

$$=1+1+\frac{1}{2!}\left(1-\frac{1}{n}\right)+\frac{1}{3!}\left(1-\frac{1}{n}\right)\left(1-\frac{2}{n}\right)+\cdots+$$

$$\frac{1}{n!}\left(1-\frac{1}{n}\right)\left(1-\frac{2}{n}\right)\cdots\left(1-\frac{n-1}{n}\right)$$

$$x_{n+1}=1+1+\frac{1}{2!}\left(1-\frac{1}{n+1}\right)+\frac{1}{3!}\left(1-\frac{1}{n+1}\right)\left(1-\frac{2}{n+1}\right)+\cdots+$$

$$\frac{1}{n!}\left(1-\frac{1}{n+1}\right)\left(1-\frac{2}{n+1}\right)\cdots\left(1-\frac{n-1}{n+1}\right)+$$

$$\frac{1}{(n+1)!}\left(1-\frac{1}{n+1}\right)\left(1-\frac{2}{n+1}\right)\cdots\left(1-\frac{n-1}{n+1}\right)\left(1-\frac{n}{n+1}\right)$$

x_{n} 与 x_{n+1} 相比,除前两项都是 1 以外,从第三项开始,x_{n} 的每一项都小于 x_{n+1} 的相应

项,而且 x_{n+1} 还多出来一个数值为正数的一项,因此 $x_n \leqslant x_{n+1}(n=1,2,\cdots)$,即数列 $\{x_n\}$ 是单调增加的.

接下来,证明数列 $\{x_n\}$ 有上界.

将 x_n 的展开式中各项括号内均放大到 1,则

$$x_n \leqslant 1 + 1 + \frac{1}{2!} + \frac{1}{3!} + \cdots + \frac{1}{n!}$$

$$< 1 + 1 + \frac{1}{2} + \frac{1}{2^2} + \cdots + \frac{1}{2^{n-1}}$$

$$= 1 + \frac{1 - \frac{1}{2^n}}{1 - \frac{1}{2}} = 3 - \frac{1}{2^{n-1}} < 3$$

这就说明数列 $\{x_n\}$ 是有上界的,根据单调增加且有上界的数列必收敛这一性质可知,数列 $\{x_n\}$ 的极限存在,这个极限值通常用字母 e 来表示,即

$$\lim_{n \to \infty} \left(1 + \frac{1}{n}\right)^n = e$$

数 e 是一个无理数,它的值是

$$2.718281828459045\cdots$$

在 1.1 节中提到的指数函数 $y = e^x$ 及自然对数函数 $y = \ln x$ 中的底数 e 就是这个数.

现在证明 $\lim\limits_{x \to \infty} \left(1 + \frac{1}{x}\right)^x = e$.

当 $x \to +\infty$ 时,取 $n < x < n+1$,则

$$\left(1 + \frac{1}{n+1}\right)^n < \left(1 + \frac{1}{x}\right)^x < \left(1 + \frac{1}{n}\right)^{n+1}$$

且 x 与 n 同时趋于 $+\infty$,由于

$$\lim_{n \to \infty} \left(1 + \frac{1}{n+1}\right)^n = \lim_{n \to \infty} \frac{\left(1 + \frac{1}{n+1}\right)^{n+1}}{1 + \frac{1}{n+1}} = e$$

$$\lim_{n \to \infty} \left(1 + \frac{1}{n}\right)^{n+1} = \lim_{n \to \infty} \left[\left(1 + \frac{1}{n}\right)^n \left(1 + \frac{1}{n}\right)\right] = e$$

于是由夹逼定理得

$$\lim_{x \to +\infty} \left(1 + \frac{1}{x}\right)^x = e$$

当 $x \to -\infty$ 时,取 $x = -(t+1)$,则当 $x \to -\infty$ 时,$t \to +\infty$,从而有

$$\lim_{x \to -\infty} \left(1 + \frac{1}{x}\right)^x = \lim_{t \to +\infty} \left(1 - \frac{1}{t+1}\right)^{-(t+1)} = \lim_{t \to +\infty} \left(\frac{t}{t+1}\right)^{-(t+1)}$$

$$= \lim_{t \to +\infty} \left(1 + \frac{1}{t}\right)^{t+1} = \lim_{t \to +\infty} \left[\left(1 + \frac{1}{t}\right)^t \left(1 + \frac{1}{t}\right)\right] = e$$

可见

$$\lim_{x \to -\infty} \left(1 + \frac{1}{x}\right)^x = \lim_{x \to +\infty} \left(1 + \frac{1}{x}\right)^x = e$$

所以

$$\lim_{x \to \infty} \left(1 + \frac{1}{x}\right)^x = e$$

作变量替换 $t = \frac{1}{x}$,当 $x \to \infty$ 时,得 $t \to 0$,于是上面极限又可写成

$$\lim_{t \to 0}(1 + t)^{\frac{1}{t}} = e$$

一般地,有

$$\lim_{f(x) \to \infty} \left(1 + \frac{1}{f(x)}\right)^{f(x)} = e, \quad \lim_{f(x) \to 0} [1 + f(x)]^{\frac{1}{f(x)}} = e$$

$$\lim_{x_n \to \infty} \left(1 + \frac{1}{x_n}\right)^{x_n} = e, \quad \lim_{x_n \to 0}(1 + x_n)^{\frac{1}{x_n}} = e$$

例 8　求 $\lim_{x \to 0}(1 + 5x)^{\frac{1}{x}}$.

解　$\lim_{x \to 0}(1 + 5x)^{\frac{1}{x}} = \lim_{x \to 0}\left[(1 + 5x)^{\frac{1}{5x}}\right]^5 = e^5$.

例 9　求 $\lim_{x \to \infty} \left(\frac{1 + 3x}{3x}\right)^{2x}$.

解　$\lim_{x \to \infty} \left(\frac{1 + 3x}{3x}\right)^{2x} = \lim_{x \to \infty} \left[\left(1 + \frac{1}{3x}\right)^{3x}\right]^{\frac{2}{3}} = e^{\frac{2}{3}}$.

例 10　求 $\lim_{x \to \infty} \left(\frac{2x + 3}{2x + 1}\right)^{x+1}$.

解　$\lim_{x \to \infty} \left(\frac{2x + 3}{2x + 1}\right)^{x+1} = \lim_{x \to \infty} \left[\left(1 + \frac{2}{2x + 1}\right)^{\frac{2x+1}{2}}\left(1 + \frac{2}{2x + 1}\right)^{\frac{1}{2}}\right] = e \times 1 = e$.

例 11　求 $\lim_{n \to \infty} \left(\frac{2n - 1}{2n + 1}\right)^{n+1}$.

解　$\lim_{n \to \infty} \left(\frac{2n - 1}{2n + 1}\right)^{n+1} = \lim_{n \to \infty} \dfrac{1}{\left(\dfrac{2n + 1}{2n - 1}\right)^{n+1}}$

$$= \lim_{n \to \infty} \frac{1}{\left(1 + \dfrac{2}{2n - 1}\right)^{\frac{2n-1}{2}}\left(1 + \dfrac{2}{2n - 1}\right)^{\frac{3}{2}}} = \frac{1}{e \times 1} = e^{-1}$$

习题 1-6

1. 求下列极限:

(1) $\lim_{x \to 0}\dfrac{\sin 2x}{\sin 5x}$;

(2) $\lim_{x \to 0}x\cot x$;

(3) $\lim\limits_{x\to 0}\dfrac{1-\cos 2x}{x\sin x}$;

(4) $\lim\limits_{x\to 0}\dfrac{\tan kx}{2x}(k\neq 0)$;

(5) $\lim\limits_{x\to 0}\dfrac{2\arcsin x}{3x}$;

(6) $\lim\limits_{x\to a}\dfrac{\sin x-\sin a}{x-a}(a$ 为常数$)$;

(7) $\lim\limits_{n\to\infty}\dfrac{\sin\dfrac{5}{n^2}}{\tan\dfrac{1}{n^2}}$;

(8) $\lim\limits_{n\to\infty}n\sin\dfrac{\pi}{n}$.

2. 求下列极限:

(1) $\lim\limits_{x\to 0}(1+3x)^{\frac{1}{2x}}$;

(2) $\lim\limits_{x\to 0}(1-3x)^{\frac{1}{2x}}$;

(3) $\lim\limits_{x\to 0}(1+\tan x)^{2\cot x}$;

(4) $\lim\limits_{x\to\infty}\left(\dfrac{x+4}{x+2}\right)^{x}$;

(5) $\lim\limits_{x\to\infty}\left(\dfrac{2x-5}{2x+3}\right)^{x}$;

(6) $\lim\limits_{x\to\infty}\left(1-\dfrac{1}{x^2}\right)^{x}$;

(7) $\lim\limits_{x\to\infty}\left(\dfrac{x^2}{x^2-1}\right)^{x^2}$;

(8) $\lim\limits_{n\to\infty}\left(\dfrac{2n-1}{2n-3}\right)^{n+1}$.

1.7 无穷小的比较

前面已经证明了在自变量的同一变化过程中,两个无穷小的和、差、乘积仍是无穷小,但两个无穷小的商却会出现不同的情况. 例如,当 $x\to 0$ 时,$x,2x,x^2,\sin x$ 都是无穷小,但

$$\lim\limits_{x\to 0}\dfrac{x^2}{x}=0,\quad \lim\limits_{x\to 0}\dfrac{x}{x^2}=\infty,\quad \lim\limits_{x\to 0}\dfrac{2x}{x}=2,\quad \lim\limits_{x\to 0}\dfrac{\sin x}{x}=1$$

可以看出,在自变量的同一变化过程中,两个无穷小趋于零的速度是不同的,为了搞清楚无穷小之间的这种差别,需要对两个无穷小进行比较.

在下面的讨论中,涉及的都是自变量在同一变化过程中的无穷小,仍用"lim"来表示极限.

定义 1.7.1 设 α,β 是自变量在同一变化过程中的两个无穷小.

(1) 如果 $\lim\dfrac{\alpha}{\beta}=0$,则称 α 是比 β **高阶的无穷小**,记作 $\alpha=o(\beta)$.

(2) 如果 $\lim\dfrac{\beta}{\alpha}=\infty$,则称 β 是比 α **低阶的无穷小**.

(3) 如果 $\lim\dfrac{\alpha}{\beta}=C(C\neq 0)$,则称 α 与 β 是**同阶无穷小**.

特别地,当 $C=1$ 时,$\lim\dfrac{\alpha}{\beta}=1$,则称 α 与 β 是**等价无穷小**,记作 $\alpha\sim\beta$.

（4）如果 $\lim\dfrac{\alpha}{x^k}=C(C\neq0,k\in\mathbf{N}^+)$，则称 α 是 x 的 **k 阶无穷小**.

例 1 本节开头的几个例子中，因为 $\lim\limits_{x\to0}\dfrac{x^2}{x}=0$，所以当 $x\to0$ 时，x^2 是比 x 高阶的无穷小，表示 x^2 比 x 趋于零的速度快些；反之，x 是比 x^2 低阶的无穷小，表示 x 比 x^2 趋于零的速度慢些. 因为 $\lim\limits_{x\to0}\dfrac{2x}{x}=2$，所以当 $x\to0$ 时，$2x$ 与 x 是同阶无穷小，表示 $2x$ 趋于零的速度与 x 趋于零的速度成比例；因为 $\lim\limits_{x\to0}\dfrac{\sin x}{x}=1$，所以当 $x\to0$ 时，$\sin x$ 与 x 是等价无穷小，表示它们趋于零的速度大致相同.

例 2 因为 $\lim\limits_{n\to\infty}\dfrac{\dfrac{1}{n}}{\dfrac{1}{n^2}}=\infty$，所以当 $n\to\infty$ 时，$\dfrac{1}{n}$ 是比 $\dfrac{1}{n^2}$ 低阶的无穷小.

例 3 因为 $\lim\limits_{x\to2}\dfrac{x^2-4}{x-2}=4$，所以当 $x\to2$ 时，x^2-4 与 $x-2$ 是同阶无穷小.

例 4 因为 $\lim\limits_{x\to0}\dfrac{1-\cos x}{x^2}=\dfrac{1}{2}$，所以当 $x\to0$ 时，$1-\cos x$ 与 x^2 是同阶无穷小，或者说 $1-\cos x$ 是关于 x 的 2 阶无穷小.

下面举一个常用的等价无穷小的例子.

例 5 证明：当 $x\to0$ 时，$\sqrt[n]{1+x}-1\sim\dfrac{1}{n}x$（$n$ 是大于 1 的正整数）.

证 因为

$$\lim_{x\to0}\frac{\sqrt[n]{1+x}-1}{\dfrac{1}{n}x}=\lim_{x\to0}\frac{(\sqrt[n]{1+x})^n-1}{\dfrac{1}{n}x\left[(\sqrt[n]{1+x})^{n-1}+(\sqrt[n]{1+x})^{n-2}+\cdots+1\right]}$$

$$=\lim_{x\to0}\frac{n}{(\sqrt[n]{1+x})^{n-1}+(\sqrt[n]{1+x})^{n-2}+\cdots+1}=1$$

所以

$$\sqrt[n]{1+x}-1\sim\frac{1}{n}x\quad(x\to0)$$

实际上，对于任意实数 α，当 $x\to0$ 时，都有

$$(1+x)^\alpha-1\sim\alpha x$$

关于等价无穷小有如下结论：

定理 1.7.1 $\alpha\sim\beta$ 的充分必要条件是

$$\beta=\alpha+o(\alpha)$$

证 （必要性）设 $\alpha\sim\beta$，则

$$\lim\frac{\beta-\alpha}{\alpha}=\lim\left(\frac{\beta}{\alpha}-1\right)=\lim\frac{\beta}{\alpha}-1=0$$

所以 $\beta-\alpha=o(\alpha)$,即

$$\beta=\alpha+o(\alpha)$$

(充分性)设 $\beta=\alpha+o(\alpha)$,则

$$\lim\frac{\beta}{\alpha}=\lim\frac{\alpha+o(\alpha)}{\alpha}=\lim\left(1+\frac{o(\alpha)}{\alpha}\right)=1+\lim\frac{o(\alpha)}{\alpha}=1$$

所以

$$\alpha\sim\beta$$

定理 1.7.2　如果 $\alpha\sim\alpha',\beta\sim\beta'$,且 $\lim\dfrac{\alpha'}{\beta'}$ 存在,则

$$\lim\frac{\alpha}{\beta}=\lim\frac{\alpha'}{\beta'}$$

证　$\lim\dfrac{\alpha}{\beta}=\lim\left(\dfrac{\alpha}{\alpha'}\cdot\dfrac{\alpha'}{\beta'}\cdot\dfrac{\beta'}{\beta}\right)=1\cdot\lim\dfrac{\alpha'}{\beta'}\cdot1=\lim\dfrac{\alpha'}{\beta'}.$

定理 1.7.2 也称为**等价无穷小替换定理**,它表明求两个无穷小商的极限时,分子或分母都可用适当的等价无穷小替换,从而达到简便计算的目的.同时此定理可推广到求分子或分母为多个因子乘积形式的极限,即对其中的任意一个或几个无穷小因子作等价无穷小替换,而不会改变原式的极限值.

下面是当 $x\to0$ 时的一些比较常用的等价无穷小:

①$\sin x\sim x$;②$\arcsin x\sim x$;③$\tan x\sim x$;④$\arctan x\sim x$;⑤$1-\cos x\sim\dfrac{1}{2}x^2$;⑥$e^x-1\sim x$;⑦$a^x-1\sim x\ln a$;⑧$\ln(1+x)\sim x$;⑨$(1+x)^\alpha-1\sim\alpha x(\alpha\neq0)$.

注　在上述常用等价无穷小中,将 x 换成无穷小函数 $f(x)$ 或无穷小数列 $\{x_n\}$,结论也成立.

例 6　求 $\lim\limits_{x\to0}\dfrac{\sin3x}{\sin2x}$.

解　因为当 $x\to0$ 时,$3x\to0,2x\to0$,于是 $\sin3x\sim3x,\sin2x\sim2x$,所以根据等价无穷小的替换得

$$\lim_{x\to0}\frac{\sin3x}{\sin2x}=\lim_{x\to0}\frac{3x}{2x}=\frac{3}{2}$$

例 7　求 $\lim\limits_{x\to0}\dfrac{\tan x-\sin x}{\sin^3x}$.

解　因为

$$\lim_{x\to0}\frac{\tan x-\sin x}{\sin^3x}=\lim_{x\to0}\frac{\tan x(1-\cos x)}{\sin^3x}$$

且当 $x\to0$ 时,$1-\cos x\sim\dfrac{1}{2}x^2$,$\sin x\sim x$,$\tan x\sim x$,所以

$$\lim_{x\to0}\frac{\tan x-\sin x}{\sin^3x}=\lim_{x\to0}\frac{\tan x(1-\cos x)}{\sin^3x}$$

$$= \lim_{x \to 0} \frac{x \cdot \frac{1}{2} x^2}{x^3} = \frac{1}{2}$$

例 8　求 $\lim\limits_{n \to \infty} 2^n \sin \dfrac{1}{2^n}$.

解　因为当 $n \to \infty$ 时，$\dfrac{1}{2^n}$ 是无穷小，于是 $\sin \dfrac{1}{2^n} \sim \dfrac{1}{2^n}$，所以

$$\lim_{n \to \infty} 2^n \sin \frac{1}{2^n} = \lim_{n \to \infty} \left(2^n \cdot \frac{1}{2^n} \right) = 1$$

习题 1-7

1. 当 $x \to 0$ 时，$x - x^2$ 与 $x^2 - x^3$ 相比，哪一个是高阶无穷小？

2. 当 $x \to 2$ 时，$x - 2$ 与 $8 - x^3$ 相比，是同阶无穷小还是等价无穷小？

3. 证明：当 $x \to 0$ 时，$\arctan x \sim x$.

4. 利用等价无穷小计算下列极限：

(1) $\lim\limits_{x \to 0} \dfrac{\sin(mx)}{\sin(nx)} (m, n \in \mathbf{N}^+)$；

(2) $\lim\limits_{x \to 0} \dfrac{\sin x^m}{(\sin x)^n} (m, n \in \mathbf{N}^+)$；

(3) $\lim\limits_{x \to 0} \dfrac{\tan 5x}{\sin 6x}$；

(4) $\lim\limits_{x \to 0} \dfrac{(e^x - 1)\ln(x^2 + 1)}{(1 - \cos x)\sin x}$；

(5) $\lim\limits_{x \to 0} \dfrac{\sqrt{1 + \sin x} - 1}{x}$；

(6) $\lim\limits_{x \to 0^+} \dfrac{1 - \sqrt{\cos x}}{(1 - \cos \sqrt{x})^2}$；

(7) $\lim\limits_{x \to 0} \dfrac{x^4 + x^3}{\sin^2 x}$；

(8) $\lim\limits_{x \to 0} \dfrac{\sin x - \tan x}{(\sqrt[3]{1 + x^2} - 1)(\sqrt{1 + \sin x} - 1)}$.

5. 证明：无穷小的等价关系具有下列性质：

(1) 自反性（或反身性）：$\alpha \sim \alpha$；

(2) 对称性：如果 $\alpha \sim \beta$，则有 $\beta \sim \alpha$；

(3) 传递性：如果 $\alpha \sim \beta$ 且 $\beta \sim \gamma$，则有 $\alpha \sim \gamma$.

1.8　函数的连续与间断

1.8.1　函数的连续性

　　自然界有许多现象都呈现一种连续变化的状态，例如气温的变化、河水的流动、植物的生长等，这种现象的共同特点是当时间变化很小时，它们的变化也很小. 这种现象在函数关系上的反映就是**函数的连续性**.

　　所谓函数的连续性，从直观上来看，就是它对应的曲线是连续不断的；从数量上分析，就是当自变量的变化微小时，函数值的变化也是很微小的. 即 $\Delta x \to 0$ 时，$\Delta y \to 0$，

如图 1.8.1 所示.

所以对一般函数定义如下:

定义 1.8.1 设函数 $y = f(x)$ 在 x_0 的某一邻域内有定义,如果

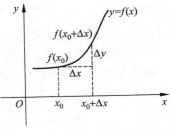

图 1.8.1

$$\lim_{\Delta x \to 0} \Delta y = \lim_{\Delta x \to 0} [f(x_0 + \Delta x) - f(x_0)] = 0$$

那么就称函数 $f(x)$ 在点 x_0 处连续,x_0 称为 $f(x)$ 的连续点.

若令 $x = x_0 + \Delta x$,则当 $\Delta x \to 0$ 时,$x \to x_0$. 于是

$$\Delta y = f(x_0 + \Delta x) - f(x_0) = f(x) - f(x_0)$$

因为 $\Delta y \to 0$,则 $f(x) \to f(x_0)$,即

$$\lim_{x \to x_0} f(x) = f(x_0)$$

所以,上述定义又可叙述如下:

定义 1.8.2 设函数 $y = f(x)$ 在 x_0 的某一邻域内有定义,如果

$$\lim_{x \to x_0} f(x) = f(x_0)$$

那么就称函数 $f(x)$ 在点 x_0 处连续,x_0 称为 $f(x)$ 的连续点.

由 1.3 节例 4 可知 $\lim_{x \to x_0} x = x_0$,所以 $\lim_{x \to x_0} f(x) = f(x_0) = f(\lim_{x \to x_0} x)$. 由此可见,函数 $f(x)$ 在点 x_0 处连续也意味着极限运算"lim"与对应法则 f 可交换次序.

把定义 1.8.1 和定义 1.8.2 用"ε-δ"语言描述,就分别得到下面两个定义.

定义 1.8.3 设函数 $y = f(x)$ 在 x_0 的某一邻域内有定义,如果 $\forall \varepsilon > 0, \exists \delta > 0$,当 $|\Delta x| < \delta$ 时,有 $|\Delta y| < \varepsilon$ 恒成立,则称函数 $y = f(x)$ 在点 x_0 处连续.

定义 1.8.4 设函数 $y = f(x)$ 在 x_0 的某一邻域内有定义,如果 $\forall \varepsilon > 0, \exists \delta > 0$,当 $|x - x_0| < \delta$ 时,有 $|f(x) - f(x_0)| < \varepsilon$ 恒成立,则称函数 $y = f(x)$ 在点 x_0 处连续.

注 因为函数 $f(x)$ 须在点 x_0 有定义,所以定义 1.8.3 和定义 1.8.4 的条件不能是 $0 < |\Delta x| < \delta, 0 < |x - x_0| < \delta$.

例 1 试证 $y = x^2$ 在任意点 x 处连续.

证
$$\begin{aligned}
\lim_{\Delta x \to 0} \Delta y &= \lim_{\Delta x \to 0} [(x + \Delta x)^2 - x^2] \\
&= \lim_{\Delta x \to 0} [x^2 + 2x\Delta x + (\Delta x)^2 - x^2] \\
&= \lim_{\Delta x \to 0} [2x\Delta x + (\Delta x)^2] = 0
\end{aligned}$$

所以 $y = x^2$ 在任意点 x 处连续.

利用连续的定义,还可以证明 $x^n, x^{\frac{1}{n}}$ 在任意点 x 处连续.

例 2 试证函数 $f(x) = \begin{cases} x^2 \sin \dfrac{1}{x}, & x \neq 0 \\ 0, & x = 0 \end{cases}$ 在 $x = 0$ 处连续.

证　因为

$$\lim_{x \to 0} f(x) = \lim_{x \to 0} x^2 \sin \frac{1}{x} = 0 = f(0)$$

所以函数 $f(x)$ 在 $x=0$ 处连续.

下面介绍左连续和右连续的概念.

定义 1.8.5　若函数 $y=f(x)$ 在区间 $(a, x_0]$ 内有定义,且

$$\lim_{x \to x_0^-} f(x) = f(x_0)$$

则称 $f(x)$ 在 x_0 处**左连续**;

若函数 $y=f(x)$ 在区间 $[x_0, b)$ 内有定义,且

$$\lim_{x \to x_0^+} f(x) = f(x_0)$$

则称 $f(x)$ 在 x_0 处**右连续**.

类似地,也可将定义 1.8.5 用"ε-δ"语言进行描述如下:

定义 1.8.6　若函数 $y=f(x)$ 在区间 $(a, x_0]$ 内有定义,如果 $\forall \varepsilon > 0$, $\exists \delta > 0$,当 $x_0 - \delta < x \leqslant x_0$ 时,有 $|f(x) - f(x_0)| < \varepsilon$ 恒成立,则称函数 $y=f(x)$ 在点 x_0 处左连续.

若函数 $y=f(x)$ 在区间 $[x_0, b)$ 内有定义,如果 $\forall \varepsilon > 0$, $\exists \delta > 0$,当 $x_0 \leqslant x < x_0 + \delta$ 时,有 $|f(x) - f(x_0)| < \varepsilon$ 恒成立,则称函数 $y=f(x)$ 在点 x_0 处右连续.

定理 1.8.1　函数 $f(x)$ 在点 x_0 处连续的充分必要条件是函数 $f(x)$ 在点 x_0 处既左连续又右连续.

例 3　已知函数 $f(x) = \begin{cases} x^2 + 5, & x < 0 \\ 3x - a, & x \geqslant 0 \end{cases}$ 在点 $x=0$ 处连续,求 a 的值.

解　因为函数 $f(x)$ 在 $x=0$ 处连续,所以

$$\lim_{x \to 0^-} f(x) = f(0) = -a$$

$$\lim_{x \to 0^+} f(x) = f(0) = -a$$

同时易求得

$$\lim_{x \to 0^-} f(x) = \lim_{x \to 0^-} (x^2 + 5) = 5$$

$$\lim_{x \to 0^+} f(x) = \lim_{x \to 0^+} (3x - a) = -a$$

则 $a = -5$.

1.8.2　连续函数与连续区间

定义 1.8.7　如果函数 $f(x)$ 在开区间 (a, b) 内每一点都是连续的,则称函数 $f(x)$ 在**开区间 (a, b) 内连续**,或者 $y=f(x)$ 是 (a, b) 内的连续函数.

如果函数 $f(x)$ 在开区间 (a, b) 内连续,且在左端点 $x=a$ 处右连续,在右端点 $x=b$ 处左连续,则称函数 $f(x)$ 在**闭区间 $[a, b]$ 上连续**.

如果函数 $f(x)$ 在其定义域内的每一点都是连续的,则称函数 $f(x)$ 在其**定义域内连续**.本节例 1 中的 $x^n, x^{\frac{1}{n}}$ 在其定义域内都连续.

例 4 证明函数 $y = \sin x$ 在区间 $(-\infty, +\infty)$ 内连续.

证 $\forall x \in (-\infty, +\infty)$,则

$$\Delta y = \sin(x + \Delta x) - \sin x = 2\sin\frac{\Delta x}{2} \cdot \cos\left(x + \frac{\Delta x}{2}\right)$$

由于 $\left|\cos\left(x + \frac{\Delta x}{2}\right)\right| \leqslant 1$,得

$$0 \leqslant |\Delta y| \leqslant 2\left|\sin\frac{\Delta x}{2}\right| < |\Delta x|$$

所以当 $\Delta x \to 0$ 时,由夹逼定理得 $|\Delta y| \to 0$,即 $\Delta y \to 0$.故函数 $y = \sin x$ 对任意 $x \in (-\infty, +\infty)$ 都是连续的.

类似地,可以证明 $y = \cos x$ 在其定义域内也是连续的.

** 例 5** 证明函数 $y = \log_a x (a > 0, a \neq 1)$ 在区间 $(0, +\infty)$ 内连续.

证 不妨取任意的 $x_0 \in (0, +\infty)$,根据定义 1.8.4 可知,对于 $\forall \varepsilon > 0$,要使

$$|\log_a x - \log_a x_0| < \varepsilon$$

成立,只需

$$-\varepsilon < \log_a \frac{x}{x_0} < \varepsilon$$

成立即可.分两种情形讨论:

(1) 若 $a > 1$,则

$$a^{-\varepsilon} < \frac{x}{x_0} < a^{\varepsilon}$$

所以

$$x_0 a^{-\varepsilon} < x < x_0 a^{\varepsilon}$$

即只需要

$$x_0(a^{-\varepsilon} - 1) < x - x_0 < x_0(a^{\varepsilon} - 1)$$

成立即可.

(2) 若 $0 < a < 1$,则

$$a^{-\varepsilon} > \frac{x}{x_0} > a^{\varepsilon}$$

所以

$$x_0 a^{\varepsilon} < x < x_0 a^{-\varepsilon}$$

即只需要

$$x_0(a^{\varepsilon} - 1) < x - x_0 < x_0(a^{-\varepsilon} - 1)$$

成立即可.

由(1)和(2)可知,只需取

$$\delta = \min\{x_0|a^\varepsilon-1|,x_0|a^{-\varepsilon}-1|\}$$

则对于 $\forall\varepsilon>0$,当 $|x-x_0|<\delta$ 时,有

$$|\log_a x - \log_a x_0| < \varepsilon$$

一定成立,所以 $y=\log_a x(a>0,a\neq1)$ 在 x_0 处连续.

再由 x_0 的任意性可知,$y=\log_a x(a>0,a\neq1)$ 在区间 $(0,+\infty)$ 内是连续的.

特别地,$y=\ln x$ 在区间 $(0,+\infty)$ 内是连续的.

1.8.3　函数的间断点

定义 1.8.8　如果函数 $f(x)$ 在点 x_0 处不连续,则称函数在点 x_0 处**间断**,x_0 称为函数的**间断点**.

对照定义 1.8.2 容易知道,如果 $f(x)$ 在点 x_0 处满足下列三个条件之一,则函数 $f(x)$ 在点 x_0 处不连续.

(1) $f(x)$ 在 $x=x_0$ 处没有定义;

(2) $f(x)$ 在 $x=x_0$ 处有定义,但 $\lim\limits_{x\to x_0}f(x)$ 不存在;

(3) $f(x)$ 在 $x=x_0$ 处有定义,且 $\lim\limits_{x\to x_0}f(x)$ 存在,但 $\lim\limits_{x\to x_0}f(x)\neq f(x_0)$.

函数的间断点常分为下面两类:

(1) **第一类间断点**　设点 x_0 为 $f(x)$ 的间断点,如果左极限 $f(x_0^-)$ 与右极限 $f(x_0^+)$ 都存在,则称 x_0 为 $f(x)$ 的第一类间断点.

其中第一类间断点又分为两类:

① 若 $f(x_0^-)\neq f(x_0^+)$,则称点 x_0 为 $f(x)$ 的**跳跃间断点**;

② 若 $f(x_0^-)=f(x_0^+)$,则称点 x_0 为 $f(x)$ 的**可去间断点**.

(2) **第二类间断点**　如果 $f(x)$ 在点 x_0 处的左、右极限至少有一个不存在,则称 x_0 为函数 $f(x)$ 的第二类间断点.

常见的第二类间断点有**无穷间断点**(如 $\lim\limits_{x\to x_0}f(x)=\infty$)和**振荡间断点**(在 $x\to x_0$ 的过程中,$f(x)$ 的极限不存在,且 $f(x)$ 无限振荡).

例 6　讨论函数 $f(x)=\begin{cases}x-1, & x<0\\0, & x=0\\x+1, & x>0\end{cases}$ 在 $x=0$ 处的连续性.

解　由于

$$\lim_{x\to 0^-}f(x) = \lim_{x\to 0^-}(x-1) = -1$$

$$\lim_{x\to 0^+}f(x) = \lim_{x\to 0^+}(x+1) = 1$$

所以

$$\lim_{x \to 0^-} f(x) \neq \lim_{x \to 0^+} f(x)$$

故 $x=0$ 是函数 $f(x)$ 的跳跃间断点(如图 1.8.2 所示).

例 7 讨论函数 $f(x) = \begin{cases} 2\sqrt{x}, & 0 \leqslant x < 1 \\ 1, & x = 1 \\ x+1, & x > 1 \end{cases}$ 在 $x=1$ 处的连续性.

解 由于

$$\lim_{x \to 1^-} f(x) = \lim_{x \to 1^-} 2\sqrt{x} = 2$$

$$\lim_{x \to 1^+} f(x) = \lim_{x \to 1^+} (x+1) = 2$$

所以

$$f(1^-) = f(1^+) \neq f(1) = 1$$

故 $x=1$ 是函数 $f(x)$ 的可去间断点(如图 1.8.3 所示).

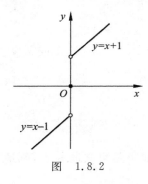

图 1.8.2

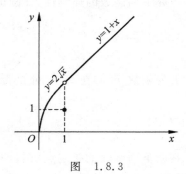

图 1.8.3

例 8 讨论函数 $f(x) = \begin{cases} \dfrac{1}{x}, & x > 0 \\ x, & x \leqslant 0 \end{cases}$ 在 $x=0$ 处的连续性.

解 由于

$$\lim_{x \to 0^-} f(x) = \lim_{x \to 0^-} x = 0$$

$$\lim_{x \to 0^+} f(x) = \lim_{x \to 0^+} \frac{1}{x} = +\infty$$

所以 $x=0$ 为函数 $f(x)$ 的第二类间断点,且为无穷间断点(如图 1.8.4 所示).

例 9 讨论函数 $f(x) = \sin\dfrac{1}{x}$ 在 $x=0$ 处间断点的类型.

解 因为 $\lim_{x \to 0^-} f(x)$,$\lim_{x \to 0^+} f(x)$ 都不存在,且不为无穷大,所以 $x=0$ 为函数 $f(x)$ 的第二类间断点.

而 $x \to 0$ 时,$f(x)$ 的函数值在 -1 和 $+1$ 之间无限振荡(如图 1.8.5 所示),所以 $x=0$ 为函数 $f(x)$ 的振荡间断点.

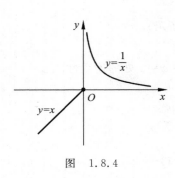

图 1.8.4

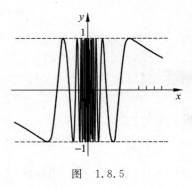

图 1.8.5

习题 1-8

1. 研究下列函数的连续性,并画出函数的图形.

(1) $y=\begin{cases}\dfrac{x^2-4}{x-2}, & x\neq 2 \\ 4, & x=2\end{cases}$；

(2) $y=\begin{cases}x, & -1\leqslant x\leqslant 1 \\ 1, & x<-1 \text{ 或 } x>1\end{cases}$.

2. 下列函数 $f(x)$ 在 $x=0$ 处是否连续? 为什么?

(1) $f(x)=\begin{cases}x^2\sin\dfrac{1}{x}, & x\neq 0 \\ 0, & x=0\end{cases}$；

(2) $f(x)=\begin{cases}\mathrm{e}^x, & x\leqslant 0 \\ \dfrac{\sin x}{x}, & x>0\end{cases}$.

3. 判断下列函数的指定点所属的间断点类型,如果是可去间断点,则请补充或改变函数的定义使它连续.

(1) $y=\dfrac{1}{(x+3)^2}, x=-3$；

(2) $y=\dfrac{x^2-1}{x^2-3x+2}, x=1, x=2$；

(3) $y=\dfrac{x}{\tan x}, x=k\pi, x=k\pi+\dfrac{\pi}{2}(k=0,\pm1,\pm2,\cdots)$；

(4) $y=\sin^2\dfrac{1}{x}, x=0$；

(5) $y=\dfrac{1}{x}\ln(1-x), x=0$；

(6) $y=\begin{cases}x-1, & x\leqslant 1 \\ 3-x, & x>1\end{cases}, x=1$.

4. 设 $f(x)=\begin{cases}\mathrm{e}^x, & x<0 \\ a+x, & x\geqslant 0\end{cases}$,应当如何选择数 a,使得 $f(x)$ 成为 $(-\infty,+\infty)$ 内的连续函数?

5. 设 $f(x)=\begin{cases}a+x^2, & x<0 \\ 1, & x=0 \\ \ln(b+x+x^2), & x>0\end{cases}$,已知 $f(x)$ 在 $x=0$ 处连续,试确定 a 和 b

的值.

1.9 连续函数的运算和性质

1.9.1 连续函数的运算

结合函数极限的运算法则,容易得到以下结论:

1. 四则运算法则

定理 1.9.1 如果函数 $f(x)$,$g(x)$ 在某一点 $x=x_0$ 处连续,则 $f(x)\pm g(x)$,$f(x)\cdot g(x)$,$\dfrac{f(x)}{g(x)}(g(x)\neq 0)$ 在点 $x=x_0$ 处连续.

例如,$\tan x=\dfrac{\sin x}{\cos x}$,因为 $\sin x$,$\cos x$ 在区间 $(-\infty,+\infty)$ 内连续(见 1.8 节例 4),所以 $\tan x$ 在它的定义域内是连续的.

类似地,$\cot x$ 在它的定义域内也是连续的.

2. 反函数的连续性

定理 1.9.2 如果函数 $y=f(x)$ 在区间 I_x 上单调增加(或单调减少)且连续,那么它的反函数 $x=f^{-1}(y)$ 也在区间 $I_y=\{y\,|\,y=f(x),x\in I_x\}$ 上单调增加(或单调减少)且连续.

例如,由于 $y=\sin x$ 在闭区间 $\left[-\dfrac{\pi}{2},\dfrac{\pi}{2}\right]$ 上单调增加且连续,所以它的反函数 $y=\arcsin x$ 在闭区间 $[-1,1]$ 上也是单调增加且连续的.

类似可证,反三角函数 $\arcsin x$,$\arccos x$,$\arctan x$,$\operatorname{arccot} x$ 在其定义域内都是连续的.

3. 复合函数的连续性

定理 1.9.3 设函数 $y=f(u)$ 在 u_0 处连续,$u=\varphi(x)$ 且 $\lim\limits_{x\to x_0}\varphi(x)=u_0$,则

$$\lim_{x\to x_0}f[\varphi(x)]=\lim_{u\to u_0}f(u)=f(u_0)=f\Big[\lim_{x\to x_0}\varphi(x)\Big]$$

证 因为函数 $y=f(u)$ 在 u_0 处连续,则

$$\lim_{u\to u_0}f(u)=f(u_0) \tag{1.9.1}$$

又因为 $u=\varphi(x)$ 且 $\lim\limits_{x\to x_0}\varphi(x)=u_0$,由复合函数的极限运算法则可得

$$\lim_{x\to x_0}f[\varphi(x)]=\lim_{u\to u_0}f(u) \tag{1.9.2}$$

由 $\lim\limits_{x\to x_0}\varphi(x)=u_0$ 可知

$$f\Big[\lim_{x\to x_0}\varphi(x)\Big]=f(u_0) \tag{1.9.3}$$

由(1.9.1)式、(1.9.2)式、(1.9.3)式联立可得

$$\lim_{x \to x_0} f[\varphi(x)] = \lim_{u \to u_0} f(u) = f(u_0) = f[\lim_{x \to x_0} \varphi(x)]$$

从定理 1.9.3 可以看出：**外函数连续、内函数极限存在，则复合过程与极限过程可以互换.**

另外，将定理中的 $x \to x_0$ 换成 $x \to \infty$ 结论也成立.

在定理 1.9.3 的条件下，假定 $u = \varphi(x)$ 在点 x_0 处连续，即

$$\lim_{x \to x_0} \varphi(x) = \varphi(x_0)$$

则可得到以下结论.

定理 1.9.4　设函数 $y = f(u)$ 在 u_0 处连续，$u = \varphi(x)$ 在点 x_0 处连续，且 $u_0 = \varphi(x_0)$，则复合函数 $y = f[\varphi(x)]$ 在点 x_0 处连续，即

$$\lim_{x \to x_0} f[\varphi(x)] = f(u_0) = f[\varphi(x_0)]$$

证　因为 $u = \varphi(x)$ 在点 x_0 处连续，$u_0 = \varphi(x_0)$，所以

$$\lim_{x \to x_0} \varphi(x) = \varphi(x_0) = u_0$$

由定理 1.9.3 可得

$$\lim_{x \to x_0} f[\varphi(x)] = \lim_{u \to u_0} f(u) = f(u_0) = f[\lim_{x \to x_0} \varphi(x)]$$

所以

$$\lim_{x \to x_0} f[\varphi(x)] = f(u_0) = f[\varphi(x_0)]$$

从定理 1.9.4 可以看出：**外函数连续、内函数连续，则复合函数也是连续的.**

例如，函数 $u = \dfrac{1}{x}$ 在 $(-\infty, 0) \bigcup (0, +\infty)$ 内连续，函数 $y = \sin u$ 在 $(-\infty, +\infty)$

内连续，所以 $y = \sin \dfrac{1}{x}$ 在 $(-\infty, 0) \bigcup (0, +\infty)$ 内连续.

1.9.2　初等函数的连续性

前面证明了三角函数、反三角函数在其定义域内是连续的，在 1.8 节还证明了对数函数 $\log_a x (a > 0, a \neq 1)$ 在 $(0, +\infty)$ 内是连续的，容易证明它也是单调的，从而利用反函数的连续性可以证明指数函数 $y = a^x (a > 0, a \neq 0)$ 在 $(-\infty, +\infty)$ 内是单调且连续的，进而还可以利用 $y = x^u = a^{u \log_a x}$ 以及复合函数的连续性来证明幂函数 $y = x^u$ 在其定义域内也是连续的.

以上只是给出了证明指数函数和幂函数连续的思路，读者可自行证明.

综上所述，可以得到以下结论：

定理 1.9.5　基本初等函数在其定义域内是连续的.

因初等函数是由基本初等函数经过有限次四则运算和复合运算构成的，故有以

下定理:

定理 1.9.6 一切初等函数在其定义区间内都是连续的.

注 **定义区间**是指包含在定义域内的区间.初等函数仅在其定义区间内连续,但在其定义域内不一定连续.

例如,函数 $y = \sqrt{x^2(x-2)^3}$ 的定义域为 $\{0\} \bigcup [2, +\infty)$,函数在点 $x = 0$ 的去心邻域内没有定义,因此函数 y 在 $x = 0$ 处不连续,但函数 y 在定义区间 $[2, +\infty)$ 上连续.

定理 1.9.6 的结论非常重要,因为微积分的研究对象主要是连续或分段连续的函数.而通常所遇到的函数基本上都是初等函数,其连续性的条件总是满足的.所以,求初等函数在其定义区间内某点的极限,只需求初等函数在该点的函数值.即若 $f(x)$ 为初等函数,则对于 $f(x)$ 的定义区间内的任一点 x_0,都有

$$\lim_{x \to x_0} f(x) = f(x_0)$$

例 1 求 $\lim\limits_{x \to \frac{1}{2}} \sqrt{1-x^2}$.

解 因为 $y = \sqrt{1-x^2}$ 是初等函数,$x_0 = \frac{1}{2}$ 是定义区间内的点,所以 $\sqrt{1-x^2}$ 在点 $x_0 = \frac{1}{2}$ 处连续. 于是

$$\lim_{x \to \frac{1}{2}} \sqrt{1-x^2} = \sqrt{1 - \left(\frac{1}{2}\right)^2} = \frac{\sqrt{3}}{2}$$

例 2 讨论函数 $f(x) = \lim\limits_{n \to \infty} \sqrt[n]{1+x^{2n}}$ 在其定义域内的连续性.

解 当 $|x| = 1$ 时,有

$$f(x) = \lim_{n \to \infty} \sqrt[n]{2} = 1$$

当 $|x| < 1$ 时,有

$$f(x) = \lim_{n \to \infty} (1 + x^{2n})^{\frac{1}{n}} = 1$$

当 $|x| > 1$ 时,有

$$f(x) = \lim_{n \to \infty} x^2 \sqrt[n]{\left(\frac{1}{x}\right)^{2n} + 1} = x^2$$

所以

$$f(x) = \begin{cases} 1, & |x| \leqslant 1 \\ x^2, & |x| > 1 \end{cases}$$

由于函数 $f(x)$ 在区间 $(-\infty, -1)$,$(-1, 1)$,$(1, +\infty)$ 内都是初等函数,所以在这些区间内 $f(x)$ 是连续的.而当 $x = -1$ 时,有

$$\lim_{x \to (-1)^-} f(x) = \lim_{x \to (-1)^-} x^2 = 1 = f(-1)$$

$$\lim_{x \to (-1)^+} f(x) = \lim_{x \to (-1)^+} 1 = 1 = f(-1)$$

所以 $f(x)$ 在 $x = -1$ 处连续. 当 $x = 1$ 时,有

$$\lim_{x \to 1^-} f(x) = \lim_{x \to 1^-} 1 = 1 = f(1)$$

$$\lim_{x \to 1^+} f(x) = \lim_{x \to 1^+} x^2 = 1 = f(1)$$

所以 $f(x)$ 在 $x = 1$ 处连续.

综上所述,函数 $f(x)$ 在其定义域内都是连续的.

例 3　求 $\lim\limits_{x \to 0} \dfrac{\ln(1+x)}{x}$.

解　$\lim\limits_{x \to 0} \dfrac{\ln(1+x)}{x} = \lim\limits_{x \to 0} \ln(1+x)^{\frac{1}{x}} = \lim\limits_{x \to 0} \ln \mathrm{e} = 1$.

类似地,还可以计算 $\lim\limits_{x \to 0} \dfrac{\log_a(1+x)}{x} = \dfrac{1}{\ln a}$.

例 4　求 $\lim\limits_{x \to 0} \dfrac{a^x - 1}{x}$.

解　令 $a^x - 1 = t$,则 $x = \log_a(1+t)$,当 $x \to 0$ 时,$t \to 0$,所以

$$\lim_{x \to 0} \frac{a^x - 1}{x} = \lim_{t \to 0} \frac{t}{\log_a(1+t)} = \ln a$$

在 1.6 节中,我们学习了利用第二个重要极限求极限的方法,但是对于 $\lim\limits_{x \to 0}(1 + 3\tan x)^{\frac{2}{\sin x}}$ 这样的极限就无法直接进行求解,下面来寻求此类极限的求解方法.

一般地,形如 $u(x)^{v(x)}$($u(x) > 0, u(x) \neq 1$)的函数,通常称为**幂指函数**.

定理 1.9.7　如果

$$\lim u(x) = a > 0, \quad \lim v(x) = b$$

那么

$$\lim u(x)^{v(x)} = a^b$$

其中三个"lim"都表示在同一自变量变化过程中的极限.

证　由于

$$\lim u(x)^{v(x)} = \lim \mathrm{e}^{\ln u(x)^{v(x)}} = \lim \mathrm{e}^{v(x)\ln u(x)}$$

利用定理 1.9.3 和极限的运算法则,可以得到

$$\lim \mathrm{e}^{v(x)\ln u(x)} = \mathrm{e}^{\lim v(x)\ln u(x)} = \mathrm{e}^{b\ln a} = \mathrm{e}^{\ln a^b} = a^b$$

所以

$$\lim u(x)^{v(x)} = a^b = \lim u(x)^{\lim v(x)}$$

例 5　求 $\lim\limits_{x \to 0}(1 + 3\tan x)^{\frac{2}{\sin x}}$.

解　$\lim\limits_{x \to 0}(1 + 3\tan x)^{\frac{2}{\sin x}} = \lim\limits_{x \to 0}(1 + 3\tan x)^{\frac{1}{3\tan x} \cdot 3\tan x \cdot \frac{2}{\sin x}}$

$$= \lim_{x \to 0}\left[(1 + 3\tan x)^{\frac{1}{3\tan x}}\right]^{3\tan x \cdot \frac{2}{\sin x}}$$

将 $(1+3\tan x)^{\frac{1}{3\tan x}}$ 作为 $u(x)$,$3\tan x \dfrac{2}{\sin x}$ 作为 $v(x)$,则

$$\lim_{x \to 0}(1+3\tan x)^{\frac{2}{\sin x}} = \mathrm{e}^{\lim_{x \to 0}3\tan x \cdot \frac{2}{\sin x}} = \mathrm{e}^{\lim_{x \to 0}3x \cdot \frac{2}{x}} = \mathrm{e}^6$$

1.9.3 闭区间上连续函数的性质

下面介绍闭区间上连续函数的几个基本性质,由于它们的严格证明需要涉及实数理论,所以本书只从几何直观上理解这些性质.

定理 1.9.8(**最大值最小值定理**) 在闭区间上的连续函数一定存在最大值和最小值.

从几何直观上看,因为闭区间上的连续函数图像是包括两个端点的一条不间断的曲线,因此它一定有最高点 P 和最低点 Q,而 P,Q 的纵坐标正是函数的最大值和最小值(如图 1.9.1 所示).

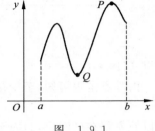

图 1.9.1

定理 1.9.9(**有界性定理**) 在闭区间上的连续函数一定有界.

注 如果函数在开区间内连续或者闭区间上有间断点,则函数不一定有最大值或最小值,也不一定有界.

例如,函数 $y=\dfrac{1}{x}$ 在开区间 $(0,1)$ 内是连续的,但它既无最大值也无最小值,同时也无界. 又如

$$y = f(x) = \begin{cases} -x+1, & 0 \leqslant x < 1 \\ 1, & x = 1 \\ -x+3, & 1 < x \leqslant 2 \end{cases}$$

在闭区间 $[0,2]$ 上有间断点 $x=1$. 函数 $f(x)$ 在闭区间 $[0,2]$ 上虽然有界,但既无最大值也无最小值(如图 1.9.2 所示).

定理 1.9.10(**零点定理**) 设函数 $f(x)$ 在闭区间 $[a,b]$ 上连续,且 $f(a)$ 与 $f(b)$ 异号(即 $f(a) \cdot f(b) < 0$),则在开区间 (a,b) 内至少存在一点 ξ,使得

$$f(\xi) = 0$$

从几何直观上看,该定理表明如果连续曲线 $y=f(x)$ 的两个端点位于 x 轴的不同侧,那么这段曲线弧与 x 轴至少有一个交点(如图 1.9.3 所示).

例 6 证明三次方程 $2x^3-3x^2+2x=3$ 在区间 $(1,2)$ 内至少有一个实根.

证 令

$$f(x)=2x^3-3x^2+2x-3$$

由于 $f(x)$ 为初等函数,所以 $f(x)$ 在 $[1,2]$ 上连续,且

$$f(1)=-2, \quad f(2)=5$$

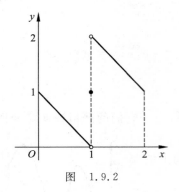

图　1.9.2

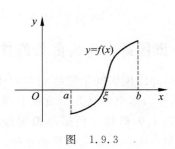

图　1.9.3

所以 $f(1) \cdot f(2) < 0$.

由零点定理可知,至少存在一点 $\xi \in (1,2)$,使得

$$f(\xi) = 0$$

所以原方程在区间 $(1,2)$ 内至少有一个实根 ξ.

例 7　设函数 $f(x)$ 在区间 $[a,b]$ 上连续,且 $f(a) < a$ 与 $f(b) > b$. 证明:至少存在一点 $\xi \in (a,b)$,使得 $f(\xi) = \xi$.

证　设 $F(x) = f(x) - x$,易知 $F(x)$ 在 $[a,b]$ 上连续,且

$$F(a) = f(a) - a < 0$$
$$F(b) = f(b) - b > 0$$

由零点定理可知,至少存在一点 $\xi \in (a,b)$,使得

$$F(\xi) = f(\xi) - \xi = 0$$

即 $f(\xi) = \xi$.

定理 1.9.11（介值定理）　若函数 $f(x)$ 在闭区间 $[a,b]$ 上连续,$f(a) = A$,$f(b) = B$,且 $A \neq B$. 则对介于 A 与 B 之间的任意常数 C,至少存在一点 $\xi \in (a,b)$,使得

$$f(\xi) = C$$

证　不妨设

$$\varphi(x) = f(x) - C$$

由于 $f(x)$ 在闭区间 $[a,b]$ 上连续,则 $\varphi(x)$ 在闭区间 $[a,b]$ 上连续.

因为

$$\varphi(a) = f(a) - C = A - C$$
$$\varphi(b) = f(b) - C = B - C$$

同时 C 介于 A 与 B 之间,所以 $\varphi(a)$ 与 $\varphi(b)$ 异号.

由零点定理可知,在开区间 (a,b) 内至少存在一点 ξ,使得

$$\varphi(\xi) = 0$$

即 $f(\xi) = C$.

58

定理 1.9.11 在几何上表示连续曲线 $y=f(x)$ 与水平直线 $y=C$ 至少存在一个交点(如图 1.9.4 所示).

由最大值最小值定理和介值定理还可以得到如下结论.

推论 1.9.1 闭区间 $[a,b]$ 上的连续函数 $f(x)$ 必取得介于最大值 M 和最小值 m 之间的任何值.

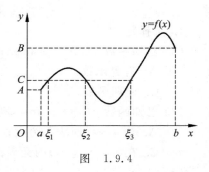

图 1.9.4

证 设 $m=f(x_1)$,$M=f(x_2)$,且 $m\neq M$,不妨假设 $x_1<x_2$.

因为 $f(x)$ 在闭区间 $[a,b]$ 上连续,而 $[x_1,x_2]\subset[a,b]$,所以函数 $f(x)$ 在闭区间 $[x_1,x_2]$ 上也连续.由介值定理,对介于 M 与 m 之间的任意常数 C,至少存在一点 $\xi\in(a,b)$,使得

$$f(\xi)=C$$

当 $x_1>x_2$ 时,证明类似.

习题 1-9

1. 求函数 $y=\dfrac{x^3+3x^2-x-3}{x^2+x-6}$ 的连续区间,并求极限 $\lim\limits_{x\to 0}f(x)$,$\lim\limits_{x\to-3}f(x)$,$\lim\limits_{x\to 2}f(x)$.

2. 求下列极限:

(1) $\lim\limits_{x\to 0}\sqrt{x^2-2x+5}$;

(2) $\lim\limits_{x\to 0}\dfrac{\sqrt{x+1}-1}{x}$;

(3) $\lim\limits_{x\to 0}\ln\dfrac{\sin x}{x}$;

(4) $\lim\limits_{x\to 0}\dfrac{\ln(1+x^2)}{\sin(1+x^2)}$;

(5) $\lim\limits_{x\to 1}\dfrac{\sqrt{5x-4}-\sqrt{x}}{\sqrt{x+3}-2}$;

(6) $\lim\limits_{x\to+\infty}(\sqrt{x^2+x}-\sqrt{x^2-x})$.

3. 证明方程 $x^3-4x^2+1=0$ 在区间 $(0,1)$ 内至少有一个根.

4. 证明方程 $x^5-3x=1$ 至少有一个根介于 1 和 2 之间.

5. 证明方程 $x=a\sin x+b(a>0,b>0)$ 至少有一个正根,并且不超过 $a+b$.

6. 证明:若 $f(x)$ 在 $[a,b]$ 上连续,且 $a<x_1<x_2<\cdots<x_n<b$,则在 $[x_1,x_n]$ 上必有一点 ξ,使得

$$f(\xi)=\dfrac{f(x_1)+f(x_2)+\cdots+f(x_n)}{n}$$

7. 设 $f(x)$ 在 $[0,2a]$ 上连续,且 $f(0)=f(2a)$.证明在 $[0,a]$ 上至少存在一点 ξ,使得

$$f(\xi)=f(\xi+a)$$

总复习题一

1. 选择题:

(1) 已知函数 $f(x)=|x\sin x|\,\mathrm{e}^{\cos x}\ (x\in\mathbf{R})$,则 $f(x)$ 是(　　).

    A. 有界函数;　　　　　　　　B. 单调函数;

    C. 周期函数;　　　　　　　　D. 偶函数.

(2) 已知函数 $f(x)=x\sin x$,则 $f(x)$(　　).

    A. 当 $x\to\infty$ 时为无穷大;　　　B. 在 $(-\infty,+\infty)$ 内有界;

    C. 在 $(-\infty,+\infty)$ 内无界;　　　D. 当 $x\to\infty$ 时有有限极限.

(3) 设 $\{x_n\},\{y_n\},\{z_n\}$ 均为非负数列,且 $\lim\limits_{n\to\infty}x_n=0,\lim\limits_{n\to\infty}y_n=1,\lim\limits_{n\to\infty}z_n=\infty$,则必有(　　).

    A. 对任意 $n,x_n<y_n$;　　　　B. 对任意 $n,y_n<z_n$;

    C. 极限 $\lim\limits_{n\to\infty}x_nz_n$ 不存在;　　D. 极限 $\lim\limits_{n\to\infty}y_nz_n$ 不存在.

(4) 设函数 $f(x)=x\tan x\cdot\mathrm{e}^{\sin x}$,则 $f(x)$ 是(　　).

    A. 偶函数;　　　　　　　　B. 无界函数;

    C. 周期函数;　　　　　　　　D. 单调函数.

(5) 已知函数 $f(x)=2^x+3^x-2$,则当 $x\to0$ 时(　　).

    A. $f(x)$ 与 x 是等价无穷小;　　B. $f(x)$ 与 x 是同阶但非等价无穷小;

    C. $f(x)$ 是比 x 高阶的无穷小;　　D. $f(x)$ 是比 x 低阶的无穷小.

(6) 设函数 $f(x)$ 在 $(-\infty,+\infty)$ 内单调有界,$\{x_n\}$ 为数列,则下列命题正确的是(　　).

    A. 若 $\{x_n\}$ 收敛,则 $\{f(x_n)\}$ 收敛;　　B. 若 $\{x_n\}$ 单调,则 $\{f(x_n)\}$ 收敛;

    C. 若 $\{f(x_n)\}$ 收敛,则 $\{x_n\}$ 收敛;　　D. 若 $\{f(x_n)\}$ 单调,则 $\{x_n\}$ 收敛.

(7) 设函数 $f(x)=\dfrac{\ln|x|}{|x-1|}\sin x$,则 $f(x)$ 有(　　).

    A. 一个可去间断点,一个跳跃间断点;

    B. 一个可去间断点,一个无穷间断点;

    C. 两个跳跃间断点;

    D. 两个无穷间断点.

(8) 设 $\lim\limits_{x\to0}\dfrac{a\tan x+b(1-\cos x)}{c\ln(1-2x)+d(1-\mathrm{e}^{-x^2})}=2$,其中 $a^2+c^2\neq0$,则必有(　　).

    A. $b=4d$;　　　　　　　　B. $b=-4d$;

    C. $a=4c$;　　　　　　　　D. $a=-4c$.

(9) 当 $x\to0^+$ 时,(　　)与 $\sqrt{x}$ 是等价无穷小.

    A. $1-e^{\sqrt{x}}$；

    B. $\ln\dfrac{1-x}{1-\sqrt{x}}$；

    C. $\sqrt{1+\sqrt{x}}-1$；

    D. $1-\cos\sqrt{x}$．

(10) 设函数 $f(x)=\begin{cases}x^2, & x\leqslant 0\\ x^2+x, & x>0\end{cases}$，则(　　)．

    A. $f(-x)=\begin{cases}-x^2, & x\leqslant 0\\ -(x^2+x), & x>0\end{cases}$；

    B. $f(-x)=\begin{cases}-(x^2+x), & x<0\\ -x^2, & x\geqslant 0\end{cases}$；

    C. $f(-x)=\begin{cases}x^2, & x\leqslant 0\\ x^2-x, & x>0\end{cases}$；

    D. $f(-x)=\begin{cases}x^2-x, & x<0\\ x^2, & x\geqslant 0\end{cases}$．

(11) 函数(　　)在其定义域内连续．

    A. $f(x)=\ln x+\sin x$；

    B. $f(x)=\begin{cases}\dfrac{1}{\sqrt{|x|}}, & x\neq 0\\ 0, & x=0\end{cases}$；

    C. $f(x)=\begin{cases}\sin x, & x\leqslant 0\\ \cos x, & x>0\end{cases}$；

    D. $f(x)=\begin{cases}x+1, & x<0\\ 0, & x=0.\\ x-1, & x>0\end{cases}$

(12) 设函数 $f(x)=\dfrac{e^{\frac{1}{x}}-1}{e^{\frac{1}{x}}+1}$，则 $x=0$ 是函数 $f(x)$ 的(　　)．

    A. 可去间断点；

    B. 跳跃间断点；

    C. 第二类间断点；

    D. 连续点.

2. 填空题：

(1) 已知函数 $f(x)=\begin{cases}1, & |x|\leqslant 1\\ 0, & |x|>1\end{cases}$，则 $f[f(x)]=$ ＿＿＿＿＿＿．

(2) 设函数 $f(x)=\sin x,f[\varphi(x)]=1-x^2$，则 $\varphi(x)=$ ＿＿＿＿＿＿ 的定义域为 ＿＿＿＿＿＿．

(3) 已知函数 $f(x)=\begin{cases}x^2+1, & |x|\leqslant c\\ \dfrac{2}{|x|}, & |x|>c\end{cases}$ 在 $(-\infty,+\infty)$ 内连续，则 $c=$ ＿＿＿＿＿＿．

(4) 设当 $x\to 0$ 时，函数 $(1+ax^2)^{\frac{1}{3}}-1$ 与 $\cos x-1$ 是等价无穷小，则常数 $a=$ ＿＿＿＿＿＿．

(5) 设函数 $f(x)=\begin{cases} e^{x}(\sin x+\cos x), & x>0 \\ 2x+a, & x\leqslant 0 \end{cases}$ 是在 $(-\infty,+\infty)$ 内的连续函数，则常数 $a=$_____.

(6) 如果 $\lim\limits_{x\to\infty}\left(\dfrac{x+2a}{x-a}\right)^{x}=8$，则数 $a=$_____.

(7) 已知 $\lim\limits_{n\to\infty}\dfrac{n^{1990}}{n^{k}-(n-1)^{k}}=a$（$a\neq0, a\neq\infty$），则常数 $a=$_____，$k=$_____.

(8) 如果 $\lim\limits_{x\to0}\dfrac{\sin x}{e^{x}-a}(\cos x-b)=5$，则 $a=$_____，$b=$_____.

(9) 设常数 $a\neq\dfrac{1}{2}$，则 $\lim\limits_{n\to\infty}\ln\left[\dfrac{n-2na+1}{n(1-2a)}\right]^{n}=$_____.

(10) 已知函数 $f(x)=\lim\limits_{n\to\infty}\dfrac{(n-1)x}{nx^{2}+1}$，则 $f(x)$ 的间断点为 $x=$_____.

(11) 已知函数 $f(x)$ 连续，且 $\lim\limits_{x\to0}\dfrac{1-\cos[xf(x)]}{(e^{x^{2}}-1)f(x)}=1$，则 $f(0)=$_____.

3. 求下列极限：

(1) $\lim\limits_{x\to\infty}\dfrac{3x^{2}+5}{5x+3}\sin\dfrac{2}{x}$；

(2) $\lim\limits_{x\to0}[1+\ln(1+x)]^{\frac{2}{x}}$；

(3) $\lim\limits_{x\to\infty}x\sin\dfrac{2x}{x^{2}+1}$；

(4) $\lim\limits_{x\to0^{+}}(\cos\sqrt{x})^{\frac{\pi}{x}}$；

(5) $\lim\limits_{x\to0^{+}}\dfrac{1-\sqrt{\cos x}}{x(1-\cos\sqrt{x})}$；

(6) $\lim\limits_{n\to\infty}\left(\dfrac{1}{n^{2}+n+1}+\dfrac{2}{n^{2}+n+2}+\cdots+\dfrac{n}{n^{2}+n+n}\right)$.

4. 已知函数 $f(x)=a^{x}$（$a>0, a\neq1$），求 $\lim\limits_{n\to\infty}\dfrac{1}{n^{2}}\ln[f(1)f(2)\cdots f(n)]$.

5. 已知 $\lim\limits_{x\to\infty}\left(\dfrac{x+a}{x-a}\right)^{x}=9$，求常数 a.

6. 讨论函数 $f(x)=\lim\limits_{n\to\infty}\dfrac{1-x^{2n}}{1+x^{2n}}x$ 的连续性，若有间断点，判断其类型.

第 2 章　导数与微分

导数的概念和其他数学概念一样,源于人类的实践.导数和微分是微分学的基本概念,它们都是建立在函数极限的基础上的,导数的概念在于刻画瞬时变化率,微分的概念在于刻画瞬时改变量.

导数思想最早是由法国数学家费马(Fermat)为研究极值问题而引入的,后来英国科学家牛顿(Newton)在研究物理问题——变速运动的瞬时速度中,德国数学家莱布尼茨(Leibniz)在研究几何问题——曲线的斜率中,都用到了导数思想.本章也将从这两个例子入手,逐步介绍导数和微分的概念及其运算.

2.1　导数的概念

2.1.1　引例

1. 变速直线运动的瞬时速度

在物理学中,我们知道某一做匀速直线运动的物体,在任一时间段内的速度与路程的关系为

速度＝路程÷时间

当物体作变速直线运动时,上述公式则只能计算某段路程的平均速度,而要了解物体的运动状态,不仅要知道物体的平均速度,还需要知道它的瞬时速度.那么瞬时速度如何求得呢?

首先设物体在 $[0,t]$ 这段时间内所运动的路程为 s ,则 s 是 t 的函数,即 $s=f(t)$,故物体从时刻 t_0 到 $t_0+\Delta t$ 的平均速度为

$$\bar{v} = \frac{\Delta s}{\Delta t} = \frac{f(t_0 + \Delta t) - f(t_0)}{\Delta t}$$

其中 $\Delta s = f(t_0 + \Delta t) - f(t_0)$ 为物体从时刻 t_0 到 $t_0+\Delta t$ 的运动路程.

容易知道,当 Δt 越小时这个平均速度越接近于时刻 t_0 的瞬时速度 $v(t_0)$,当 Δt 无限变小时,这个平均速度无限接近于时刻 t_0 的瞬时速度 $v(t_0)$.因此,当 $\Delta t \to 0$ 时,如果极限 $\lim\limits_{\Delta t \to 0} \dfrac{\Delta s}{\Delta t}$ 存在,则称此极限为物体在时刻 t_0 时的瞬时速度,即

$$v(t_0) = \lim_{\Delta t \to 0} \overline{v} = \lim_{\Delta t \to 0} \frac{\Delta s}{\Delta t} = \lim_{\Delta t \to 0} \frac{f(t_0 + \Delta t) - f(t_0)}{\Delta t}$$

2. 平面曲线的切线斜率

中学的平面解析几何中将圆的切线定义为"与曲线只有一个交点的直线",但对于一般曲线,用其作为切线的定义并不合适,例如,抛物线 $y = x^2$ 在原点 O 处两个坐标轴都符合上述定义,但实际上 y 轴不是该抛物线在原点处的切线. 下面给出切线的定义.

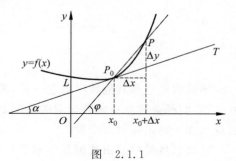

图　2.1.1

已知一平面曲线 L 的方程为 $y = f(x)$,设 $P_0(x_0, y_0)$ 是曲线上一定点(如图 2.1.1 所示),在曲线上另取一异于 P_0 的动点 $P(x_0 + \Delta x, y_0 + \Delta y)$,并作割线 $P_0 P$. 当点 P 沿曲线 L 趋近于 P_0 时,割线 $P_0 P$ 趋近于极限位置 $P_0 T$. 直线 $P_0 T$ 就是曲线在点 P_0 处的**切线**. 这里极限位置的含义是:当弦长 $|P_0 P|$ 趋于零时,$\angle P P_0 T$ 也趋于零.

设割线 $P_0 P$ 的倾斜角为 φ,切线 $P_0 T$ 的倾斜角为 α,则 $P_0 P$ 的斜率为

$$\tan \varphi = \frac{\Delta y}{\Delta x} = \frac{f(x_0 + \Delta x) - f(x_0)}{\Delta x}$$

容易知道,当 $\Delta x \to 0$ 时,割线的斜率 $\tan \varphi$ 就无限接近于切线的斜率 $\tan \alpha$. 因此,当 $\Delta x \to 0$ 时,如果上式的极限存在,不妨设为 k,则

$$k = \tan \alpha = \lim_{\Delta x \to 0} \tan \varphi = \lim_{\Delta x \to 0} \frac{\Delta y}{\Delta x}$$

$$= \lim_{\Delta x \to 0} \frac{f(x_0 + \Delta x) - f(x_0)}{\Delta x} \quad \left(\alpha \neq \frac{\pi}{2} \right)$$

2.1.2　导数的定义

1. 导数的概念

从以上两个物理和几何中的例子可以看出,虽然它们的实际含义不同,但从抽象数量关系上来看,都可归结为当自变量增量趋向于零时,函数增量和自变量增量之比的极限,由此得出了导数的概念.

定义 2.1.1　设函数 $y = f(x)$ 在点 x_0 的某个邻域内有定义,当自变量 x 在 x_0 处取得增量 $\Delta x \neq 0$(点 $x_0 + \Delta x$ 仍在该邻域内)时,相应的函数 y 取得增量是

$$\Delta y = f(x_0 + \Delta x) - f(x_0)$$

当 $\Delta x \to 0$ 时,若 $\frac{\Delta y}{\Delta x}$ 的极限存在,则称函数 $y = f(x)$ 在点 x_0 处**可导**,并称这个极限为

函数 $y=f(x)$ 在点 x_0 处的**导数**,记为 $f'(x_0)$,即

$$f'(x_0) = \lim_{\Delta x \to 0} \frac{\Delta y}{\Delta x} = \lim_{\Delta x \to 0} \frac{f(x_0 + \Delta x) - f(x_0)}{\Delta x} \qquad (2.1.1)$$

也记作 $y'|_{x=x_0}$,$\dfrac{\mathrm{d}y}{\mathrm{d}x}\Big|_{x=x_0}$ 或 $\dfrac{\mathrm{d}f(x)}{\mathrm{d}x}\Big|_{x=x_0}$.

函数 $f(x)$ 在点 x_0 处可导,有时也说成是 $f(x)$ 在 x_0 处**具有导数**或**导数存在**. 如果(2.1.1)式的极限不存在,就说函数 $f(x)$ 在点 x_0 处**不可导**,称 x_0 为 $y=f(x)$ 的**不可导点**.

导数的定义式(2.1.1)也可取不同的形式,常见的有

$$f'(x_0) = \lim_{h \to 0} \frac{f(x_0 + h) - f(x_0)}{h} \quad (h \text{ 表示 } x \text{ 的增量})$$

或

$$f'(x_0) = \lim_{x \to x_0} \frac{f(x) - f(x_0)}{x - x_0}$$

注 导数概念是函数变化率这一概念的精确描述,它撇开了自变量和因变量所代表的几何或物理等方面的特殊意义,纯粹从数量方面来刻画函数变化率的本质:函数增量与自变量增量的比值 $\dfrac{\Delta y}{\Delta x}$ 是因变量 y 在以 x_0 和 $x_0 + \Delta x$ 为端点的区间上的平均变化率,而导数 $f'(x_0)$ 则是因变量 y 在点 x_0 处的变化率,它反映了因变量 y 随自变量 x 变化而变化的快慢程度.

例 1 已知 $f'(x_0)$ 存在,利用导数的定义求下列极限:

(1) $\lim\limits_{h \to 0} \dfrac{f(x_0 + 2h) - f(x_0)}{h}$; 　　　　(2) $\lim\limits_{h \to 0} \dfrac{f(x_0 - 5h) - f(x_0)}{h}$;

(3) $\lim\limits_{h \to 0} \dfrac{f(x_0 + h) - f(x_0 - h)}{h}$.

解 (1) $\lim\limits_{h \to 0} \dfrac{f(x_0 + 2h) - f(x_0)}{h} = 2 \cdot \lim\limits_{h \to 0} \dfrac{f(x_0 + 2h) - f(x_0)}{2h} = 2f'(x_0)$;

(2) $\lim\limits_{h \to 0} \dfrac{f(x_0 - 5h) - f(x_0)}{h} = -5 \cdot \lim\limits_{h \to 0} \dfrac{f(x_0 - 5h) - f(x_0)}{-5h} = -5f'(x_0)$;

(3) $\lim\limits_{h \to 0} \dfrac{f(x_0 + h) - f(x_0 - h)}{h} = \lim\limits_{h \to 0} \dfrac{f(x_0 + h) - f(x_0) + f(x_0) - f(x_0 - h)}{h}$

$$= \lim\limits_{h \to 0} \dfrac{f(x_0 + h) - f(x_0)}{h} + \lim\limits_{h \to 0} \dfrac{f(x_0 - h) - f(x_0)}{-h}$$

$$= f'(x_0) + f'(x_0) = 2f'(x_0).$$

2. 左、右导数

由于函数 $f(x)$ 在点 x_0 处的导数是用一个极限来定义的,根据左、右极限的概念,我们可以给出左、右导数的定义.

定义 2.1.2　设函数 $y = f(x)$ 在点 x_0 的某个邻域内有定义,且点 $x_0 + \Delta x(\Delta x \neq 0)$ 仍在该邻域内,如果极限

$$\lim_{\Delta x \to 0^-} \frac{\Delta y}{\Delta x} = \lim_{\Delta x \to 0^-} \frac{f(x_0 + \Delta x) - f(x_0)}{\Delta x}$$

存在,则该极限称为函数 $f(x)$ 在点 x_0 处的**左导数**,记为 $f'_-(x_0)$. 如果极限

$$\lim_{\Delta x \to 0^+} \frac{\Delta y}{\Delta x} = \lim_{\Delta x \to 0^+} \frac{f(x_0 + \Delta x) - f(x_0)}{\Delta x}$$

存在,则该极限称为函数 $f(x)$ 在点 x_0 处的**右导数**,记为 $f'_+(x_0)$.

左导数和右导数统称为函数的**单侧导数**.

由函数极限存在的充要条件可知:

函数 $f(x)$ 在 x_0 处可导 $\Leftrightarrow$ 左导数 $f'_-(x_0)$ 和右导数 $f'_+(x_0)$ 都存在且相等.

例 2　讨论函数 $f(x) = |x|$ 在点 $x = 0$ 处的可导性(如图 2.1.2 所示).

解　$\lim\limits_{\Delta x \to 0} \dfrac{f(0 + \Delta x) - f(0)}{\Delta x} = \lim\limits_{\Delta x \to 0} \dfrac{|\Delta x| - 0}{\Delta x} = \lim\limits_{\Delta x \to 0} \dfrac{|\Delta x|}{\Delta x}$,当 $\Delta x < 0$ 时,$|\Delta x| = -\Delta x$,故 $f'_-(0) = \lim\limits_{\Delta x \to 0^-} \dfrac{-\Delta x}{\Delta x} = -1$;当 $\Delta x > 0$ 时,$|\Delta x| = \Delta x$,故 $f'_+(0) = \lim\limits_{\Delta x \to 0^+} \dfrac{\Delta x}{\Delta x} = 1$.

因此 $\lim\limits_{\Delta x \to 0} \dfrac{f(0 + \Delta x) - f(0)}{\Delta x}$ 不存在,即 $f(x) = |x|$ 在点 $x = 0$ 处不可导.

上面讲的是函数在一点处是否可导的情况,下面讨论函数在区间内是否可导的情况. 如果函数 $f(x)$ 在开区间 (a, b) 内的每一点处都可导,则称函数 $f(x)$ **在开区间 (a, b) 上可导**. 如果函数 $f(x)$ 在开区间 (a, b) 内可导,且 $f'_+(a)$ 及 $f'_-(b)$ 都存在,则称函数 $f(x)$ **在闭区间 $[a, b]$ 上可导**.

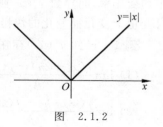

图　2.1.2

设函数 $f(x)$ 在开区间 (a, b) 内可导,则对于 (a, b) 内的每一点 x,都有一个导数值与之对应. 这样就构成了一个新的函数,这个新函数就称为 $f(x)$ 的**导函数**,记作 y',$f'(x)$,$\dfrac{dy}{dx}$ 或 $\dfrac{df(x)}{dx}$. 所以相应的导函数的定义式为

$$f'(x) = \lim_{\Delta x \to 0} \frac{\Delta y}{\Delta x} = \lim_{\Delta x \to 0} \frac{f(x + \Delta x) - f(x)}{\Delta x}$$

注　导函数 $f'(x)$ 简称导数,而 $f'(x_0)$ 是导数 $f'(x)$ 在点 x_0 处的值,即

$$f'(x_0) = f'(x) \,|_{x = x_0}$$

下面给出导数的**几何解释**.

由本节开始的讨论可知,如果函数 $y = f(x)$ 在点 x_0 处可导,则导数 $f'(x_0)$ 就是曲线 $y = f(x)$ 在点 $M(x_0, y_0)$ 处的切线的斜率. 即

$$f'(x_0) = \tan \alpha = k$$

其中 α 是曲线在点 $M(x_0, y_0)$ 处的切线的倾角(如图 2.1.3 所示),这就是导数的几何意义.

根据导数的几何意义和直线的点斜式方程,可以得到曲线 $y = f(x)$ 在点 $M(x_0, y_0)$ 的切线方程为

$$y - y_0 = f'(x_0)(x - x_0)$$

过切点 $M(x_0, y_0)$ 且与切线垂直的直线叫做曲线 $y = f(x)$ 在点 $M(x_0, y_0)$ 处的法线,则法线方程为

$$y - y_0 = -\frac{1}{f'(x_0)}(x - x_0) \quad (f'(x_0) \neq 0)$$

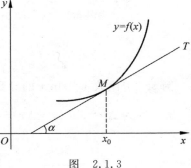

图 2.1.3

注 1 如果 $f'(x_0) = 0$,则切线方程为 $y = y_0$,即切线平行于 x 轴.

注 2 如果 $f'(x_0)$ 为无穷大,则切线方程为 $x = x_0$,即切线平行于 y 轴.

3. 求导数举例

根据导数的定义,计算导数可以分下面 3 个步骤:

(1) 求增量: $\Delta y = f(x + \Delta x) - f(x)$;

(2) 算比值: $\dfrac{\Delta y}{\Delta x} = \dfrac{f(x + \Delta x) - f(x)}{\Delta x}$;

(3) 取极限: $y' = \lim\limits_{\Delta x \to 0} \dfrac{\Delta y}{\Delta x} = \lim\limits_{\Delta x \to 0} \dfrac{f(x + \Delta x) - f(x)}{\Delta x}$.

例 3 求函数 $y = C$(C 为常数)的导数.

解 因为 $\Delta y = f(x + \Delta x) - f(x) = C - C = 0$,所以 $\dfrac{\Delta y}{\Delta x} = \dfrac{0}{\Delta x} = 0$. 故

$$y' = \lim_{\Delta x \to 0} \frac{\Delta y}{\Delta x} = \lim_{\Delta x \to 0} 0 = 0$$

即

$$(C)' = 0$$

所以常数的导数等于零.

例 4 求函数 $y = x^n$($n \in \mathbf{N}^+$)的导数.

解 因为

$$\begin{aligned}
\Delta y &= (x + \Delta x)^n - x^n \\
&= C_n^0 x^n + C_n^1 x^{n-1} \Delta x + C_n^2 x^{n-2} (\Delta x)^2 + \cdots + C_n^n (\Delta x)^n - x^n \\
&= C_n^1 x^{n-1} \Delta x + C_n^2 x^{n-2} (\Delta x)^2 + \cdots + C_n^n (\Delta x)^n
\end{aligned}$$

所以

$$\frac{\Delta y}{\Delta x} = C_n^1 x^{n-1} + C_n^2 x^{n-2} \Delta x + \cdots + C_n^n (\Delta x)^{n-1}$$

故

$$y' = \lim_{\Delta x \to 0} \frac{\Delta y}{\Delta x} = C_n^1 x^{n-1} = n x^{n-1}$$

即

$$(x^n)' = n x^{n-1}$$

例 5　求函数 $y = \sin x$ 的导数.

解　因为 $\Delta y = \sin(x + \Delta x) - \sin x = 2\cos\left(x + \frac{\Delta x}{2}\right) \sin \frac{\Delta x}{2}$，所以

$$\frac{\Delta y}{\Delta x} = \frac{2\cos\left(x + \frac{\Delta x}{2}\right) \sin \frac{\Delta x}{2}}{\Delta x} = \cos\left(x + \frac{\Delta x}{2}\right) \frac{\sin \frac{\Delta x}{2}}{\frac{\Delta x}{2}}$$

当 $\Delta x \to 0$ 时，$\frac{\Delta x}{2} \to 0$，则

$$y' = \lim_{\Delta x \to 0} \frac{\Delta y}{\Delta x} = \lim_{\Delta x \to 0} \cos\left(x + \frac{\Delta x}{2}\right) \frac{\sin \frac{\Delta x}{2}}{\frac{\Delta x}{2}}$$

$$= \lim_{\Delta x \to 0} \cos\left(x + \frac{\Delta x}{2}\right) \lim_{\Delta x \to 0} \frac{\sin \frac{\Delta x}{2}}{\frac{\Delta x}{2}}$$

$$= \cos x \cdot 1 = \cos x$$

即

$$(\sin x)' = \cos x$$

也就是说，正弦函数的导数是余弦函数，利用同样的方法可以求得余弦函数的导数等于负的正弦函数，即

$$(\cos x)' = -\sin x$$

由上述类似方法可求得 $(a^x)' = a^x \ln a$，$(\log_a x)' = \dfrac{1}{x \ln a}$. 特别地，当 $a = e$ 时，有

$$(e^x)' = e^x, \quad (\ln x)' = \frac{1}{x}$$

2.1.3　可导与连续的关系

我们知道，初等函数在其有定义的区间上都是连续的，那么函数的连续性与可导性之间有什么联系呢？

定理 2.1.1　若函数 $y = f(x)$ 在点 x_0 处可导，则 $y = f(x)$ 在点 x_0 处连续.

证 因为函数 $y=f(x)$ 在点 x_0 处可导,则

$$\lim_{\Delta x \to 0} \frac{\Delta y}{\Delta x} = f'(x_0)$$

存在.由无穷小与函数极限的关系得

$$\frac{\Delta y}{\Delta x} = f'(x_0) + \alpha$$

其中 α 为当 $\Delta x \to 0$ 时的无穷小,则由上式得

$$\Delta y = f'(x_0)\Delta x + \alpha \Delta x$$

所以当 $\Delta x \to 0$ 时 $\Delta y \to 0$,即 $y=f(x)$ 在点 x_0 处连续.结论得证.

注 1 定理 2.1.1 的等价命题是:如果 $y=f(x)$ 在点 x_0 处不连续,则函数 $y=f(x)$ 在点 x_0 处不可导.

注 2 定理 2.1.1 的逆命题不成立,即函数在某点连续,但在该点不一定可导.

例如,由本节例 2 的结论可知,函数 $f(x)=|x|$ 在点 $x=0$ 处不可导. 但

$$\lim_{x \to 0^-} f(x) = \lim_{x \to 0^-}|x| = \lim_{x \to 0^-}(-x) = 0$$

$$\lim_{x \to 0^+} f(x) = \lim_{x \to 0^+}|x| = \lim_{x \to 0^-}x = 0$$

故

$$\lim_{x \to 0^-} f(x) = \lim_{x \to 0^+} f(x) = 0 = f(0)$$

所以函数 $f(x)=|x|$ 在点 $x=0$ 处连续.

一般地,如果曲线 $y=f(x)$ 的图形在点 x_0 处出现"尖点"(如图 2.1.4 所示),则函数 $f(x)$ 在该点不可导.因此,如果函数在一个区间内可导,则函数图像不会出现"尖点",或者说函数图形是一条连续的光滑曲线.

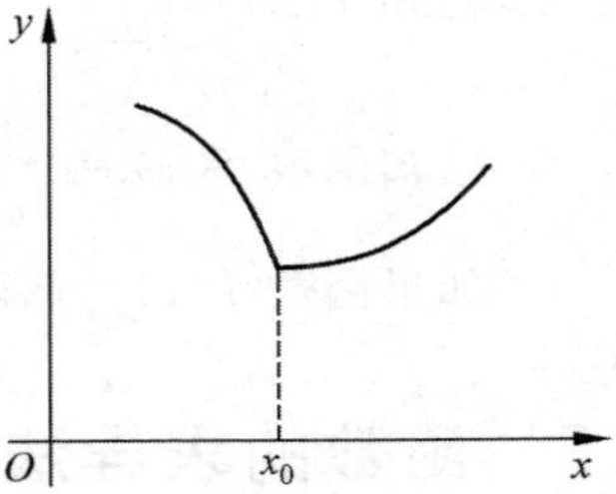

图 2.1.4

例 6 讨论函数 $f(x)=\begin{cases} x^2, & x<0 \\ \mathrm{e}^x, & x \geqslant 0 \end{cases}$ 在点 $x=0$ 处的连续性,并求其在各点的导数.

解 因为

$$f(0^-) = \lim_{x \to 0^-} f(x) = \lim_{x \to 0^-} x^2 = 0$$

$$f(0^+) = \lim_{x \to 0^+} f(x) = \lim_{x \to 0^+} \mathrm{e}^x = 1$$

所以函数 $f(x)$ 在点 $x=0$ 处的左、右极限都存在但不相等,故函数 $f(x)$ 在点 $x=0$ 处不连续,从而在点 $x=0$ 处不可导.

当 $x<0$ 时,$f(x)=x^2$,则

$$f'(x) = (x^2)' = 2x$$

当 $x>0$ 时，$f(x)=e^x$，则

$$f'(x)=(e^x)'=e^x$$

综上所述，可知函数 $f(x)$ 的导数为

$$f'(x)=\begin{cases}2x, & x<0\\ 不存在, & x=0\\ e^x, & x>0\end{cases}$$

习题 2-1

1. 假设 $f'(x_0)$ 存在，按照导数的定义求下列极限：

(1) $\lim\limits_{\Delta x\to 0}\dfrac{f(x_0-\Delta x)-f(x_0)}{\Delta x}$；　　　　(2) $\lim\limits_{h\to 0}\dfrac{f(x_0+3h)-f(x_0)}{h}$；

(3) $\lim\limits_{h\to 0}\dfrac{f(x_0+3h)-f(x_0-h)}{h}$．

2. 利用导数的定义证明：

(1) $(\cos x)'=-\sin x$；　　　　　　(2) $(\ln x)'=\dfrac{1}{x}$．

3. 设 $f(x)=\cos x$，求 $f'\left(\dfrac{\pi}{3}\right)$，$f'\left(\dfrac{\pi}{4}\right)$．

4. 已知 $f(x)=\begin{cases}x^2, & x\geqslant 0\\ -x, & x<0\end{cases}$，求 $f'_+(0)$ 及 $f'_-(0)$，讨论 $f'(0)$ 是否存在．

5. 已知函数 $f(x)=\begin{cases}\sin x, & x<0\\ x, & x\geqslant 0\end{cases}$，求 $f'(x)$．

6. 如果函数 $f(x)$ 为偶函数，且 $f'(0)$ 存在，证明 $f'(0)=0$．

2.2　函数的求导法则

前面用导数的定义求出了一些简单函数的导数，但对某些函数用定义求它们的导数往往很困难，本节主要介绍几个法则，借助它们可方便地求初等函数的导数．

2.2.1　四则运算的求导法则

定理 2.2.1　设函数 $u=u(x)$，$v=v(x)$ 在点 x 处可导，则它们的和、差、积、商（分母不为零）也在点 x 处可导，且

(1) $[u(x)\pm v(x)]'=u'(x)\pm v'(x)$；

(2) $[u(x)v(x)]'=u'(x)v(x)+u(x)v'(x)$；

(3) $\left[\dfrac{u(x)}{v(x)}\right]'=\dfrac{u'(x)v(x)-u(x)v'(x)}{v^2(x)}(v(x)\neq 0)$．

证 (1) 令 $y = u(x) \pm v(x)$，则 $\Delta y = u(x + \Delta x) \pm v(x + \Delta x)$，所以

$$[u(x) \pm v(x)]' = \lim_{\Delta x \to 0} \frac{\Delta y}{\Delta x}$$

$$= \lim_{\Delta x \to 0} \frac{[u(x + \Delta x) \pm v(x + \Delta x)] - [u(x) \pm v(x)]}{\Delta x}$$

$$= \lim_{\Delta x \to 0} \frac{u(x + \Delta x) - u(x)}{\Delta x} \pm \lim_{\Delta x \to 0} \frac{v(x + \Delta x) - v(x)}{\Delta x}$$

$$= u'(x) \pm v'(x)$$

于是结论得证.

法则(1)可以简写为

$$(u \pm v)' = u' \pm v'$$

$$(2)\ [u(x)v(x)]' = \lim_{\Delta x \to 0} \frac{u(x + \Delta x)v(x + \Delta x) - u(x)v(x)}{\Delta x}$$

$$= \lim_{\Delta x \to 0} \left[\frac{u(x + \Delta x) - u(x)}{\Delta x} \cdot v(x + \Delta x) + u(x) \cdot \frac{v(x + \Delta x) - v(x)}{\Delta x} \right]$$

$$= \lim_{\Delta x \to 0} \frac{u(x + \Delta x) - u(x)}{\Delta x} \cdot \lim_{\Delta x \to 0} v(x + \Delta x) +$$

$$u(x) \cdot \lim_{\Delta x \to 0} \frac{v(x + \Delta x) - v(x)}{\Delta x}$$

因为函数 $v = v(x)$ 在点 x 处可导，故 $v(x)$ 在点 x 处连续，所以

$$\lim_{\Delta x \to 0} v(x + \Delta x) = v(x)$$

故

$$[u(x)v(x)]' = u'(x)v(x) + u(x)v'(x)$$

法则(2)可以简写为

$$(uv)' = u'v + uv'$$

特别地，有

$$(Cu)' = Cu', \quad C \text{ 为常数}$$

$$(3)\ \left[\frac{u(x)}{v(x)} \right]' = \lim_{\Delta x \to 0} \frac{\dfrac{u(x + \Delta x)}{v(x + \Delta x)} - \dfrac{u(x)}{v(x)}}{\Delta x}$$

$$= \lim_{\Delta x \to 0} \frac{u(x + \Delta x)v(x) - u(x)v(x + \Delta x)}{v(x + \Delta x)v(x)\Delta x}$$

$$= \lim_{\Delta x \to 0} \frac{[u(x + \Delta x) - u(x)]v(x) - u(x)[v(x + \Delta x) - v(x)]}{v(x + \Delta x)v(x)\Delta x}$$

$$= \lim_{\Delta x \to 0} \frac{\dfrac{u(x + \Delta x) - u(x)}{\Delta x}v(x) - u(x)\dfrac{v(x + \Delta x) - v(x)}{\Delta x}}{v(x + \Delta x)v(x)}$$

$$= \frac{u'(x)v(x) - u(x)v'(x)}{v^2(x)}$$

法则(3)可以简写为

$$\left(\frac{u}{v}\right)' = \frac{u'v - uv'}{v^2}$$

特别地,当 $u = u(x) \equiv 1$ 时,有

$$\left[\frac{1}{v(x)}\right]' = -\frac{v'(x)}{[v(x)]^2}$$

法则(1)和法则(2)还可以推广到有限个可导函数的情形.

推广 设 $u = u(x), v = v(x), w = w(x)$ 均可导,则有

$$[u(x) + v(x) + w(x)]' = u'(x) + v'(x) + w'(x)$$
$$[u(x)v(x)w(x)]' = u'(x)v(x)w(x) + u(x)v'(x)w(x) + u(x)v(x)w'(x)$$

简写为

$$(uvw)' = u'vw + uv'w + uvw'$$

这就是说,求多个函数乘积的导数时,每次只取其中一个函数求导,其余函数不变,再将所有可能的乘积相加即可.

例 1 设 $y = x^3 - 3\sin x + 4e^x + 5$,求 y'.

解 $y' = (x^3 - 3\sin x + 4e^x + 5)'$
$= (x^3)' - 3(\sin x)' + 4(e^x)' + (5)'$
$= 3x^2 - 3\cos x + 4e^x$

例 2 $f(x) = e^x(x^3 + x + 1)$,求 $f'(x)$ 及 $f'(0)$.

解 $f'(x) = (e^x)'(x^3 + x + 1) + e^x(x^3 + x + 1)'$
$= e^x(x^3 + x + 1) + e^x(3x^2 + 1)$
$= e^x(x^3 + 3x^2 + x + 2)$

故 $f'(0) = f'(x)|_{x=0} = 2$.

例 3 设 $y = \tan x$,求 y'.

解 $y' = (\tan x)' = \left(\frac{\sin x}{\cos x}\right)' = \frac{(\sin x)'\cos x - \sin x(\cos x)'}{\cos^2 x}$

$= \frac{\cos^2 x + \sin^2 x}{\cos^2 x} = \frac{1}{\cos^2 x} = \sec^2 x$

即

$$(\tan x)' = \sec^2 x$$

类似可求得

$$(\cot x)' = -\csc^2 x$$

例 4 设 $y = \sec x$,求 y'.

解 $y' = (\sec x)' = \left(\frac{1}{\cos x}\right)' = -\frac{(\cos x)'}{\cos^2 x}$

$$= \frac{\sin x}{\cos^2 x} = \sec x \tan x$$

即

$$(\sec x)' = \sec x \tan x$$

类似可求得

$$(\csc x)' = -\csc x \cot x$$

2.2.2 反函数的求导法则

由反函数的连续性得知,如果函数 $x = \varphi(y)$ 在区间 I_y 内单调且连续,则它的反函数 $y = f(x)$ 在对应区间 $I_x = \{x \mid x = \varphi(y), y \in I_y\}$ 也是单调且连续的. 结合这一结论以及 $x = \varphi(y)$ 在区间 I_y 内可导,我们可以给出反函数的求导法则.

定理 2.2.2　如果函数 $x = \varphi(y)$ 在区间 I_y 内单调、可导且 $\varphi'(y) \neq 0$,则它的反函数 $y = f(x)$ 在区间 $I_x = \{x \mid x = \varphi(y), y \in I_y\}$ 内也可导,且

$$f'(x) = \frac{1}{\varphi'(y)} \quad \text{或} \quad \frac{\mathrm{d}y}{\mathrm{d}x} = \frac{1}{\dfrac{\mathrm{d}x}{\mathrm{d}y}}$$

证　任取 $x \in I_x$,取 $\Delta x(\Delta x \neq 0, x + \Delta x \in I_x)$ 为 x 的增量,由 $y = f(x)$ 的单调性可知

$$\Delta y = f(x + \Delta x) - f(x) \neq 0$$

于是有

$$\frac{\Delta y}{\Delta x} = \frac{1}{\dfrac{\Delta x}{\Delta y}}$$

因为 $y = f(x)$ 连续,故当 $\Delta x \to 0$ 时,必有 $\Delta y \to 0$,从而

$$f'(x) = \lim_{\Delta x \to 0} \frac{\Delta y}{\Delta x} = \lim_{\Delta y \to 0} \frac{1}{\dfrac{\Delta x}{\Delta y}} = \frac{1}{\lim\limits_{\Delta y \to 0} \dfrac{\Delta x}{\Delta y}}$$

$$= \frac{1}{\lim\limits_{\Delta y \to 0} \dfrac{\varphi(y + \Delta y) - \varphi(y)}{\Delta y}} = \frac{1}{\varphi'(y)}$$

也就是说,**反函数的导数等于直接函数的导数的倒数**.

例5　求反正弦函数 $y = \arcsin x$ 的导数.

解　$y = \arcsin x (-1 \leqslant x \leqslant 1)$ 是直接函数 $x = \sin y \left(-\dfrac{\pi}{2} \leqslant y \leqslant \dfrac{\pi}{2}\right)$ 的反函数,而函数 $x = \sin y$ 在 $I_y = \left(-\dfrac{\pi}{2}, \dfrac{\pi}{2}\right)$ 内单调增加、可导,且

$$(\sin y)' = \cos y > 0$$

由定理 2.2.2 得，$y=\arcsin x$ 在区间 $I_x=(-1,1)$ 内可导，且有

$$y'=(\arcsin x)'=\frac{1}{(\sin y)'}=\frac{1}{\cos y}$$

而在区间 $\left(-\dfrac{\pi}{2},\dfrac{\pi}{2}\right)$ 内，$\cos y=\sqrt{1-\sin^2 y}=\sqrt{1-x^2}$，所以

$$(\arcsin x)'=\frac{1}{\sqrt{1-x^2}}$$

用类似的方法可求得

$$(\arccos x)'=-\frac{1}{\sqrt{1-x^2}}$$

例 6　求反正切函数 $y=\arctan x$ 的导数.

解　$y=\arctan x(-\infty<x<+\infty)$ 是直接函数 $x=\tan y\left(-\dfrac{\pi}{2}<y<\dfrac{\pi}{2}\right)$ 的反函数，而 $x=\tan y$ 在 $I_y=\left(-\dfrac{\pi}{2},\dfrac{\pi}{2}\right)$ 内单调增加、可导，且

$$(\tan y)'=\sec^2 y>0$$

由定理 2.2.2 得，$y=\arctan x$ 在区间 $(-\infty,+\infty)$ 内可导，且有

$$y'=(\arctan x)'=\frac{1}{(\tan y)'}=\frac{1}{\sec^2 y}$$

而在区间 $\left(-\dfrac{\pi}{2},\dfrac{\pi}{2}\right)$ 内，$\sec^2 y=1+\tan^2 y=1+x^2$，所以

$$(\arctan x)'=\frac{1}{1+x^2}$$

类似可求得

$$(\text{arccot } x)'=-\frac{1}{1+x^2}$$

注　反余弦函数和反余切函数的导数公式也可以由公式 $\arccos x=\dfrac{\pi}{2}-\arcsin x$，$\text{arccot } x=\dfrac{\pi}{2}-\arctan x$，再利用求导法则求得.

2.2.3　复合函数的求导法则

定理 2.2.3　如果函数 $u=\varphi(x)$ 在点 x 处可导，函数 $y=f(u)$ 在对应点 $u=\varphi(x)$ 处可导，则复合函数 $y=f[\varphi(x)]$ 在点 x 处可导，且

$$\frac{\mathrm{d}y}{\mathrm{d}x}=f'(u)\cdot\varphi'(x)=\frac{\mathrm{d}y}{\mathrm{d}u}\cdot\frac{\mathrm{d}u}{\mathrm{d}x}$$

证　由于 $y=f(u)$ 在点 u 处可导，因此

$$\lim_{\Delta u \to 0} \frac{\Delta y}{\Delta u} = f'(u)$$

存在,由函数极限与无穷小的关系可知

$$\frac{\Delta y}{\Delta u} = f'(u) + \alpha \quad (\Delta u \neq 0) \tag{2.2.1}$$

其中 α 为当 $\Delta u \to 0$ 时的无穷小,当 $\Delta u \neq 0$ 时,由上式得

$$\Delta y = f'(u) \Delta u + \alpha \cdot \Delta u \tag{2.2.2}$$

由(2.2.1)式可知,α 是 Δu 的函数,所以当 $\Delta u = 0$ 时,α 无定义. 但因为 α 为当 $\Delta u \to 0$ 时的无穷小,即 $\lim\limits_{\Delta u \to 0} \alpha = 0$,所以可补充定义 $\alpha|_{\Delta u = 0} = 0$,使得 α 在 $\Delta u = 0$ 处连续. 于是,当 $\Delta u = 0$ 时,(2.2.2)式也成立,从而

$$\frac{\Delta y}{\Delta x} = f'(u) \frac{\Delta u}{\Delta x} + \alpha \cdot \frac{\Delta u}{\Delta x}$$

上式两端取极限,得

$$\lim_{\Delta x \to 0} \frac{\Delta y}{\Delta x} = \lim_{\Delta x \to 0} \left[f'(u) \frac{\Delta u}{\Delta x} + \alpha \cdot \frac{\Delta u}{\Delta x} \right]$$

由于 $u = \varphi(x)$ 在点 x 处可导,故 $u = \varphi(x)$ 在 x 处连续,因此有

$$\lim_{\Delta x \to 0} \frac{\Delta u}{\Delta x} = \varphi'(x), \quad \lim_{\Delta x \to 0} \Delta u = 0$$

进而有

$$\lim_{\Delta x \to 0} \alpha = \lim_{\Delta u \to 0} \alpha = 0$$

故

$$\lim_{\Delta x \to 0} \frac{\Delta y}{\Delta x} = f'(u) \cdot \varphi'(x)$$

即 $y = f[\varphi(x)]$ 在点 x 处可导,且导数为

$$\frac{\mathrm{d}y}{\mathrm{d}x} = f'(u) \cdot \varphi'(x) = \frac{\mathrm{d}y}{\mathrm{d}u} \cdot \frac{\mathrm{d}u}{\mathrm{d}x}$$

即复合函数的导数等于函数对中间变量的导数与中间变量对自变量的导数之积. 这一法则又称为**链式法则**.

复合函数的求导法则可以推广到含有多个中间变量的情形. 例如,设

$$y = f(u), \quad u = \varphi(v), \quad v = \psi(x)$$

则复合函数 $y = f\{\varphi[\psi(x)]\}$ 的导数为

$$\frac{\mathrm{d}y}{\mathrm{d}x} = \frac{\mathrm{d}y}{\mathrm{d}u} \cdot \frac{\mathrm{d}u}{\mathrm{d}v} \cdot \frac{\mathrm{d}v}{\mathrm{d}x}$$

其中上式右端出现的导数在相应处必须存在.

例 7 设 $x > 0, \alpha \in \mathbf{R}$,证明幂函数的导数公式

$$(x^\alpha)' = \alpha x^{\alpha - 1}$$

证 因为

$$x^a = e^{a\ln x}$$

所以

$$(x^a)' = (e^{a\ln x})' = e^{a\ln x} \cdot (a\ln x)' = x^a \cdot a \cdot \frac{1}{x} = ax^{a-1}$$

例 8 设函数 $y = \sin^2 x$,求 y'.

解 $y = \sin^2 x$ 可以看作是由 $y = u^2, u = \sin x$ 复合而成,因此

$$y' = \frac{\mathrm{d}y}{\mathrm{d}u} \cdot \frac{\mathrm{d}u}{\mathrm{d}x} = 2u \cdot \cos x = 2\sin x \cdot \cos x = \sin 2x$$

例 9 设 $y = \sin(1 - 2x^3)$,求 y'.

解 $y = \sin(1 - 2x^3)$ 可以看作是由 $y = \sin u, u = 1 - 2x^3$ 复合而成,因此

$$y' = \frac{\mathrm{d}y}{\mathrm{d}u} \cdot \frac{\mathrm{d}u}{\mathrm{d}x} = \cos u \cdot (-6x^2) = (-6x^2)\cos(1 - 2x^3)$$

例 10 设 $y = e^{\sin\frac{1}{2x}}$,求 y'.

解 $y = e^{\sin\frac{1}{2x}}$ 可以看作是由 $y = e^u, u = \sin v, v = \frac{1}{2x}$ 复合而成,因此

$$y' = \frac{\mathrm{d}y}{\mathrm{d}u} \cdot \frac{\mathrm{d}u}{\mathrm{d}v} \cdot \frac{\mathrm{d}v}{\mathrm{d}x} = e^u \cdot \cos v \cdot \left(-\frac{1}{2x^2}\right) = -\frac{1}{2x^2} e^{\sin\frac{1}{2x}} \cos\frac{1}{2x}$$

在运算比较熟悉之后,就可以不必写出中间变量,直接由外向里逐层求导就可以了.

例 11 已知 $y = \ln|x|$,求 y'.

解 当 $x > 0$ 时,有

$$(\ln|x|)' = (\ln x)' = \frac{1}{x}$$

当 $x < 0$ 时,有

$$(\ln|x|)' = [\ln(-x)]' = \frac{(-x)'}{-x} = \frac{-1}{-x} = \frac{1}{x}$$

因此

$$(\ln|x|)' = \frac{1}{x} \quad (x \neq 0)$$

例 12 已知 $y = \ln\cos(e^x)$,求 y'.

解 $y' = [\ln\cos(e^x)]' = \frac{1}{\cos(e^x)}[\cos(e^x)]'$

$$= \frac{-\sin(e^x)}{\cos(e^x)}(e^x)' = -e^x \tan(e^x)$$

例 13 已知 $y = \arccos\sqrt{2x}$,求 y'.

解 $y' = (\arccos\sqrt{2x})' = -\frac{1}{\sqrt{1 - (\sqrt{2x})^2}}(\sqrt{2x})'$

$$= -\frac{1}{\sqrt{1-2x}} \cdot \frac{1}{2}(2x)^{-\frac{1}{2}}(2x)' = -\frac{1}{\sqrt{2x-4x^2}}$$

例 14 设函数 $y = \sqrt[5]{x^2+1}$，求 y'.

解 $y' = (\sqrt[5]{x^2+1})' = \frac{1}{5}(x^2+1)^{-\frac{4}{5}} \cdot (x^2+1)' = \frac{2}{5}x(x^2+1)^{-\frac{4}{5}}$.

2.2.4 基本求导法则与导数公式

前面所给的基本初等函数的求导公式及其运算法则在以后的导数运算中起着很重要的作用,我们必须熟练掌握它们,现在把这些导数公式和求导法则总结如下:

1. 常数和基本初等函数的导数公式

(1) $(C)' = 0$;　　(2) $(x^a)' = ax^{a-1}$;

(3) $(\sin x)' = \cos x$;　　(4) $(\cos x)' = -\sin x$;

(5) $(\tan x)' = \sec^2 x$;　　(6) $(\cot x)' = -\csc^2 x$;

(7) $(\sec x)' = \sec x \tan x$;　　(8) $(\csc x)' = -\csc x \cot x$;

(9) $(a^x)' = a^x \ln a$;　　(10) $(e^x)' = e^x$;

(11) $(\log_a x)' = \frac{1}{x \ln a}$;　　(12) $(\ln x)' = \frac{1}{x}$;

(13) $(\arcsin x)' = \frac{1}{\sqrt{1-x^2}}$;　　(14) $(\arccos x)' = -\frac{1}{\sqrt{1-x^2}}$;

(15) $(\arctan x)' = \frac{1}{1+x^2}$;　　(16) $(\text{arccot}\, x)' = -\frac{1}{1+x^2}$;

2. 函数的四则运算求导法则

设 $u = u(x)$, $v = v(x)$ 都可导,则

(1) $(u \pm v)' = u' \pm v'$;　　(2) $(Cu)' = Cu'$ (C 是常数);

(3) $(uv)' = u'v + uv'$;　　(4) $\left(\dfrac{u}{v}\right)' = \dfrac{u'v - uv'}{v^2}$ ($v \neq 0$).

3. 反函数的求导法则

如果函数 $x = \varphi(y)$ 在区间 I_y 内单调、可导且 $\varphi'(y) \neq 0$,则它的反函数 $y = f(x)$ 在区间 $I_x = \{x \mid x = \varphi(y), y \in I_y\}$ 内也可导,且

$$f'(x) = \frac{1}{\varphi'(y)} \quad \text{或} \quad \frac{dy}{dx} = \frac{1}{\dfrac{dx}{dy}}$$

4. 复合函数的求导法则

如果函数 $u = \varphi(x)$ 在点 x 处可导,函数 $y = f(u)$ 在对应点 $u = \varphi(x)$ 处可导,则复

合函数 $y=f[\varphi(x)]$ 在点 x 处可导,且

$$\frac{\mathrm{d}y}{\mathrm{d}x}=f'(u)\cdot\varphi'(x)=\frac{\mathrm{d}y}{\mathrm{d}u}\cdot\frac{\mathrm{d}u}{\mathrm{d}x}$$

下面给出两个综合运用这些法则和导数公式的例子.

例 15　求双曲函数的导数.

解　$(\sinh x)'=\left(\dfrac{\mathrm{e}^x-\mathrm{e}^{-x}}{2}\right)'=\dfrac{1}{2}\left[(\mathrm{e}^x)'-(\mathrm{e}^{-x})'\right]$

$\qquad=\dfrac{1}{2}\left[\mathrm{e}^x-\mathrm{e}^{-x}(-x)'\right]=\dfrac{1}{2}(\mathrm{e}^x+\mathrm{e}^{-x})=\cosh x$

同理可得

$$(\cosh x)'=\left(\frac{\mathrm{e}^x+\mathrm{e}^{-x}}{2}\right)'=\frac{1}{2}(\mathrm{e}^x-\mathrm{e}^{-x})=\sinh x$$

$$(\tanh x)'=\left(\frac{\sinh x}{\cosh x}\right)'=\frac{(\sinh x)'\cosh x-\sinh x(\cosh x)'}{\cosh^2 x}$$

$$=\frac{\cosh^2 x-\sinh^2 x}{\cosh^2 x}=\frac{1}{\cosh^2 x}$$

例 16　求反双曲函数的导数.

解　$(\operatorname{arsinh} x)'=\left[\ln(x+\sqrt{1+x^2})\right]'=\dfrac{1}{x+\sqrt{1+x^2}}(x+\sqrt{1+x^2})'$

$\qquad=\dfrac{1}{x+\sqrt{1+x^2}}\left(1+\dfrac{1}{2}\cdot\dfrac{1}{\sqrt{1+x^2}}\cdot 2x\right)$

$\qquad=\dfrac{1}{x+\sqrt{1+x^2}}\cdot\dfrac{\sqrt{1+x^2}+x}{\sqrt{1+x^2}}$

$\qquad=\dfrac{1}{\sqrt{1+x^2}}$

同理可得

$$(\operatorname{arcosh} x)'=\left[\ln(x+\sqrt{x^2-1})\right]'=\frac{1}{\sqrt{x^2-1}},\quad x\in(1,+\infty)$$

习题 2-2

1. 求下列函数的导数:

(1) $y=3x^2-\dfrac{2}{x^3}+7$;

(2) $y=x-\dfrac{1}{3}\tan x$;

(3) $y=5x^3-2^x+3\mathrm{e}^x$;

(4) $y=\sin x\cdot\cos x$;

(5) $y=x^2\ln x$;

(6) $y=x^3\log_2 x$;

(7) $y = \dfrac{\mathrm{e}^x}{x^2} + \ln 3$；

(8) $y = \dfrac{\ln x}{x}$；

(9) $y = x^2 \ln x \cos x$；

(10) $s = \dfrac{1 + \sin t}{1 + \cos t}$.

2. 以初速度 v_0 上抛的物体,其上升的高度 H 和时间 t 的关系是

$$H(t) = v_0 t - \frac{1}{2} g t^2$$

求：(1) 上抛物体的速度 $v(t)$；

(2) 经过多少时间,它的速度为零.

3. 求下列函数的导数：

(1) $y = \mathrm{e}^{-3x^2}$；

(2) $y = \mathrm{e}^{2x} \sin x$；

(3) $y = \cos (4 - 3x^2)$；

(4) $y = \arctan (\mathrm{e}^x)$；

(5) $y = \sqrt{1 + \ln^2 x}$；

(6) $y = \ln \cos x$.

4. 求下列函数的导数：

(1) $y = \arcsin (1 - 2x)$；

(2) $y = \dfrac{1}{\sqrt{1 - x^2}}$；

(3) $y = \mathrm{e}^{-\frac{x}{2}} \cos 3x$；

(4) $y = \arccos \dfrac{1}{x}$；

(5) $y = \dfrac{1 - \ln x}{1 + \ln x}$；

(6) $y = \dfrac{\sin 2x}{x}$；

(7) $y = \arcsin \sqrt{x}$；

(8) $y = \ln (x + \sqrt{a + x^2})$.

5. 求下列函数的导数：

(1) $y = \left(\arcsin \dfrac{x}{2} \right)^2$；

(2) $y = \ln (\sec x + \tan x)$；

(3) $y = \dfrac{\sin x^2}{\sin^2 x}$；

(4) $y = \sqrt{1 + \ln^2 x}$；

(5) $y = \sin^n x \cos nx$；

(6) $y = \ln \ln \ln x$；

(7) $y = \dfrac{\mathrm{e}^t - \mathrm{e}^{-t}}{\mathrm{e}^t + \mathrm{e}^{-t}}$；

(8) $y = \sqrt{x + \sqrt{x}}$；

(9) $y = \arcsin \dfrac{2t}{1 + t^2}$；

(10) $y = \ln \cos \dfrac{1}{x}$.

6. 设函数 $f(x)$ 和 $g(x)$ 均在点 x_0 的某个邻域内有定义,$f(x)$ 在点 x_0 处可导,$f(x_0) = 0$,$g(x)$ 在点 x_0 处连续,试讨论 $f(x)g(x)$ 在点 x_0 处的可导性.

7. 设函数 $f(x)$ 满足下列条件：

(1) $f(x + y) = f(x) \cdot f(y)$, $\forall x, y \in \mathbf{R}$；

(2) $f(x) = 1 + x g(x)$,而 $\lim\limits_{x \to 0} g(x) = 1$,

试证明 $f(x)$ 在 $\mathbf{R}$ 上处处可导,且 $f'(x) = f(x)$.

2.3　高阶导数

2.3.1　高阶导数的定义

由 2.1 节变速直线运动问题可知，$v(t)=f'(t)=\dfrac{\mathrm{d}f}{\mathrm{d}t}$，而加速度又是速度对时间的变化率，即

$$a(t)=v'(t)=\frac{\mathrm{d}v}{\mathrm{d}t}=\frac{\mathrm{d}}{\mathrm{d}t}\left(\frac{\mathrm{d}f}{\mathrm{d}t}\right)=\left[f'(t)\right]'$$

这种导数的导数 $\dfrac{\mathrm{d}}{\mathrm{d}t}\left(\dfrac{\mathrm{d}f}{\mathrm{d}t}\right)$ 或 $\left[f'(t)\right]'$ 叫做 f 对 t 的二阶导数，记作

$$\frac{\mathrm{d}^2 f}{\mathrm{d}t^2}\quad\text{或}\quad f''(t)$$

一般地，如果函数 $y=f(x)$ 的导数 $y'=f'(x)$ 仍然可导，则称 $y'=f'(x)$ 的导数为 $f(x)$ 的**二阶导数**，记作 y''，$f''(x)$，$\dfrac{\mathrm{d}^2 y}{\mathrm{d}x^2}$ 或 $\dfrac{\mathrm{d}^2 f}{\mathrm{d}x^2}$，即

$$y''=(y')'\quad\text{或}\quad\frac{\mathrm{d}^2 y}{\mathrm{d}x^2}=\frac{\mathrm{d}}{\mathrm{d}x}\left(\frac{\mathrm{d}y}{\mathrm{d}x}\right)$$

类似地，函数 $y=f(x)$ 的二阶导数 y'' 的导数称为函数 $y=f(x)$ 的**三阶导数**，函数 $y=f(x)$ 的三阶导数 y''' 的导数称为 $y=f(x)$ 的**四阶导数**，……，一般地，函数 $y=f(x)$ 的 $n-1$ 阶导数的导数称为函数 $y=f(x)$ 的 **n 阶导数**，分别记作

$$y''',y^{(4)},\cdots,y^{(n)}\quad\text{或}\quad\frac{\mathrm{d}^3 y}{\mathrm{d}x^3},\frac{\mathrm{d}^4 y}{\mathrm{d}x^4},\cdots,\frac{\mathrm{d}^n y}{\mathrm{d}x^n}$$

二阶和二阶以上的导数统称为高阶导数，相应地，$y=f(x)$ 的导数 y' 称为一阶导数.

由此可见，求高阶导数就是多次接连地求导数，所以仍可应用前面学过的求导方法来计算高阶导数.

例 1　$y=2x+3$，求 y''.

解　$y'=2$，$y''=0$.

例 2　$y=\sin\omega x$（ω 是常数），求 y''.

解　$y'=\omega\cos\omega x$，$y''=-\omega^2\sin\omega x$.

例 3　求幂函数 $y=x^\mu$（μ 为常数）的 k 阶导数.

解　$y'=\mu x^{\mu-1}$，$y''=\mu(\mu-1)x^{\mu-2}$，….

一般地，有

$$y^{(k)} = \mu(\mu-1)(\mu-2)\cdots(\mu-k+1)x^{\mu-k}$$

即

$$(x^\mu)^{(k)} = \mu(\mu-1)(\mu-2)\cdots(\mu-k+1)x^{\mu-k}$$

特别地,当 $\mu=n(n$ 为正整数)时,则有

$$(x^n)^{(k)} = \begin{cases} \dfrac{n!}{(n-k)!}x^{n-k}, & 1 \leqslant k \leqslant n \\ 0, & k > n \end{cases}$$

当 $\mu=-1$ 时,有

$$\left(\frac{1}{x}\right)^{(k)} = (-1)(-2)\cdots(-k)x^{-1-k} = \frac{(-1)^k k!}{x^{k+1}}$$

类似可得

$$\left(\frac{1}{x+a}\right)^{(k)} = \frac{(-1)^k k!}{(x+a)^{k+1}} \quad (a \text{ 为常数})$$

$$\left(\frac{1}{a-x}\right)^{(k)} = \frac{k!}{(a-x)^{k+1}} \quad (a \text{ 为常数})$$

例 4 求 $y=a^x(a>0, a\neq1)$ 的 n 阶导数.

解 $y'=a^x \ln a, y''=(a^x \ln a)'=a^x(\ln a)^2, \cdots$.

一般地,有

$$y^{(n)} = a^x(\ln a)^n$$

特别地,当 $a=\mathrm{e}$ 时,有

$$(\mathrm{e}^x)^{(n)} = \mathrm{e}^x$$

例 5 求 $y=\ln(x+a)(a$ 为常数)的 n 阶导数.

解 因为 $y'=\dfrac{1}{x+a}$,利用本节例 3 的结论有

$$y^{(n)} = (y')^{(n-1)} = \left(\frac{1}{x+a}\right)^{(n-1)} = \frac{(-1)^{n-1}(n-1)!}{(x+a)^n}$$

即

$$[\ln(x+a)]^{(n)} = (-1)^{n-1}\frac{(n-1)!}{(x+a)^n}$$

通常规定,$0!=1$,所以这个公式对于 $n=1$ 也成立.

例 6 求正弦函数 $y=\sin x$ 的 n 阶导数.

解 $y'=\cos x=\sin\left(x+\dfrac{\pi}{2}\right)$

$$y''=\cos\left(x+\frac{\pi}{2}\right)=\sin\left(x+\frac{\pi}{2}+\frac{\pi}{2}\right)=\sin\left(x+2\cdot\frac{\pi}{2}\right)$$

$$y''' = \cos\left(x + 2 \cdot \frac{\pi}{2}\right) = \sin\left(x + 3 \cdot \frac{\pi}{2}\right)$$

$$\vdots$$

一般地,有

$$y^{(n)} = \sin\left(x + n \cdot \frac{\pi}{2}\right)$$

即

$$(\sin x)^{(n)} = \sin\left(x + n \cdot \frac{\pi}{2}\right)$$

类似可得

$$(\cos x)^{(n)} = \cos\left(x + n \cdot \frac{\pi}{2}\right)$$

$$(\sin kx)^{(n)} = k^n \sin\left(kx + n \cdot \frac{\pi}{2}\right)$$

$$(\cos kx)^{(n)} = k^n \cos\left(kx + n \cdot \frac{\pi}{2}\right)$$

2.3.2　高阶导数的运算法则

如果函数 $u = u(x)$ 和 $v = v(x)$ 都在点 x 处具有 n 阶导数,则 $u(x) \pm v(x)$ 和 $Cu(x)$ (C 为常数)也在点 x 处具有 n 阶导数,且

$$(u \pm v)^{(n)} = u^{(n)} \pm v^{(n)}$$

$$(Cu)^{(n)} = Cu^{(n)}$$

求函数的高阶导数时,除直接按定义逐阶求出指定的高阶导数外(直接法),还常常利用已知的高阶导数公式,通过导数的四则运算、变量代换等方法,间接求出指定的高阶导数(间接法).

例 7　已知 $y = \dfrac{1}{x^2 - 4}$,求 $y^{(100)}$.

解　因为 $y = \dfrac{1}{x^2 - 4} = \dfrac{1}{4}\left(\dfrac{1}{x - 2} - \dfrac{1}{x + 2}\right)$,由本节例 3 的结论可得

$$y^{(100)} = \frac{1}{4}\left[\frac{100!}{(x - 2)^{101}} - \frac{100!}{(x + 2)^{101}}\right]$$

下面介绍多个函数乘积的高阶导数.

由 $(uv)' = u'v + uv'$ 可得

$$(uv)'' = (u'v + uv')' = u''v + 2u'v' + uv''$$

$$(uv)''' = u'''v + 3u''v' + 3u'v'' + uv'''$$

$$\vdots$$

应用数学归纳法和组合数公式 $C_n^k + C_n^{k-1} = C_{n+1}^k$ 可以证得

$$(uv)^{(n)} = u^{(n)}v + C_n^1 u^{(n-1)}v' + C_n^2 u^{(n-2)}v'' + \cdots + C_n^{n-1}u'v^{(n-1)} + C_n^n uv^{(n)}$$

$$= \sum_{k=0}^{n} C_n^k u^{(n-k)}v^{(k)}$$

其中 $u^{(0)} = u, v^{(0)} = v$,上式称为**莱布尼茨公式**.

大家知道,牛顿二项展开式为

$$(u+v)^n = u^n v^0 + C_n^1 u^{n-1}v^1 + C_n^2 u^{n-2}v^2 + \cdots + C_n^{n-1}u^1 v^{n-1} + C_n^n u^0 v^n$$

$$= \sum_{k=0}^{n} C_n^k u^{n-k}v^k$$

它与莱布尼茨公式在形式上十分相似,所以可以借助于二项展开式来记忆莱布尼茨公式. 只需将二项展开式的"$u+v$"换成"uv",将 k 次幂换成 k 阶导数(零阶导数理解成函数本身)即可.

例 8　已知 $y = x^2 \sin 2x$,求 $y^{(20)}$.

解　设 $u = \sin 2x, v = x^2$,则

$$u^{(k)} = 2^k \sin\left(2x + k \cdot \frac{\pi}{2}\right), \quad k = 1, 2, \cdots, 20$$

$$v' = 2x, \quad v'' = 2, \quad v^{(k)} = 0, \quad k = 3, 4, \cdots, 20$$

代入莱布尼茨公式,得

$$y^{(20)} = (x^2 \sin 2x)^{(20)}$$

$$= 2^{20}\sin(2x + 10\pi) \cdot x^2 + 20 \times 2^{19}\sin\left(2x + 19 \times \frac{\pi}{2}\right) \cdot 2x +$$

$$\frac{20 \times 19}{2!}2^{18}\sin(2x + 9\pi) \cdot 2$$

$$= 2^{20}x^2 \sin 2x + 20 \cdot 2^{20}x\cos 2x - 380 \cdot 2^{18}\sin 2x$$

$$= 2^{20}(x^2 \sin 2x + 20x\cos 2x - 95\sin 2x)$$

习题 2-3

1. 求下列函数的二阶导数:

(1) $y = 3x^2 + e^{2x} + \ln x$;

(2) $y = e^{2x-1}$;

(3) $y = e^{-t}\sin t$;

(4) $y = x\sin x$;

(5) $y = (1+x^2)\arctan x$;

(6) $y = \ln(1-x^2)$;

(7) $y = \tan x$;

(8) $y = \dfrac{e^x}{x}$.

2. 验证函数 $y = e^x \sin x$ 满足关系式 $y'' - 2y' + 2y = 0$.

3. 求下列函数的 n 阶导数的表达式:

(1) $y = \sin^2 x$;

(2) $y = x\ln x$;

83

（3）$y = x\mathrm{e}^{x}$；

（4）$y = \ln \dfrac{1+x}{1-x}$.

4. 求下列函数的指定阶的导数：

（1）$y = \mathrm{e}^{x} \cos x$，求 $y^{(4)}$；

（2）$y = x^{2} \mathrm{e}^{2x}$，求 $y^{(20)}$.

2.4　隐函数和参数方程确定的函数导数及相关变化率

2.4.1　隐函数的导数

由 1.1 节可知，隐函数的显化有时是有困难的，甚至是不可能的. 但在实际问题中，有时需要计算隐函数的导数，因此我们希望寻求一种方法，能直接计算由方程所确定的隐函数的导数.

由复合函数的求导法则可知，如果函数 $u = f(y)$，$y = y(x)$ 都可导，则

$$\frac{\mathrm{d}u}{\mathrm{d}x} = \frac{\mathrm{d}f}{\mathrm{d}y} \frac{\mathrm{d}y}{\mathrm{d}x}$$

例如，函数 $u = f(y) = \mathrm{e}^{y}$（其中 y 是 x 的函数）对 x 求导可得

$$\frac{\mathrm{d}u}{\mathrm{d}x} = \frac{\mathrm{d}f}{\mathrm{d}y} \frac{\mathrm{d}y}{\mathrm{d}x} = \mathrm{e}^{y} \frac{\mathrm{d}y}{\mathrm{d}x}$$

下面通过几个具体的例子来说明隐函数求导的方法.

例 1　求由方程 $\mathrm{e}^{y} - x - y = 0$ 所确定的隐函数的导数 $\dfrac{\mathrm{d}y}{\mathrm{d}x}$.

解　设由该方程所确定的隐函数为 $y = y(x)$，说明 y 是 x 的函数. 那么方程左边对 x 求导，由复合函数和四则运算的求导法则可以得到

$$\frac{\mathrm{d}}{\mathrm{d}x}(\mathrm{e}^{y} - x - y) = \mathrm{e}^{y} \frac{\mathrm{d}y}{\mathrm{d}x} - 1 - \frac{\mathrm{d}y}{\mathrm{d}x}$$

方程右边对 x 求导得

$$(0)' = 0$$

即

$$\mathrm{e}^{y} \frac{\mathrm{d}y}{\mathrm{d}x} - 1 - \frac{\mathrm{d}y}{\mathrm{d}x} = 0$$

所以

$$\frac{\mathrm{d}y}{\mathrm{d}x} = \frac{1}{\mathrm{e}^{y} - 1} \quad (\mathrm{e}^{y} - 1 \neq 0)$$

例 2　求由方程 $x\sin(x+y) = y - \mathrm{e}^{x}$ 所确定的隐函数在点 $x = 0$ 处的导数 $\dfrac{\mathrm{d}y}{\mathrm{d}x}\Big|_{x=0}$.

解　方程两边分别对 x 求导,可得

$$\sin(x+y) + x\cos(x+y)\left(1 + \frac{\mathrm{d}y}{\mathrm{d}x}\right) = \frac{\mathrm{d}y}{\mathrm{d}x} - \mathrm{e}^x$$

因为当 $x=0$ 时,从原方程可得 $y=1$,代入上式得

$$\sin 1 = \frac{\mathrm{d}y}{\mathrm{d}x}\bigg|_{x=0} - 1$$

所以

$$\frac{\mathrm{d}y}{\mathrm{d}x}\bigg|_{x=0} = \sin 1 + 1$$

例 3　求由方程 $b^2 x^2 + a^2 y^2 = a^2 b^2$ 所确定的隐函数的二阶导数 $\dfrac{\mathrm{d}^2 y}{\mathrm{d}x^2}$($a,b$ 为常数).

解　方程两边分别对 x 求导,可得

$$b^2 2x + a^2 2y \cdot y' = 0$$

所以

$$y' = -\frac{b^2 x}{a^2 y}$$

故

$$y'' = -\frac{b^2}{a^2} \cdot \frac{y - xy'}{y^2} = -\frac{b^2}{a^2} \cdot \frac{y + \dfrac{b^2 x^2}{a^2 y}}{y^2}$$

$$= -\frac{b^2(a^2 y^2 + b^2 x^2)}{a^4 y^3} \quad (a^4 y^3 \neq 0)$$

2.4.2　对数求导法则

对幂指函数 $y = u(x)^{v(x)}$ 直接使用前面的求导法则不能求出其导数,对于这类函数,可以先在函数两边取对数,然后再利用隐函数求导法,求出 y 的导数. 这种方法称为**对数求导法**. 当函数为因式相乘、相除、乘方、开方时,采用对数求导法更为简单. 下面通过两个具体的例子来说明这种方法.

例 4　求 $y = x^x (x > 0)$ 的导数.

解　对等式两边同时取对数,得

$$\ln y = x\ln x$$

上式两边同时对 x 求导,得

$$\frac{1}{y} y' = \ln x + \frac{1}{x} \cdot x = \ln x + 1$$

所以

$$y' = x^x(\ln x + 1)$$

注　本题也可以利用恒等变形 $y=x^x=\mathrm{e}^{x\ln x}$，结合复合函数求导法则进行求解.

例 5　求 $y=\sqrt{\dfrac{(x-1)(x-2)}{(x-3)(x-4)}}\,(x>4)$ 的导数.

解　在等式两边取对数可得

$$\ln y = \frac{1}{2}\big[\ln(x-1)+\ln(x-2)-\ln(x-3)-\ln(x-4)\big]$$

上式两端同时对 x 求导（y 是 x 的函数），得

$$\frac{1}{y}y' = \frac{1}{2}\left(\frac{1}{x-1}+\frac{1}{x-2}-\frac{1}{x-3}-\frac{1}{x-4}\right)$$

于是

$$\begin{aligned}
y' &= \frac{y}{2}\left(\frac{1}{x-1}+\frac{1}{x-2}-\frac{1}{x-3}-\frac{1}{x-4}\right)\\
&= \frac{1}{2}\sqrt{\frac{(x-1)(x-2)}{(x-3)(x-4)}}\left(\frac{1}{x-1}+\frac{1}{x-2}-\frac{1}{x-3}-\frac{1}{x-4}\right)
\end{aligned}$$

2.4.3　由参数方程确定的函数的导数

参数方程有着广泛的应用，比如力学中常用参数方程表示物体运动的轨迹. 在实际问题中，经常需要计算由参数方程所确定的函数的导数，但直接消去参数有时会遇到困难. 所以，希望有一种方法能直接由参数方程计算出它所确定的函数的导数，下面就来讨论这种求导数的方法.

在参数方程 $\begin{cases} x=x(t)\\ y=y(t)\end{cases}(\alpha\leqslant t\leqslant\beta)$ 中，如果函数 $x=x(t)$ 具有单调连续反函数 $t=x^{-1}(x)$，且此反函数能与函数 $y=y(t)$ 构成复合函数，则由参数方程所确定的函数就可以看作是由函数 $x=x(t)$ 和 $t=x^{-1}(x)$ 复合而成的函数 $y=y[x^{-1}(x)]$. 现在要计算这个复合函数的导数，需假定函数 $x=x(t)$，$y=y(t)$ 都可导，而且 $x'(t)\neq0$，根据复合函数的求导法则及其反函数的求导法则，有

$$\frac{\mathrm{d}y}{\mathrm{d}x}=\frac{\mathrm{d}y}{\mathrm{d}t}\cdot\frac{\mathrm{d}t}{\mathrm{d}x}=\frac{\mathrm{d}y}{\mathrm{d}t}\cdot\frac{1}{\dfrac{\mathrm{d}x}{\mathrm{d}t}}=\frac{\dfrac{\mathrm{d}y}{\mathrm{d}t}}{\dfrac{\mathrm{d}x}{\mathrm{d}t}}$$

即

$$\frac{\mathrm{d}y}{\mathrm{d}x}=\frac{y'(t)}{x'(t)}$$

这就是参数方程所确定的函数的导数公式.

如果 $x=x(t)$，$y=y(t)$ 还有二阶导数，那么从上式又可得到函数的二阶导数公式

$$\frac{\mathrm{d}^2 y}{\mathrm{d}x^2} = \frac{\mathrm{d}}{\mathrm{d}x}\left(\frac{\mathrm{d}y}{\mathrm{d}x}\right) = \frac{\mathrm{d}}{\mathrm{d}t}\left(\frac{y'(t)}{x'(t)}\right) \cdot \frac{\mathrm{d}t}{\mathrm{d}x}$$

即

$$\frac{\mathrm{d}^2 y}{\mathrm{d}x^2} = \frac{\dfrac{\mathrm{d}}{\mathrm{d}t}\left(\dfrac{y'(t)}{x'(t)}\right)}{x'(t)} = \frac{y''(t)x'(t) - y'(t)x''(t)}{x'^2(t)} \cdot \frac{1}{x'(t)} \tag{2.4.1}$$

所以

$$\frac{\mathrm{d}^2 y}{\mathrm{d}x^2} = \frac{y''(t)x'(t) - y'(t)x''(t)}{x'^3(t)} \tag{2.4.2}$$

注   在实际计算中,公式(2.4.1)更为方便.

例6   一个半径为 a 的圆在定直线上滚动时,圆周上任一定点的轨迹称为**摆线**
(如图 2.4.1 所示).计算由摆线的参数方程

$$\begin{cases} x = a(t - \sin t) \\ y = a(1 - \cos t) \end{cases}$$

所确定的函数 $y = y(x)$ 的导数 $\dfrac{\mathrm{d}y}{\mathrm{d}x}, \dfrac{\mathrm{d}^2 y}{\mathrm{d}x^2}$.

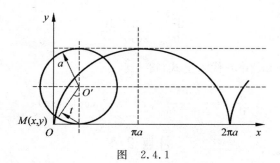

图   2.4.1

解   由参数方程所确定的函数的求导公式可得

$$\frac{\mathrm{d}y}{\mathrm{d}x} = \frac{\dfrac{\mathrm{d}y}{\mathrm{d}t}}{\dfrac{\mathrm{d}x}{\mathrm{d}t}} = \frac{[a(1 - \cos t)]'}{[a(t - \sin t)]'} = \frac{a\sin t}{a(1 - \cos t)}$$

$$= \cot \frac{t}{2} \quad (t \neq 2k\pi, k \in \mathbf{Z})$$

$$\frac{\mathrm{d}^2 y}{\mathrm{d}x^2} = \frac{\mathrm{d}}{\mathrm{d}t}\left(\cot \frac{t}{2}\right) \cdot \frac{1}{x'(t)} = -\frac{1}{2\sin^2 \dfrac{t}{2}} \cdot \frac{1}{a(1 - \cos t)}$$

$$= -\frac{1}{a(1 - \cos t)^2}$$

*2.4.4 相关变化率

设变量 x 与 y 之间存在某种依赖关系,且 $x=x(t)$ 和 $y=y(t)$ 都是可导函数,从而它们的变化率 $\dfrac{\mathrm{d}x}{\mathrm{d}t}$ 与 $\dfrac{\mathrm{d}y}{\mathrm{d}t}$ 之间也存在一定的关系.这两个相互依赖的变化率称为**相关变化率**.相关变化率的问题就是研究这两个变化率之间的关系,以便从其中一个变化率求出另一变化率.

例 7 一高度为 10cm 的正圆锥通过增加底面半径以改变其形状,在底面半径为 5cm 时,试问它要有多大的增长率才能使圆锥体积以 $20\mathrm{cm}^3/\min$ 的速率增加?

解 设圆锥的底面半径为 r,体积为 V,则有

$$V = \frac{1}{3}\pi r^2 h = \frac{1}{3}\pi r^2 \cdot 10 = \frac{10}{3}\pi r^2$$

上式两边对时间 t 求导,得

$$\frac{\mathrm{d}V}{\mathrm{d}t} = \frac{10}{3}\pi \cdot 2r \frac{\mathrm{d}r}{\mathrm{d}t}$$

从而

$$\frac{\mathrm{d}r}{\mathrm{d}t} = \frac{3}{20\pi r} \frac{\mathrm{d}V}{\mathrm{d}t}$$

以 $r=5\mathrm{cm}, \dfrac{\mathrm{d}V}{\mathrm{d}t}=20\mathrm{cm}^3/\min$ 代入上式,得

$$\frac{\mathrm{d}r}{\mathrm{d}t} = \frac{3}{20\pi \times 5} \times 20 = \frac{3}{5\pi}(\mathrm{cm}/\min)$$

习题 2-4

1. 求由下列方程所确定的隐函数的导数:

(1) $y^3-3xy+6=0$; (2) $x^2-y^2+2axy=0$;

(3) $x^y-y^x=0$; (4) $y=1-x\mathrm{e}^y$.

2. 求由下列方程所确定的隐函数的二阶导数 $\dfrac{\mathrm{d}^2 y}{\mathrm{d}x^2}$:

(1) $x^2-y^2=1$; (2) $y=1+x\mathrm{e}^y$;

(3) $y=\tan(x+y)$; (4) $y\ln y=x+y$.

3. 用对数求导法求下列函数的导数:

(1) $y=\left(\dfrac{x}{1+x}\right)^x$; (2) $y=\sqrt[5]{\dfrac{x-5}{\sqrt[5]{x^2+2}}}$;

(3) $y=\dfrac{\sqrt{x+2}(3-x)^4}{(x+1)^5}$; (4) $y=\sqrt{x\sin x \sqrt{1-\mathrm{e}^x}}$.

4. 求由下列参数方程所确定的函数的导数:

(1) $\begin{cases} x = \cos^4 t \\ y = \sin^4 t \end{cases}$; 　　　　(2) $\begin{cases} x = t(1 - \sin t) \\ y = t\cos t \end{cases}$.

5. 求由下列参数方程所确定的函数的二阶导数 $\dfrac{\mathrm{d}^2 y}{\mathrm{d}x^2}$:

(1) $\begin{cases} x = \dfrac{t^3}{3} \\ y = 1 - t \end{cases}$; 　　　　(2) $\begin{cases} x = a\cos t \\ y = b\sin t \end{cases}$;

(3) $\begin{cases} x = 3\mathrm{e}^{-t} \\ y = 2\mathrm{e}^t \end{cases}$; 　　　　(4) $\begin{cases} x = f'(t) \\ y = tf'(t) - f(t) \end{cases}$ (设 $f''(t)$ 存在且不为零).

6. 已知 $\begin{cases} x = \mathrm{e}^t \sin t \\ y = \mathrm{e}^t \cos t \end{cases}$, 求 $\dfrac{\mathrm{d}y}{\mathrm{d}x}\Big|_{t=\frac{\pi}{3}}$.

7. 将水注入深 8m、上顶直径 8m 的正圆锥形容器中,其速率为 $4\mathrm{m}^3/\min$. 当水深为 5m 时,水体表面上升的速率为多少?

2.5 导数的简单应用

本节通过一些实际例子来了解导数在几何、物理以及经济学中的应用.

2.5.1 几何应用

通过前面的学习,我们知道根据导数的几何意义和直线的点斜式方程,可以得到曲线 $y = f(x)$ 在点 $M(x_0, y_0)$ 处的切线方程和法线方程,下面来举例说明.

例 1 求曲线 $y = \sqrt{x}$ 在点 $(4, 2)$ 处的切线和法线方程.

解 由

$$y' = (\sqrt{x})' = \frac{1}{2\sqrt{x}}, \quad k_1 = f'(4) = \frac{1}{2\sqrt{4}} = \frac{1}{4}$$

故所求的切线方程为

$$y - 2 = \frac{1}{4}(x - 4)$$

即

$$-x + 4y - 4 = 0$$

所求的法线方程的斜率为

$$k_2 = -\frac{1}{k_1} = -4$$

于是所求的法线方程为

$$y - 2 = -4(x - 4)$$

即

$$y + 4x - 18 = 0$$

例 2　求曲线 $y = x^{\frac{3}{2}}$ 通过点 $(0, -4)$ 的切线方程.

解　设切点为 (x_0, y_0)，则切线的斜率为

$$f'(x_0) = \frac{3}{2}\sqrt{x}\Big|_{x=x_0} = \frac{3}{2}\sqrt{x_0}$$

于是所求的切线方程可设为

$$y - y_0 = \frac{3}{2}\sqrt{x_0}(x - x_0) \tag{2.5.1}$$

因为切点 (x_0, y_0) 在曲线 $y = x^{\frac{3}{2}}$ 上，所以

$$y_0 = x_0^{\frac{3}{2}} \tag{2.5.2}$$

而切线通过点 $(0, -4)$，故有

$$-4 - y_0 = \frac{3}{2}\sqrt{x_0}(0 - x_0) \tag{2.5.3}$$

由方程 (2.5.2) 和方程 (2.5.3) 联立解得 $x_0 = 4$，$y_0 = 8$，代入 (2.5.1) 式并化简，即得所求切线方程为

$$3x - y - 4 = 0$$

例 3　求曲线 $xy + \ln y = 1$ 在点 $M(1, 1)$ 处的切线方程.

解　等式两边分别对 x 求导，可得

$$y + x\frac{\mathrm{d}y}{\mathrm{d}x} + \frac{1}{y}\frac{\mathrm{d}y}{\mathrm{d}x} = 0$$

解得

$$\frac{\mathrm{d}y}{\mathrm{d}x} = \frac{-y}{x + \dfrac{1}{y}} = -\frac{y^2}{xy + 1}$$

由导数的几何意义可知，曲线在点 $M(1, 1)$ 处的切线的斜率为

$$k = \frac{\mathrm{d}y}{\mathrm{d}x}\Big|_{\substack{x=1 \\ y=1}} = -\frac{1}{2}$$

于是曲线在点 $M(1, 1)$ 处的切线方程为

$$y - 1 = -\frac{1}{2}(x - 1)$$

即

$$x + 2y - 3 = 0$$

例 4　已知椭圆的参数方程为 $\begin{cases} x = 4\cos t \\ y = 3\sin t \end{cases}$，求椭圆在 $t = \dfrac{\pi}{3}$ 处的切线方程.

解　当 $t = \dfrac{\pi}{3}$ 时，椭圆上相应的点 M_0 的坐标为 $\left(2, \dfrac{3\sqrt{3}}{2}\right)$，又有

$$\frac{\mathrm{d}y}{\mathrm{d}x} = \frac{(3\sin t)'}{(4\cos t)'} = \frac{3\cos t}{-4\sin t} = -\frac{3}{4}\cot t$$

所以椭圆在点 M_0 处的切线斜率为

$$k = \frac{\mathrm{d}y}{\mathrm{d}x}\bigg|_{t=\frac{\pi}{3}} = -\frac{3}{4}\cot t\bigg|_{t=\frac{\pi}{3}} = -\frac{\sqrt{3}}{4}$$

于是所求的切线方程为

$$y - \frac{3\sqrt{3}}{2} = -\frac{\sqrt{3}}{4}(x-2)$$

即

$$\sqrt{3}x + 4y - 8\sqrt{3} = 0$$

2.5.2 经济应用

1. 边际分析

根据导数的定义,导数 $f'(x_0)$ 表示 $f(x)$ 在点 $x=x_0$ 处的变化率,在经济学中,称其为 $f(x)$ 在点 $x=x_0$ 处的**边际函数值**.不同的经济函数有不同的边际函数值.

(1) 边际成本

总成本函数 $C(x)$ 的导数 $\dfrac{\mathrm{d}C(x)}{\mathrm{d}x}$ 记为 $M_C(x)$,称其为产量为 x 时的边际成本.在经济学中,边际成本 $M_C(x)$ 表示产量为 x 时,再多生产一个单位产品所增加的成本.

(2) 边际收入

总收入函数 $R(x)$ 的导数 $\dfrac{\mathrm{d}R(x)}{\mathrm{d}x}$ 记为 $M_R(x)$,称其为销售量为 x 时的边际收入.在经济学中,边际收入 $M_R(x)$ 表示销售量为 x 时,再多销售一个单位产品所增加的收入.

(3) 边际利润

总利润函数 $P(x)=R(x)-C(x)$ 的导数 $\dfrac{\mathrm{d}P(x)}{\mathrm{d}x}$ 记为 $M_P(x)$,称其为销售量为 x 时的边际利润.在经济学中,边际利润 $M_P(x)$ 表示销售量为 x 时,再多销售一个单位产品所增加的利润.

例 5 设生产 x 件产品的总成本(单位:元)和总收益(单位:元)分别是

$$C(x) = 1800 + 4x + \frac{1}{2}x^2, \quad R(x) = 140x - \frac{1}{2}x^2$$

求:(1) 生产 30 件产品时的平均成本及边际成本;

(2) 生产 30 件产品时的边际收入和边际利润.

解 （1）平均成本及边际成本分别为

$$\overline{C(x)} = \frac{C(x)}{x} = \frac{1800}{x} + 4 + \frac{1}{2}x$$

$$M_C(x) = C'(x) = 4 + x$$

因此生产 30 件产品时的平均成本及边际成本分别为

$$\overline{C(30)} = \frac{C(30)}{30} = 79$$

$$M_C(30) = C'(x)\big|_{x=30} = 34$$

这说明，生产前 30 件产品时，均摊在每件产品上的成本是 79 元，在此基础上多生产 1 件产品需增加的成本大约为 34 元.

（2）边际收入和边际利润分别为

$$M_R(x) = R'(x) = 140 - x$$

$$M_P(x) = M_R(x) - M_C(x) = 136 - 2x$$

因此生产 30 件产品时的边际收入及边际利润分别为

$$M_R(30) = 110$$

$$M_P(30) = 76$$

这说明，生产第 31 件产品时，收入会增加 110 元，利润会增加 76 元.

*2. 弹性分析

在边际分析中所研究的是函数的绝对改变量与绝对变化率，经济学中常需研究一个变量对另一个变量的相对变化情况，为此引入下面的定义.

定义 2.5.1 设函数 $y = f(x)$ 可导，函数相对改变量 $\frac{\Delta y}{y}$ 与自变量的相对改变量 $\frac{\Delta x}{x}$ 之比 $\frac{\Delta y/y}{\Delta x/x}$，称为函数 $f(x)$ 在 x 与 $x + \Delta x$ **两点间的弹性**（或相对变化率）. 而极限 $\lim\limits_{\Delta x \to 0} \frac{\Delta y/y}{\Delta x/x}$ 称为函数 $f(x)$ 在点 x 处的**弹性**（或相对变化率），记为 $\frac{Ey}{Ex}$ 或 $\frac{E}{Ex}f(x)$，即

$$\frac{Ey}{Ex} = \lim_{\Delta x \to 0} \frac{\Delta y/y}{\Delta x/x} = \lim_{\Delta x \to 0} \frac{\Delta y}{\Delta x} \cdot \frac{x}{y} = y' \frac{x}{y}$$

注 函数 $y = f(x)$ 在点 x 处的弹性 $\frac{Ey}{Ex}$ 反映随 x 的变化 y 变化幅度的大小，即 y 对 x 变化反应的强烈程度或**灵敏度**. 数值上，$\frac{Ey}{Ex}$ 表示 y 在点 x 处，当 x 发生 1% 的改变时，函数值 y 近似地改变 $\frac{Ey}{Ex}\%$，在实际应用中通常忽略"近似"二字.

例 6 求函数 $y = 2 + 2x$ 在 $x = 1$ 处的弹性.

解 因为 $y' = 2$，所以

$$\frac{Ey}{Ex} = y' \frac{x}{y} = \frac{2x}{2 + 2x}$$

$$\frac{Ey}{Ex}\bigg|_{x=1} = \frac{2 \times 1}{2 + 2 \times 1} = \frac{2}{4} = 0.5$$

设需求函数 $Q = f(P)$，P 表示产品的价格，则可定义该产品在价格为 P 时的**需求弹性**.

$$\eta = \eta(P) = \lim_{\Delta P \to 0} \frac{\Delta Q/Q}{\Delta P/P} = \lim_{\Delta P \to 0} \frac{\Delta Q}{\Delta P} \cdot \frac{P}{Q} = f'(P) \cdot \frac{P}{f(P)}$$

故需求弹性 η 近似地表示价格为 P 时，价格变动 1%，需求量将变化 $\eta\%$.

注 一般地，需求函数是单调减少函数，需求量随价格的上涨而减少（当 $\Delta P > 0$ 时，$\Delta Q < 0$），故需求弹性一般为负值，它反映产品需求量对价格变动反应的强烈程度（灵敏度）.

例 7 设某种产品的需求量 Q 与价格 P 的关系为

$$Q(P) = 800 - 10P$$

（1）求需求弹性 $\eta(P)$；

（2）当商品的价格 $P = 60$ 元时，若价格再上涨 1%，求商品需求量的变化情况.

解 （1）需求弹性为

$$\eta(P) = Q'(P) \cdot \frac{P}{Q(P)} = \frac{-10P}{800 - 10P}$$

需求弹性为负，说明商品价格 P 上涨 1% 时，商品需求量 Q 将减少 $\frac{10P}{800 - 10P}\%$.

（2）当商品价格 $P = 60$ 元时，有

$$\eta(60) = -3$$

这表示价格 $P = 60$ 元时，价格上涨 1%，商品的需求量将减少 3%；若价格下降 1%，商品的需求量将增加 3%.

2.5.3 物理应用

例 8 一沿直线运动的物体，时间 t 与所经过路程的关系为 $s = \frac{1}{5}t^3 - 4t^2 + 12$，问该物体何时速度为零？何时加速度为零？

解 物体的速度 $v(t)$ 为位移函数的一阶导数，即

$$v(t) = s'(t) = \frac{3}{5}t^2 - 8t$$

令 $v(t) = 0$，解得 $t = 0$ 或 $t = \frac{40}{3}$，因此当 $t = 0$ 或 $t = \frac{40}{3}$ 时，物体速度为零. 而物体的加速度是位移函数的二阶导数，即

$$a(t) = s''(t) = \frac{6}{5}t - 8$$

令 $a(t)=0$,解得 $t=\dfrac{20}{3}$,因此当 $t=\dfrac{20}{3}$ 时,物体加速度为零.

习题 2-5

1. 求曲线 $y=\ln x$ 在点 $(1,0)$ 处的切线方程和法线方程.

2. 求曲线 $y=x(\ln x-1)$ 上横坐标为 $x=\mathrm{e}$ 点处的切线方程和法线方程.

3. 求曲线 $x^{\frac{2}{3}}+y^{\frac{2}{3}}=a^{\frac{2}{3}}$ 在点 $\left(\dfrac{\sqrt{2}}{4}a,\dfrac{\sqrt{2}}{4}a\right)$ 处的切线方程和法线方程.

4. 求曲线 $\begin{cases}x=2\mathrm{e}^{-t}\\y=\mathrm{e}^{-t}\end{cases}$ 在对应于 $t=0$ 处的切线方程和法线方程.

5. 证明:双曲线 $xy=a^2$ 上任一点处的切线与两坐标轴构成的三角形的面积等于 $2a^2$.

6. 某煤炭公司每天生产 x 吨煤的总成本函数为 $C(x)=2000+450x+0.02x^2$.如果每吨煤的销售价为 490 元,试求边际成本和边际利润以及边际利润为 0 时的产量.

7. 某地对服装的需求函数可以表示为 $Q=aP^{-0.66}$,试求需求量对价格的弹性,并说明其经济意义.

8. 一球在斜面上向上滚,在 t(单位:s)后与初始位置的距离为 $s=3t-t^3$(单位:m),问其初速度为多少,何时开始下滚.

2.6 函数的微分

2.6.1 微分的定义

在许多实际问题中,需要计算当自变量微小变化时函数的增量.当函数较为复杂时,Δy 的精确计算就会相当麻烦,这就需要寻求函数增量近似值的方法.为此,我们引入微分学中另一个重要的概念——微分.

先分析一个具体问题,一块正方形金属薄片,受热膨胀,其边长由 x_0 变到 $x_0+\Delta x$(如图 2.6.1 所示),此薄片的面积增加了多少?

设正方形的面积为 A,面积增加量为 ΔA,则

$$\Delta A=(x_0+\Delta x)^2-x_0^2=2x_0\Delta x+(\Delta x)^2$$

从上式可以看出,ΔA 分成两部分,第一部分 $2x_0\Delta x$ 是 Δx 的线性函数,即图 2.6.1 带有斜线的两个矩形的面积之和,而第二部分 $(\Delta x)^2$ 在图中是带有交叉斜线的小正方形的面积,当 $\Delta x\to 0$ 时,第二部分 $(\Delta x)^2$ 是比 Δx 高阶的无穷小,即 $(\Delta x)^2=o(\Delta x)$.由此可见,如果边长

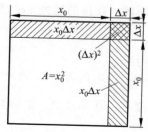

图 2.6.1

改变很微小,即 $|\Delta x|$ 很小时,可以将第二部分忽略,则面积的改变量 ΔA 可近似地用第一部分来代替.

是否所有函数的增量都能在一定条件下表示成一个线性函数与一个高阶无穷小的和呢？这个线性函数是什么？怎么求？本节将讨论这些问题.

定义 2.6.1 设函数 $y=f(x)$ 在某区间内有定义,x_0 及 $x_0+\Delta x$ 在这区间内,如果增量

$$\Delta y = f(x_0 + \Delta x) - f(x_0)$$

可表示为

$$\Delta y = A\Delta x + o(\Delta x)$$

其中 A 是不依赖于 Δx 的常数,那么称函数 $y=f(x)$ 在点 x_0 处可微,而 $A\Delta x$ 称为函数 $y=f(x)$ 在点 x_0 相应于自变量 Δx 的微分,记作 $\mathrm{d}y$,即

$$\mathrm{d}y = A\Delta x$$

由定义可知,当 $\Delta x \to 0$,且 $A \neq 0$ 时,$\Delta y \approx \mathrm{d}y$,它们的误差为 $o(\Delta x)$.

下面给出函数 $y=f(x)$ 在点 x_0 处可微和可导的关系:

定理 2.6.1 函数 $y=f(x)$ 在点 x_0 处可微的充分必要条件是函数 $y=f(x)$ 在点 x_0 处可导,且当 $y=f(x)$ 在点 x_0 处可微时,其微分为

$$\mathrm{d}y = f'(x_0)\Delta x$$

证 (必要性)设函数 $y=f(x)$ 在点 x_0 处可微,则按定义有 $\Delta y = A\Delta x + o(\Delta x)$ $(\Delta x \neq 0)$成立,两端同时除以 Δx,得

$$\frac{\Delta y}{\Delta x} = A + \frac{o(\Delta x)}{\Delta x}$$

当 $\Delta x \to 0$ 时,取极限得

$$\lim_{\Delta x \to 0} \frac{\Delta y}{\Delta x} = A + \lim_{\Delta x \to 0} \frac{o(\Delta x)}{\Delta x} = A$$

即

$$f'(x_0) = A$$

因此 $y=f(x)$ 在点 x_0 处可导,从而 $\mathrm{d}y = f'(x_0)\Delta x$.

(充分性)设 $y=f(x)$ 在点 x_0 处可导,即

$$\lim_{\Delta x \to 0} \frac{\Delta y}{\Delta x} = f'(x_0)$$

由函数与无穷小量的关系可知

$$\frac{\Delta y}{\Delta x} = f'(x_0) + \alpha \quad \left(\lim_{\Delta x \to 0} \alpha = 0 \right)$$

由此可得

$$\Delta y = f'(x_0)\Delta x + \alpha \Delta x$$

由于 $\lim_{\Delta x \to 0} \frac{\alpha \Delta x}{\Delta x} = \lim_{\Delta x \to 0} \alpha = 0$,所以

$$\alpha \Delta x = o(\Delta x)$$

且 $f'(x_0)$ 不依赖于 Δx，故由微分的定义可知，$y = f(x)$ 在点 x_0 处可微.

若函数 $y = f(x)$ 在区间 I 上每一点都可微，则称函数**在区间 I 上可微**，我们把函数 $y = f(x)$ 在任意点 x 处的微分称为**函数的微分**，记作 $\mathrm{d}y$ 或 $\mathrm{d}f(x)$，即

$$\mathrm{d}y = f'(x)\Delta x$$

令 $y = x$，则 $\mathrm{d}x = x'\Delta x = \Delta x$（即自变量 x 的微分等于自变量的增量），所以

$$\mathrm{d}y = f'(x)\mathrm{d}x$$

而根据导数的定义可知

$$\frac{\mathrm{d}y}{\mathrm{d}x} = f'(x)$$

这就是说，函数的微分 $\mathrm{d}y$ 与自变量的微分 $\mathrm{d}x$ 之商等于该函数的导数. 因此，导数也称为"微商".

例 1　求函数 $y = x^3$ 在 $x = 2$ 处当 $\Delta x = 0.02$ 时的微分和增量.

解　函数的微分为

$$\mathrm{d}y = (x^3)'\Delta x = 3x^2\Delta x = 3x^2\mathrm{d}x$$

所以函数当 $x = 2, \Delta x = 0.02$ 时的微分为

$$\mathrm{d}y\,\Big|_{\substack{x=2 \\ \Delta x = 0.02}} = 3 \times 2^2 \times 0.02 = 0.24$$

而函数当 $x = 2, \Delta x = 0.02$ 时的增量为

$$\Delta y = \left[(x + \Delta x)^3 - x^3\right]\Big|_{\substack{x=2 \\ \Delta x = 0.02}} = (2 + 0.02)^3 - 2^3 = 0.242408$$

2.6.2　微分的几何意义

为了能更直观地了解微分，下面来说明微分的几何意义.

在直角坐标系中，如图 2.6.2 所示，对于固定的 x_0 值，曲线 $y = f(x)$ 上有一个确定的点 $M(x_0, y_0)$，当自变量有较小增量 Δx 时，就得到曲线上另一点 $N(x_0 + \Delta x,$

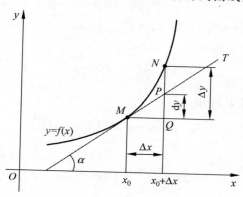

图　2.6.2

$y_0 + \Delta y$)，从图 2.6.2 可知，设 $MQ = \Delta x, QN = \Delta y$，且过点 M 作曲线的切线 MT，它的倾角为 α，则

$$QP = MQ \cdot \tan \alpha = \Delta x \cdot f'(x_0)$$

即

$$\mathrm{d}y = QP$$

由此可见，对于可微函数 $y = f(x)$ 而言，当 Δy 是曲线 $y = f(x)$ 上的点的纵坐标的增量时，$\mathrm{d}y$ 就是曲线的切线上点的纵坐标的增量，这就是微分的几何意义.

从图 2.6.2 中可以看出，当 $|\Delta x|$ 的值很小时，$|\Delta y - \mathrm{d}y|$ 比 $|\Delta x|$ 小得多，$\mathrm{d}y$ 是 Δy 很好的近似. 因此，在点 M 的附近，可以用切线段近似代替曲线段. 在局部范围内用线性函数近似代替非线性函数，在几何上就是局部用切线段近似代替曲线段，这在数学上称为非线性函数的局部线性化，是微分学的基本思想方法之一，这种思想方法在自然科学和工程问题的研究中是经常采用的.

2.6.3 基本初等函数的微分公式与微分运算法则

从函数的微分表达式

$$\mathrm{d}y = f'(x)\mathrm{d}x$$

可以看出，要计算函数的微分，只要计算函数的导数，再乘以自变量的微分即可. 因此可得到如下的微分公式和微分运算法则.

1. 基本初等函数的微分公式

由基本初等函数的导数公式，可以直接得到基本初等函数的微分公式. 为了便于对照，列表于下：

导 数 公 式	微 分 公 式
$(x^\mu)' = \mu x^{\mu-1}$	$\mathrm{d}(x^\mu) = \mu x^{\mu-1}\mathrm{d}x$
$(\sin x)' = \cos x$	$\mathrm{d}(\sin x) = \cos x\mathrm{d}x$
$(\cos x)' = -\sin x$	$\mathrm{d}(\cos x) = -\sin x\mathrm{d}x$
$(\tan x)' = \sec^2 x$	$\mathrm{d}(\tan x) = \sec^2 x\mathrm{d}x$
$(\cot x)' = -\csc^2 x$	$\mathrm{d}(\cot x) = -\csc^2 x\mathrm{d}x$
$(\sec x)' = \sec x\tan x$	$\mathrm{d}(\sec x) = \sec x\tan x\mathrm{d}x$
$(\csc x)' = -\csc x\cot x$	$\mathrm{d}(\csc x) = -\csc x\cot x\mathrm{d}x$
$(a^x)' = a^x\ln a$	$\mathrm{d}(a^x) = a^x\ln a\mathrm{d}x$
$(\mathrm{e}^x)' = \mathrm{e}^x$	$\mathrm{d}(\mathrm{e}^x) = \mathrm{e}^x\mathrm{d}x$
$(\log_a x)' = \dfrac{1}{x\ln a}$	$\mathrm{d}(\log_a x) = \dfrac{1}{x\ln a}\mathrm{d}x$
$(\ln x)' = \dfrac{1}{x}$	$\mathrm{d}(\ln x) = \dfrac{1}{x}\mathrm{d}x$
$(\arcsin x)' = \dfrac{1}{\sqrt{1-x^2}}$	$\mathrm{d}(\arcsin x) = \dfrac{1}{\sqrt{1-x^2}}\mathrm{d}x$

续表

导　数　公　式	微　分　公　式
$(\arccos x)' = -\dfrac{1}{\sqrt{1-x^2}}$	$\mathrm{d}(\arccos x) = -\dfrac{1}{\sqrt{1-x^2}}\mathrm{d}x$
$(\arctan x)' = \dfrac{1}{1+x^2}$	$\mathrm{d}(\arctan x) = \dfrac{1}{1+x^2}\mathrm{d}x$
$(\operatorname{arccot} x)' = -\dfrac{1}{1+x^2}$	$\mathrm{d}(\operatorname{arccot} x) = -\dfrac{1}{1+x^2}\mathrm{d}x$

2. 函数的和、差、积、商的微分法则

由函数和、差、积、商的求导法则,可推出相应的微分法则. 为了便于对照,列成下表(表中 $u=u(x)$,$v=v(x)$ 都可导):

求　导　法　则	微　分　法　则
$(u\pm v)' = u'\pm v'$	$\mathrm{d}(u\pm v) = \mathrm{d}u\pm \mathrm{d}v$
$(Cu)' = Cu'$	$\mathrm{d}(Cu) = C\mathrm{d}u$
$(uv)' = u'v+uv'$	$\mathrm{d}(uv) = v\mathrm{d}u+u\mathrm{d}v$
$\left(\dfrac{u}{v}\right)' = \dfrac{u'v-uv'}{v^2}\ (v\neq 0)$	$\mathrm{d}\left(\dfrac{u}{v}\right) = \dfrac{v\mathrm{d}u-u\mathrm{d}v}{v^2}\ (v\neq 0)$

这些公式可直接由函数微分的计算公式得到验证. 如

$$\mathrm{d}(uv) = (uv)'\mathrm{d}x = (u'v+uv')\mathrm{d}x = vu'\mathrm{d}x + uv'\mathrm{d}x = v\mathrm{d}u + u\mathrm{d}v$$

其他法则都可以类似验证.

3. 复合函数的微分法则

利用复合函数的求导法则及函数的微分的计算公式,可推出复合函数的微分法则.

设 $y=f(u)$ 及 $u=g(x)$ 都可导,则复合函数 $y=f[g(x)]$ 的微分为

$$\mathrm{d}y = y'_x\mathrm{d}x = f'(u)g'(x)\mathrm{d}x$$

因为 $g'(x)\mathrm{d}x=\mathrm{d}u$,所以复合函数 $y=f[g(x)]$ 的微分公式也可以写成

$$\mathrm{d}y = f'(u)\mathrm{d}u \quad \text{或} \quad \mathrm{d}y = y'_u\mathrm{d}u$$

上式表明,无论 u 是自变量还是中间变量,微分形式 $\mathrm{d}y=f'(u)\mathrm{d}u$ 保持不变. 这一性质称为**微分形式不变性**. 这性质表示,当变换自变量时,微分形式 $\mathrm{d}y=f'(u)\mathrm{d}u$ 并不改变.

我们可以利用微分形式不变性求函数的微分,下面举例说明.

例 2　函数 $y=\mathrm{e}^{\sin^2 x}$,求 $\mathrm{d}y$.

解　$\mathrm{d}y = \mathrm{e}^{\sin^2 x}\mathrm{d}(\sin^2 x) = \mathrm{e}^{\sin^2 x}\cdot 2\sin x\mathrm{d}(\sin x)$

$\qquad = \mathrm{e}^{\sin^2 x}2\sin x\cos x\mathrm{d}x = \mathrm{e}^{\sin^2 x}\sin 2x\mathrm{d}x$

例 3 函数 $y = \arctan \mathrm{e}^{2x}$，求 $\mathrm{d}y$.

解 $\mathrm{d}y = \mathrm{d}(\arctan \mathrm{e}^{2x}) = \dfrac{1}{1 + \mathrm{e}^{4x}} \mathrm{d}(\mathrm{e}^{2x}) = \dfrac{1}{1 + \mathrm{e}^{4x}} \mathrm{e}^{2x} \mathrm{d}(2x)$

$$= \frac{2\mathrm{e}^{2x}}{1 + \mathrm{e}^{4x}} \mathrm{d}x$$

例 4 函数 $y = \ln(1 - 2x) \sin x$，求 $\mathrm{d}y$.

解 利用积的微分法则可得

$$\mathrm{d}y = \mathrm{d}(\ln(1 - 2x)\sin x) = \sin x \, \mathrm{d}(\ln(1 - 2x)) + \ln(1 - 2x) \mathrm{d}(\sin x)$$

$$= (\sin x) \frac{1}{1 - 2x}(-2\mathrm{d}x) + \ln(1 - 2x)(\cos x \, \mathrm{d}x)$$

$$= \left[\frac{-2\sin x}{1 - 2x} + \ln(1 - 2x)\cos x \right] \mathrm{d}x$$

2.6.4 微分在近似计算中的应用

在工程问题中，经常利用微分的运算公式把一些复杂的计算公式用简单的近似公式来代替. 由前面的内容可知，若 $y = f(x)$ 在点 x_0 处的导数 $f'(x_0) \neq 0$，且 $|\Delta x|$ 很小时，则有

$$\Delta y \approx \mathrm{d}y = f'(x_0)\Delta x$$

这个式子也可以写成

$$\Delta y = f(x_0 + \Delta x) - f(x_0) \approx f'(x_0)\Delta x \tag{2.6.1}$$

$$f(x_0 + \Delta x) \approx f(x_0) + f'(x_0)\Delta x \tag{2.6.2}$$

在(2.6.2)式中令 $x = x_0 + \Delta x$，即 $\Delta x = x - x_0$，那么(2.6.2)式可改写成

$$f(x) \approx f(x_0) + f'(x_0)(x - x_0) \tag{2.6.3}$$

如果 $f(x_0)$ 与 $f'(x_0)$ 都容易计算，那么可利用(2.6.1)式来近似计算 Δy，利用(2.6.2)式来近似计算 $f(x_0 + \Delta x)$，或利用(2.6.3)式来近似计算 $f(x)$.

例 5 半径为 $10\mathrm{cm}$ 的金属圆片加热后，半径伸长了 $0.05\mathrm{cm}$，问面积大约增加了多少？

解 圆面积 $A = \pi r^2$（r 为半径），令 $r = 10\mathrm{cm}$，$\Delta r = 0.05\mathrm{cm}$，因为 Δr 相对于 r 较小，所以用微分 $\mathrm{d}A$ 近似代替 ΔA. 由

$$\Delta A \approx \mathrm{d}A = (\pi r^2)' \cdot \mathrm{d}r = 2\pi r \cdot \mathrm{d}r$$

当 $\mathrm{d}r = \Delta r = 0.05\mathrm{cm}$ 时，得

$$\Delta A \approx 2\pi \times 10\mathrm{cm} \times 0.05\mathrm{cm} = \pi(\mathrm{cm}^2)$$

例 6 利用微分计算 $\sin 59°$ 的近似值.

解 由于所求的是正弦函数的值，所以设 $f(x) = \sin x$，此时 $f'(x) = \cos x$，令 $x_0 = 60° = \dfrac{\pi}{3}$，则

$$f(x_0) = f\left(\frac{\pi}{3}\right) = \sin\frac{\pi}{3} = \frac{\sqrt{3}}{2}$$

$$f'(x_0) = f'\left(\frac{\pi}{3}\right) = \cos\frac{\pi}{3} = \frac{1}{2}$$

因为 $\Delta x = 59° - 60° = -1° = -\dfrac{\pi}{180}$，所以 $|\Delta x|$ 比较小，由(2.6.2)式可得

$$\sin 59° = \sin\left(\frac{\pi}{3} - \frac{\pi}{180}\right) \approx \sin\frac{\pi}{3} - \cos\frac{\pi}{3} \times \frac{\pi}{180}$$

$$= \frac{\sqrt{3}}{2} - \frac{1}{2} \times \frac{\pi}{180} \approx 0.8660 - 0.0087$$

$$= 0.8573$$

下面推导一些常用的近似公式，为此，在(2.6.3)式中取 $x_0 = 0$，于是得

$$f(x) \approx f(0) + f'(0)x \tag{2.6.4}$$

利用(2.6.4)式可以推出几个在工程上常用的近似公式(下面假定 $|x|$ 是较小的数值)：

① $(1+x)^\alpha \approx 1 + \alpha x$，特别地，$\sqrt[n]{1+x} \approx 1 + \dfrac{1}{n}x$；

② $\sin x \approx x$；

③ $\tan x \approx x$；

④ $\mathrm{e}^x \approx 1 + x$；

⑤ $\ln(1+x) \approx x$.

例 7　计算 $\sqrt[3]{999}$ 的近似值.

解　由于 $\sqrt[3]{999} = 10\sqrt[3]{1 - 0.001}$，这里 $x = 0.001$ 比较小，利用近似公式①($n=3$ 的情形)，可得

$$\sqrt[3]{999} = 10\sqrt[3]{1 - 0.001} \approx 10\left(1 - \frac{1}{3} \times 0.001\right) = 9.997$$

习题 2-6

1. 已知 $y = x^3 - x$，计算在 $x = 2$ 处当 Δx 分别等于 $1, 0.1, 0.01$ 时的 Δy 和 $\mathrm{d}y$.

2. 求下列函数的微分：

(1) $y = \dfrac{x}{\sqrt{x^2+1}}$；

(2) $y = \dfrac{1}{x} + 2\sqrt{x}$；

(3) $y = x\sin 2x$；

(4) $y = x^2 \mathrm{e}^{2x}$；

(5) $y = \mathrm{e}^{-x}\cos(3-x)$；

(6) $y = \tan^2(1+2x^2)$；

(7) $y = \arctan\dfrac{1-x^2}{1+x^2}$；

(8) $s = A\sin(\omega t + \varphi)$($A, \omega, \varphi$ 是常数).

3. 设扇形的圆心角 $\alpha = 60°$, 半径 $R = 100\text{cm}$. 如果 R 不变, α 减少 $30'$, 则扇形面积大约改变了多少? 又如果 α 不变, R 增加 1cm, 则扇形面积大约改变了多少?

4. 计算下列常数的近似值:

(1) $\cos 31°$; (2) $\sqrt[6]{65}$.

5. 当 $|x|$ 较小时, 证明下列近似公式:

(1) $\tan x \approx x$; (2) $\ln(1+x) \approx x$.

总复习题二

1. 在"充分""必要"和"充分必要"三者中选择一个正确的填入下列空格中:

(1) 函数 $f(x)$ 在点 x_0 可导是 $f(x)$ 在点 x_0 连续的_____条件, $f(x)$ 在点 x_0 连续是 $f(x)$ 在点 x_0 可导的_____条件.

(2) 函数 $f(x)$ 在点 x_0 的左导数 $f'_-(x_0)$ 及右导数 $f'_+(x_0)$ 都存在且相等是 $f(x)$ 在点 x_0 可导的_____条件.

(3) 函数 $f(x)$ 在点 x_0 可导是 $f(x)$ 在点 x_0 可微的_____条件.

2. 选择下述题目给出的四个结论中正确的一个结论:

(1) 设 $f(x)$ 在 $x=a$ 的某个邻域内有定义, 则 $f(x)$ 在 $x=a$ 处可导的一个充分条件是( ).

A. $\lim\limits_{h \to +\infty} h\left[f\left(a+\dfrac{1}{h}\right)-f(a)\right]$ 存在;

B. $\lim\limits_{h \to 0} \dfrac{f(a+2h)-f(a+h)}{h}$ 存在;

C. $\lim\limits_{h \to 0} \dfrac{f(a+h)-f(a-h)}{2h}$ 存在;

D. $\lim\limits_{h \to 0} \dfrac{f(a)-f(a-h)}{h}$ 存在.

(2) 设

$$f(x) = \begin{cases} \dfrac{2}{3}x^3, & x \leqslant 1 \\ x^2, & x > 1 \end{cases}$$

则 $f(x)$ 在 $x=1$ 处的( ).

A. 左右导数都存在; B. 左导数存在, 右导数不存在;

C. 左导数不存在, 右导数存在; D. 左、右导数都不存在.

3. 试从 $\dfrac{\mathrm{d}x}{\mathrm{d}y} = \dfrac{1}{y'}$ 导出:

(1) $\dfrac{\mathrm{d}^2 x}{\mathrm{d}y^2} = -\dfrac{y''}{(y')^3}$; (2) $\dfrac{\mathrm{d}^3 x}{\mathrm{d}y^3} = \dfrac{3(y'')^2 - y'y'''}{(y')^5}$.

4. 求下列函数 $f(x)$ 的 $f'_-(0)$ 及 $f'_+(0)$，又 $f'(0)$ 是否存在．

(1) $f(x)=\begin{cases}\sin x, & x<0 \\ \ln(1+x), & x\geqslant 0\end{cases}$；

(2) $f(x)=\begin{cases}\dfrac{x}{1+e^{\frac{1}{x}}}, & x\neq 0 \\ 0, & x=0\end{cases}$．

5. 设 $f(x)=\begin{cases}\dfrac{\pi}{4}+\dfrac{x-1}{2}, & x>1 \\ \arctan x, & |x|\leqslant 1 \\ -\dfrac{\pi}{4}+\dfrac{x+1}{2}, & x<-1\end{cases}$，求 $f'(x)$．

6. 试求下列函数的导数：

(1) $y=\arcsin(\sin x)$；

(2) $y=\arctan\dfrac{1+x}{1-x}$；

(3) $y=\arctan e^{x^2}$；

(4) $y=\log_{\sin x}\cos x$；

(5) $y=\ln\tan\dfrac{x}{2}-\cos x\cdot\ln\tan x$；

(6) $y=\ln\left(e^x+\sqrt{1+e^{2x}}\right)$；

(7) $y=x^{\frac{1}{x}}\,(x>0)$；

(8) $y=(1+x^2)^{\arctan x}$．

7. 设 $\begin{cases}x=\ln(1+t^2) \\ y=\arctan t\end{cases}$，求 $\dfrac{dy}{dx}$，$\dfrac{d^2y}{dx^2}$．

8. 求下列函数的 n 阶导数：

(1) $y=x^2\ln(1+x)$，在点 $x=0$ 处；

(2) $y=\dfrac{x^3}{x^2-3x+2}$．

9. 设曲线 $y=x^2+ax+b$ 和 $2y=-1+xy^3$ 在点 $(1,-1)$ 处相切，其中 a,b 是常数，求 a,b 的值．

10. 给定曲线 $y=x^2+5x+4$．

(1) 确定 b，使直线 $y=-\dfrac{1}{3}x+b$ 为曲线的法线；

(2) 求过点 $(0,3)$ 的切线．

11. 利用函数的微分代替函数的增量求 $\sqrt[3]{1.02}$ 的近似值．

第 3 章　微分中值定理与导数的应用

在第 2 章中我们主要研究了已知函数的求导问题,而在实际应用中更多的是已知导数的性质,研究函数的性质,所以本章将借助导数来研究函数及其曲线的性态,解决一些常见的实际问题.下面首先来介绍导数应用的理论基础——微分中值定理.

3.1　微分中值定理

3.1.1　罗尔定理

在第 1 章研究正弦函数时,我们发现这样一个有趣的几何现象:$y = \sin x, x \in [0, 2\pi]$ 的图形如图 3.1.1 所示,该图形在 $[0, 2\pi]$ 上处处连续,除端点外处处有不垂直于 x 轴的切线,且 $\sin 0 = \sin 2\pi$,则函数 $y = \sin x$ 在 $[0, 2\pi]$ 内至少有一点处的切线是水平的.该点就是曲线的最高点或最低点.这种现象不是偶然的,为了说明这一现象,我们先给出一个引理.

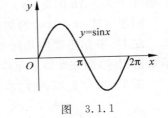

图　3.1.1

费马引理　如果函数 $f(x)$ 在点 x_0 处可导,并且在 x_0 的某邻域 $U(x_0)$ 内有

$$f(x) \leqslant f(x_0) \quad (或 \ f(x) \geqslant f(x_0))$$

则

$$f'(x_0) = 0$$

证　不妨设 $x \in U(x_0)$ 时,$f(x) \leqslant f(x_0)$.则当 $x < x_0$ 时,有

$$\frac{f(x) - f(x_0)}{x - x_0} \geqslant 0$$

当 $x > x_0$ 时,有

$$\frac{f(x) - f(x_0)}{x - x_0} \leqslant 0$$

由函数极限的保号性得

$$f'_-(x_0) = \lim_{x \to x_0^-} \frac{f(x) - f(x_0)}{x - x_0} \geqslant 0$$

$$f'_+(x_0) = \lim_{x \to x_0^+} \frac{f(x) - f(x_0)}{x - x_0} \leqslant 0$$

再由 $f'(x_0)$ 存在可知 $f'_+(x_0) = f'_-(x_0)$，则 $f'(x_0) = 0$.

同理可得 $f(x) \geqslant f(x_0)$ 的情形，结论得证.

通常称导数为零的点为函数的 **驻点**.

定理 3.1.1（罗尔定理） 设函数 $f(x)$ 满足

(1) 在闭区间 $[a, b]$ 上连续；

(2) 在开区间 (a, b) 内可导；

(3) $f(a) = f(b)$，

则至少存在一点 $\xi \in (a, b)$，使得 $f'(\xi) = 0$.

分析 若要证明结论，根据费马引理，只要至少找到一个点 $\xi \in (a, b)$，使它满足 $f(x) \leqslant f(\xi)$（或 $f(x) \geqslant f(\xi)$）即可，并且由定理第一个条件可知，连续函数在闭区间上必有最大值和最小值，所以只要证明在开区间 (a, b) 内能取到最大值或最小值即可.

证 由于 $f(x)$ 在闭区间 $[a, b]$ 上连续，根据最大值最小值定理，$f(x)$ 在闭区间 $[a, b]$ 上必有最大值 M 和最小值 m，这样，只有下面两种可能的情形：

(1) 当 $M = m$ 时，$f(x) \equiv M$，所以 $\forall \xi \in (a, b)$，都有 $f'(\xi) = 0$.

(2) 当 $M > m$ 时，因为 $f(a) = f(b)$，则 M 和 m 中至少有一个不是端点值，即 M 和 m 中至少有一个与 $f(a)$ 不相等. 不妨设 $M \neq f(a)$，则在开区间 (a, b) 内必有一点 ξ，使得 $f(\xi) = M$. 因此，$\forall x \in [a, b]$，有 $f(x) \leqslant f(\xi)$，于是由费马引理得 $f'(\xi) = 0$.

同理可证 $m \neq f(a)$ 的情形.

注 1 罗尔定理的几何意义是：如果光滑曲线 $y = f(x)$，$x \in (a, b)$ 在两个端点处函数值相等，则在曲线上至少有一点处的切线是水平的，如图 3.1.2 所示.

注 2 罗尔定理条件缺一不可.

例如，$f(x) = \begin{cases} x, & 0 \leqslant x < 1 \\ 0, & x = 1 \end{cases}$ 在 $x = 1$ 处不连续，不满足罗尔定理的第一个条件，$f(x)$ 在 $(0, 1)$ 内的导数恒等于 1，不满足罗尔定理的结论；

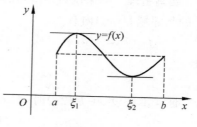

图　3.1.2

函数 $f(x) = |x|$，$x \in [-1, 1]$ 在 $x = 0$ 处不可导，不满足罗尔定理的第二个条件，$f(x)$ 在 $(-1, 1)$ 内没有导数为零的点，不满足罗尔定理的结论；

函数 $f(x) = x$，$x \in [0, 1]$ 在端点处函数值不相等，不满足罗尔定理的第三个条件，$f(x)$ 在 $(0, 1)$ 内的导数恒等于 1，不满足罗尔定理的结论.

注 3 罗尔定理的三个条件只是罗尔定理结论的充分条件，不是必要条件，即满足罗尔定理的结论不一定满足罗尔定理的条件.

例如,函数 $f(x)=\begin{cases} |x|, & -1\leqslant x\leqslant 1 \\ (x-3)^2, & 1<x\leqslant 5 \end{cases}$ 在 $[-1,5]$ 上不满足罗尔定理的三个条件,但是当 $x=3\in(-1,5)$ 时,$f'(3)=0$,满足罗尔定理的结论.

罗尔定理在讨论方程根的情况时用处较多,比如下面的例子.

例 1 证明方程 $x^3+x-1=0$ 在开区间 $(0,1)$ 内只有一个实根.

证 (1) 证明方程有实根.

不妨假设

$$f(x)=x^3+x-1$$

则 $f(x)$ 在 $[0,1]$ 连续,且 $f(0)\cdot f(1)=-1<0$. 由零点定理可知,至少存在一点 $\xi\in(0,1)$,使得

$$f(\xi)=0$$

(2) 证明实根的唯一性.

(反证法)不妨假设函数 $f(x)$ 在 $(0,1)$ 内有两个实根 $x_1=a,x_2=b$ 且 $a<b$.

由于 $f(x)$ 在 $[a,b]\subset(0,1)$ 上连续,在 (a,b) 内可导,$f(a)=f(b)=0$. 利用罗尔定理可知,在 (a,b) 内至少存在一点 ξ,使得

$$f'(\xi)=0.$$

这与 $f'(x)=3x^2+1\neq 0$ 矛盾,说明方程只能有一个实根.

3.1.2 拉格朗日中值定理

在罗尔定理中,条件 $f(a)=f(b)$ 很特殊,一般函数不满足这个条件. 而拉格朗日中值定理就是将这个条件去掉,即将罗尔定理的几何图形 3.1.2 旋转得到图 3.1.3,则在开区间 (a,b) 内至少存在一点处的切线与两端点所在的直线平行,由此得到拉格朗日中值定理的结论.

定理 3.1.2(拉格朗日中值定理) 设函数 $f(x)$ 满足

(1) 在闭区间 $[a,b]$ 上连续;

(2) 在开区间 (a,b) 内可导,

则至少存在一点 $\xi\in(a,b)$,使得

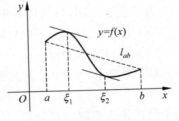

图 3.1.3

$$f'(\xi)=\frac{f(b)-f(a)}{b-a}$$

分析 易知拉格朗日中值定理是罗尔定理的推广,所以要证明拉格朗日中值定理,很自然的想法是构造一个辅助函数使得它满足罗尔定理,借助罗尔定理来证明拉格朗日中值定理. 从图 3.1.3 中很容易发现,函数 $y=f(x)$ 与直线 l_{ab} 在端点 $(a,f(a)),(b,f(b))$ 处的函数值相等. 同时直线 l_{ab} 的方程为

$$g(x) = f(a) + \frac{f(b) - f(a)}{b - a}(x - a)$$

将 $F(x) = f(x) - g(x)$ 作为辅助函数,则 $F(a) = F(b) = 0$ 满足罗尔定理第三个条件.

证 作辅助函数

$$F(x) = f(x) - f(a) - \frac{f(b) - f(a)}{b - a}(x - a)$$

因为 $f(x)$ 在闭区间 $[a, b]$ 上连续,在开区间 (a, b) 内可导,所以 $F(x)$ 满足条件:在闭区间 $[a, b]$ 上连续,在开区间 (a, b) 内可导,$F(a) = F(b)$.

由罗尔定理得,至少存在一点 $\xi \in (a, b)$,使得 $F'(\xi) = 0$,即

$$F'(\xi) = f'(\xi) - \frac{f(b) - f(a)}{b - a} = 0$$

所以

$$f'(\xi) = \frac{f(b) - f(a)}{b - a}$$

注 1 该定理的辅助函数也可设为 $F(x) = f(x) - \dfrac{f(b) - f(a)}{b - a}x$.

注 2 $f'(\xi) = \dfrac{f(b) - f(a)}{b - a}$ 称为**拉格朗日中值公式**. $\dfrac{f(b) - f(a)}{b - a}$ 表示函数 $f(x)$ 在闭区间 $[a, b]$ 上整体变化的平均变化率,$f'(\xi)$ 表示开区间 (a, b) 内某点 ξ 处函数的局部(瞬时)变化率. 于是,拉格朗日中值公式反映了可导函数在 $[a, b]$ 上整体平均变化率与在 (a, b) 内某点 ξ 处函数的局部(瞬时)变化率的关系. 因此,拉格朗日中值定理是联结局部与整体的纽带.

为了便于应用,拉格朗日中值公式常写成以下几种形式:

(1) $f(b) - f(a) = f'(\xi)(b - a), \xi \in (a, b)$;

(2) $f(b) - f(a) = f'(a + \theta(b - a))(b - a), 0 < \theta < 1$;

(3) 若令 $\Delta x = b - a$,上式还可变形为

$$\Delta y = f(a + \Delta x) - f(a) = f'(a + \theta \Delta x)\Delta x, \quad 0 < \theta < 1$$

这个公式称为**有限增量公式**. 它准确地表达出函数在一个区间上的增量与函数在该区间内某点处的导数之间的关系.

拉格朗日中值定理在微分学中占有重要地位,在某些问题中,当自变量 x 取得有限增量 Δx 而需要函数增量的准确表达式时,拉格朗日中值定理就突显出其重要价值.

注 类似于罗尔定理,拉格朗日中值定理中的两个条件同样是缺一不可,否则定理的结论可能不成立.

例如,函数 $f(x) = |x|, x \in [-1, 1]$ 在 $x = 0$ 处不可导,则该函数的图形在 $x \in$

$(-1,1)$内没有平行于连接两端点直线的切线；函数 $f(x)=\begin{cases} x, & 0\leqslant x<1 \\ 0, & x=1 \end{cases}$ 在 $x=1$

处不连续，不满足闭区间上函数连续的条件，该函数的图形在 $x\in(0,1)$ 内任一点处的切线都不平行于两端点的连线.

由拉格朗日中值定理还可以得到两个重要结论.

推论 3.1.1 若函数 $f(x)$ 在区间 I 内有 $f'(x)=0$，则 $f(x)$ 在 I 内为常数.

证 在区间 I 上任取两点 x_1,x_2，不妨设 $x_1<x_2$.

由于函数 $f(x)$ 在闭区间 $[x_1,x_2]$ 上连续，在开区间 (x_1,x_2) 内可导，利用拉格朗日中值定理得

$$f(x_2)-f(x_1)=f'(\xi)(x_2-x_1)$$

由条件知 $f'(\xi)=0$，所以 $f(x_2)-f(x_1)=0$，即

$$f(x_2)=f(x_1)$$

因为 x_1,x_2 是区间 I 上的任意两点，所以 $f(x)$ 在区间 I 内为常数.

推论 3.1.2 若函数 $f(x)$ 在区间 I 内处处有 $f'(x)=g'(x)$，则 $f(x)-g(x)=C$（C 为任意常数）.

例 2 证明 $\arcsin x+\arccos x=\dfrac{\pi}{2}(-1\leqslant x\leqslant 1)$.

证 设 $f(x)=\arcsin x+\arccos x,x\in[-1,1]$，则该函数在 $[-1,1]$ 上连续，且在 $(-1,1)$ 内有

$$f'(x)=\frac{1}{\sqrt{1-x^2}}-\frac{1}{\sqrt{1-x^2}}=0$$

由推论 3.1.1 可得 $f(x)=C,x\in(-1,1)$. 不妨选取 $x=0$，则

$$f(0)=\arcsin 0+\arccos 0=0+\frac{\pi}{2}=\frac{\pi}{2}$$

即 $C=\dfrac{\pi}{2}$，且 $f(-1)=f(1)=\dfrac{\pi}{2}$，所以

$$\arcsin x+\arccos x=\frac{\pi}{2}\quad(-1\leqslant x\leqslant 1)$$

例 3 证明当 $x>0$ 时，$\dfrac{x}{1+x}<\ln(1+x)<x$.

分析 将 $\dfrac{x}{1+x}<\ln(1+x)<x$ 两端同时除以 x 得

$$\frac{1}{1+x}<\frac{\ln(1+x)}{x}<1$$

上式可变形为

$$\frac{1}{1+x}<\frac{\ln(1+x)-\ln 1}{x-0}<1$$

可以看出,式中 $\dfrac{\ln(1+x)-\ln 1}{x-0}$ 与拉格朗日中值定理结论形式一致.

证　设 $f(t)=\ln(1+t)$,该函数在 $[0,x]$ 上满足拉格朗日中值定理的条件,所以存在 $\xi\in(0,x)$,使得

$$\frac{f(x)-f(0)}{x-0}=f'(\xi)$$

由于 $f(0)=0,f'(x)=\dfrac{1}{1+x}$,则

$$\frac{\ln(1+x)}{x}=\frac{1}{1+\xi}$$

即

$$\ln(1+x)=\frac{1}{1+\xi}x$$

因为 $0<\xi<x$,所以 $1<1+\xi<1+x$,于是

$$\frac{1}{1+x}<\frac{1}{1+\xi}<1$$

则

$$\frac{x}{1+x}<\frac{1}{1+\xi}x<x$$

故

$$\frac{x}{1+x}<\ln(1+x)<x$$

3.1.3　柯西中值定理

从拉格朗日中值定理可以得到,在开区间 (a,b) 内至少存在一点处的切线与两端点所在的直线平行.现假设函数 $Y=Y(X)$ 由参数方程

$$\begin{cases} X=F(x) \\ Y=f(x) \end{cases} \quad (a\leqslant x\leqslant b)$$

表示,如图 3.1.4 所示,其中 x 为参数.那么曲线上点 (X,Y) 处的切线斜率为

$$\frac{\mathrm{d}Y}{\mathrm{d}X}=\frac{f'(x)}{F'(x)}$$

过端点直线斜率为

$$\frac{f(b)-f(a)}{F(b)-F(a)}$$

那么根据拉格朗日中值定理结论得,至少存在一点 $\xi\in(a,b)$,使得

$$\frac{f'(\xi)}{F'(\xi)}=\frac{f(b)-f(a)}{F(b)-F(a)}$$

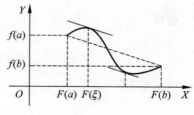

图　3.1.4

与这一事实相对应的是下述定理.

定理 3.1.3(**柯西中值定理**)   设函数 $f(x)$ 和 $F(x)$ 满足

(1) 在闭区间 $[a,b]$ 上连续;

(2) 在开区间 (a,b) 内可导;

(3) $F'(x) \neq 0, x \in (a,b)$,

则至少存在一点 $\xi \in (a,b)$,使得

$$\frac{f'(\xi)}{F'(\xi)} = \frac{f(b) - f(a)}{F(b) - F(a)}$$

分析   要证 $\dfrac{f'(\xi)}{F'(\xi)} = \dfrac{f(b)-f(a)}{F(b)-F(a)}$,即要证

$$[f(b) - f(a)]F'(\xi) - [F(b) - F(a)]f'(\xi) = 0$$

所以我们希望构造一个辅助函数 $\varphi(x)$,使得它满足

$$\varphi'(\xi) = [f(b) - f(a)]F'(\xi) - [F(b) - F(a)]f'(\xi)$$

容易想到 $\varphi(x) = [f(b) - f(a)]F(x) - [F(b) - F(a)]f(x)$.

证   作辅助函数

$$\varphi(x) = [f(b) - f(a)]F(x) - [F(b) - F(a)]f(x)$$

由于 $f(x)$ 和 $F(x)$ 在闭区间 $[a,b]$ 上连续,在开区间 (a,b) 内可导,所以 $\varphi(x)$ 满足条件:在闭区间 $[a,b]$ 上连续,在开区间 (a,b) 内可导,$\varphi(a) = \varphi(b)$.

由罗尔定理可知,在开区间 (a,b) 内至少有一点 ξ,使

$$\varphi'(\xi) = [f(b) - f(a)]F'(\xi) - [F(b) - F(a)]f'(\xi) = 0 \qquad (3.1.1)$$

对于函数 $F(x)$,利用拉格朗日中值定理,至少存在一点 $\eta \in (a,b)$,使得

$$F'(\eta) = \frac{F(b) - F(a)}{b - a}$$

又由于 $F'(x) \neq 0, x \in (a,b)$,所以 $F(b) - F(a) \neq 0$,因此(3.1.1)式也可写成

$$\frac{f'(\xi)}{F'(\xi)} = \frac{f(b) - f(a)}{F(b) - F(a)}$$

注 1   定理证明中的辅助函数也可仿效拉格朗日中值定理的辅助函数进行构造,即

$$\varphi(x) = f(x) - f(a) - \frac{f(b) - f(a)}{F(b) - F(a)}[F(x) - F(a)]$$

注 2   在定理中取 $F(x) = x$,结果就是拉格朗日中值定理的结论,因此拉格朗日中值定理是柯西中值定理的特殊情况,柯西中值定理是拉格朗日中值定理的推广.

以上三个中值定理因其在微分学中的重要地位,通常也将它们统称为**微分中值定理**. 微分中值定理建立了函数增量、自变量增量与导数之间的联系. 函数的许多性质可用自变量增量与函数增量的关系来描述,因此可用微分中值定理来研究函数变化的性质.

例 4　证明 $x>0$ 时，$\ln(1+x)>\dfrac{\arctan x}{1+x}$.

分析　原式容易变形为 $\dfrac{(1+x)\ln(1+x)}{\arctan x}>1$，而

$$\frac{(1+x)\ln(1+x)}{\arctan x}=\frac{(1+x)\ln(1+x)-(1+0)\ln(1+0)}{\arctan x-\arctan 0}$$

与柯西中值定理的形式是一致的.

证　令 $f(x)=(1+x)\ln(1+x)$，$g(x)=\arctan x$，则

$$f'(x)=1+\ln(1+x),\quad g'(x)=\frac{1}{1+x^2}$$

由于 $f(x),g(x)$ 满足柯西中值定理的条件，则

$$\frac{f(x)-f(0)}{g(x)-g(0)}=\frac{f'(\xi)}{g'(\xi)}$$

即

$$\frac{(1+x)\ln(1+x)}{\arctan x}=\frac{1+\ln(1+\xi)}{\dfrac{1}{1+\xi^2}}=[1+\ln(1+\xi)](1+\xi^2)$$

因为 $\xi\in(0,x)$，所以 $[1+\ln(1+\xi)](1+\xi^2)>1$，故

$$\frac{(1+x)\ln(1+x)}{\arctan x}>1$$

又由 $x>0$，则

$$\ln(1+x)>\frac{\arctan x}{1+x}$$

习题 3-1

1. 验证罗尔定理对函数 $y=\ln\sin x$ 在区间 $\left[\dfrac{\pi}{6},\dfrac{5\pi}{6}\right]$ 上的正确性.

2. 验证拉格朗日中值定理对函数 $y=4x^3-5x^2+x-2$ 在区间 $[0,1]$ 上的正确性.

3. 验证柯西中值定理对函数 $f(x)=x^3+2x^2$，$g(x)=x^2+2$ 在区间 $[0,2]$ 上的正确性.

4. 设 $f(x)=(x-2)(x+1)(x+2)(x+3)$，证明 $f'(x)=0$ 有三个实根.

5. 设 $\dfrac{a_0}{n+1}+\dfrac{a_1}{n}+\cdots+a_n=0$，证明方程 $a_0x^n+a_1x^{n-1}+\cdots+a_n=0$ 在 $(0,1)$ 内至少有一个实根.

6. 设函数 $f(x)$ 在闭区间 $[a,b]$ 上可导，证明：存在 $\xi\in(a,b)$，使等式

$$\frac{bf(b)-af(a)}{b-a}=f(\xi)+\xi f'(\xi)$$

成立.

7. 证明下列等式：

(1) 当 $x>0$ 时，$\arctan x+\arctan \dfrac{1}{x}=\dfrac{\pi}{2}$；

(2) 当 $x\geqslant 1$ 时，$\arctan x-\dfrac{1}{2}\arccos \dfrac{2x}{1+x^2}=\dfrac{\pi}{4}$.

8. 证明下列不等式：

(1) $|\arcsin x-\arcsin y|\geqslant |x-y|$；

(2) $|\arctan a-\arctan b|\leqslant |a-b|$；

(3) 当 $a>b>0$ 时，$\dfrac{a-b}{a}<\ln \dfrac{a}{b}<\dfrac{a-b}{b}$；

(4) 当 $a>b>0,n>1$ 时，$nb^{n-1}(a-b)<a^n-b^n<na^{n-1}(a-b)$；

(5) 当 $x>1$ 时，$e^x>e\cdot x$.

9. 证明：若函数 $f(x)$ 在 $[a,b]$ 上连续，在 (a,b) 内可导，则至少存在一点 $\xi\in(a,b)$，使得

$$\frac{f(\xi)-f(a)}{b-\xi}=f'(\xi)$$

（提示：利用辅助函数 $F(x)=[f(x)-f(a)](b-x)$.）

3.2 洛必达法则

在第 1 章学习无穷小的比较时我们已经知道，当 $x\to a$（或 $x\to\infty$）时，如果 $f(x)$，$g(x)$ 都是无穷小量或无穷大量，那么它们之比的极限可能存在，也可能不存在. 通常将这种极限称为 $\dfrac{0}{0}$ 型未定式或 $\dfrac{\infty}{\infty}$ 型未定式. 求此类极限不能直接运用商的极限运算法则. 现在介绍解决这类极限问题的一种简便而重要的方法——洛必达法则. 它是以导数为工具来研究未定式极限的重要方法，而柯西中值定理是建立洛必达法则的理论依据.

3.2.1 $\dfrac{0}{0}$ 型未定式

定理 3.2.1 设 $f(x)$，$g(x)$ 满足

(1) $\lim\limits_{x\to a}f(x)=0$，$\lim\limits_{x\to a}g(x)=0$；

(2) $f(x)$，$g(x)$ 在点 a 的某去心邻域 $\mathring{U}(a)$ 内可导，且 $g'(x)\neq 0$；

(3) $\lim\limits_{x\to a}\dfrac{f'(x)}{g'(x)}$ 存在或为无穷大，

则

$$\lim_{x\to a}\frac{f(x)}{g(x)}=\lim_{x\to a}\frac{f'(x)}{g'(x)}$$

上述定理给出的这种在一定条件下通过对分子、分母分别先求导,再求极限来确定未定式的值的方法称为**洛必达法则**.

证　因为极限 $\lim\limits_{x \to a} \dfrac{f(x)}{g(x)}$ 是否存在与 $f(a)$ 与 $g(a)$ 的取值无关,故可补充定义

$$f(a) = g(a) = 0$$

于是由条件(1)可得

$$\lim_{x \to a} f(x) = f(a), \qquad \lim_{x \to a} g(x) = g(a)$$

所以函数 $f(x)$ 与 $g(x)$ 在点 a 处连续. 又由条件(2)可得函数 $f(x)$ 与 $g(x)$ 在点 a 的某去心邻域 $\mathring{U}(a)$ 内连续,所以函数 $f(x)$ 与 $g(x)$ 在点 a 的某一邻域内是连续的.

取 $x \in \mathring{U}(a)$,易知函数 $f(x)$ 与 $g(x)$ 在以点 a 及 x 为端点的闭区间上满足柯西中值定理的三个条件,因此存在 ξ(ξ 在 a 与 x 之间),使得

$$\frac{f(x)}{g(x)} = \frac{f(x) - f(a)}{g(x) - g(a)} = \frac{f'(\xi)}{g'(\xi)}$$

由于 ξ 在 a 与 x 之间,根据夹逼准则,$x \to a$ 时 $\xi \to a$,所以

$$\lim_{x \to a} \frac{f(x)}{g(x)} = \lim_{\xi \to a} \frac{f'(\xi)}{g'(\xi)} = \lim_{x \to a} \frac{f'(x)}{g'(x)} = A \quad (\text{或} \infty)$$

注　若 $\lim\limits_{x \to a} \dfrac{f'(x)}{g'(x)}$ 仍为 $\dfrac{0}{0}$ 型,只要满足定理条件,可以继续使用洛必达法则,即

$$\lim_{x \to a} \frac{f(x)}{g(x)} = \lim_{x \to a} \frac{f'(x)}{g'(x)} = \lim_{x \to a} \frac{f''(x)}{g''(x)}$$

并可以依次类推.

例 1　求 $\lim\limits_{x \to \frac{\pi}{3}} \dfrac{1 - 2\cos x}{\sin\left(x - \dfrac{\pi}{3}\right)}$.

解　$\lim\limits_{x \to \frac{\pi}{3}} \dfrac{1 - 2\cos x}{\sin\left(x - \dfrac{\pi}{3}\right)} = \lim\limits_{x \to \frac{\pi}{3}} \dfrac{2\sin x}{\cos\left(x - \dfrac{\pi}{3}\right)} = \dfrac{2\sin \dfrac{\pi}{3}}{\cos\left(\dfrac{\pi}{3} - \dfrac{\pi}{3}\right)} = \sqrt{3}$.

例 2　求 $\lim\limits_{x \to 0} \dfrac{e^x - x - 1}{x^2}$.

解　$\lim\limits_{x \to 0} \dfrac{e^x - x - 1}{x^2} = \lim\limits_{x \to 0} \dfrac{e^x - 1}{2x} = \lim\limits_{x \to 0} \dfrac{e^x}{2} = \dfrac{1}{2}$.

对于 $x \to a^+, x \to a^-, x \to \infty, x \to +\infty, x \to -\infty$ 情形的 $\dfrac{0}{0}$ 型未定式,也有相应的洛必达法则. 例如,当 $x \to \infty$ 时,有如下定理.

定理 3.2.2　设 $f(x), g(x)$ 满足

(1) $\lim\limits_{x \to \infty} f(x) = 0, \lim\limits_{x \to \infty} g(x) = 0$;

(2) 对于充分大的 $|x|$,$f'(x)$ 和 $g'(x)$ 都存在且 $g'(x) \neq 0$;

（3）$\lim\limits_{x\to\infty}\dfrac{f'(x)}{g'(x)}$ 存在或为无穷大，

则

$$\lim_{x\to\infty}\frac{f(x)}{g(x)}=\lim_{x\to\infty}\frac{f'(x)}{g'(x)}$$

证 令 $x=\dfrac{1}{t}$，则 $t=\dfrac{1}{x}$，所以当 $x\to\infty$ 时，$t\to0$，从而

$$\lim_{x\to\infty}\frac{f(x)}{g(x)}=\lim_{t\to0}\frac{f\left(\dfrac{1}{t}\right)}{g\left(\dfrac{1}{t}\right)}=\lim_{t\to0}\frac{f'\left(\dfrac{1}{t}\right)\cdot\left(-\dfrac{1}{t^2}\right)}{g'\left(\dfrac{1}{t}\right)\cdot\left(-\dfrac{1}{t^2}\right)}=\lim_{t\to0}\frac{f'\left(\dfrac{1}{t}\right)}{g'\left(\dfrac{1}{t}\right)}=\lim_{x\to\infty}\frac{f'(x)}{g'(x)}$$

例 3 求 $\lim\limits_{x\to+\infty}x\left(\dfrac{\pi}{2}-\arctan x\right)$.

解 $\lim\limits_{x\to+\infty}x\left(\dfrac{\pi}{2}-\arctan x\right)=\lim\limits_{x\to+\infty}\dfrac{\dfrac{\pi}{2}-\arctan x}{\dfrac{1}{x}}=\lim\limits_{x\to+\infty}\dfrac{-\dfrac{1}{1+x^2}}{-\dfrac{1}{x^2}}$

$$=\lim_{x\to+\infty}\frac{x^2}{1+x^2}=1$$

3.2.2 $\dfrac{\infty}{\infty}$ 型未定式

定理 3.2.3 设 $f(x),g(x)$ 满足

（1）$\lim\limits_{x\to a}f(x)=\infty,\lim\limits_{x\to a}g(x)=\infty$；

（2）$f(x),g(x)$ 在点 a 的某去心邻域 $\mathring{U}(a)$ 内可导，且 $g'(x)\neq0$；

（3）$\lim\limits_{x\to a}\dfrac{f'(x)}{g'(x)}$ 存在或为无穷大，

则

$$\lim_{x\to a}\frac{f(x)}{g(x)}=\lim_{x\to a}\frac{f'(x)}{g'(x)}$$

注 1 若 $\lim\limits_{x\to a}\dfrac{f'(x)}{g'(x)}$ 仍为 $\dfrac{\infty}{\infty}$ 型，只要满足定理条件，可以继续使用洛必达法则.

注 2 对于 $x\to a^+$，$x\to a^-$，$x\to\infty$，$x\to+\infty$，$x\to-\infty$ 情形的 $\dfrac{\infty}{\infty}$ 型未定式，也有相应的洛必达法则.

例 4 $\lim\limits_{x\to+\infty}\dfrac{\ln x}{x^n}(n>0)$.

解 $\lim\limits_{x\to+\infty}\dfrac{\ln x}{x^n}=\lim\limits_{x\to+\infty}\dfrac{\dfrac{1}{x}}{nx^{n-1}}=\lim\limits_{x\to+\infty}\dfrac{1}{nx^n}=0$.

例 5　$\lim\limits_{x \to +\infty} \dfrac{x^n}{e^x}$.

解　$\lim\limits_{x \to +\infty} \dfrac{x^n}{e^x} = \lim\limits_{x \to +\infty} \dfrac{nx^{n-1}}{e^x} = \lim\limits_{x \to +\infty} \dfrac{n(n-1)x^{n-2}}{e^x} = \cdots = \lim\limits_{x \to +\infty} \dfrac{n!}{e^x} = 0.$

以上两个例子告诉我们,当 $x \to +\infty$ 时,对数函数 $\ln x$、幂函数 x^n 与指数函数 e^x 虽然都是无穷大量,但是它们增大的"速度"是不一样的.指数函数 e^x 增大的速度更快,其次是幂函数 x^n,对数函数 $\ln x$ 增大的速度最慢.

应用洛必达法则时需要注意以下几点:

(1) 应用洛必达法则时,是通过分子与分母分别求导来确定未定式的极限,而不是求商的导数.

(2) 在连续使用洛必达法则时,每次使用前都要验证极限是否为 $\dfrac{0}{0}$ 型或 $\dfrac{\infty}{\infty}$ 型未定式,否则可能导致错误.例如本节例 1 中的 $\lim\limits_{x \to \frac{\pi}{3}} \dfrac{2\sin x}{\cos\left(x - \dfrac{\pi}{3}\right)}$ 已经不再是未定式,就不能继续使用洛必达法则了.

(3) 当导数之比的极限 $\lim \dfrac{f'(x)}{g'(x)}$ 不存在,但不为 ∞ 时,不能断言原极限不存在,而应该改变方法求极限.

(4) 虽然洛必达法则是求 $\dfrac{0}{0}$ 型或 $\dfrac{\infty}{\infty}$ 型未定式极限的一种很好的方法,但未必是有效或最简单的方法.在很多情况下,要与其他求极限的方法(如等价无穷小替换,极限四则运算法则或重要极限等)综合使用,才能达到运算简捷的目的.

例 6　$\lim\limits_{x \to \infty} \dfrac{2x + \sin x}{x}$.

解　直接用洛必达法则可得

$$\lim\limits_{x \to \infty} \dfrac{2x + \sin x}{x} = \lim\limits_{x \to \infty} \dfrac{2 + \cos x}{1}$$

其中分子 $\cos x$ 的极限是不存在的,所以不能继续使用洛必达法则,同时也不能断定原极限不存在.事实上,可以利用极限的运算法则,然后再利用无穷小的性质求解,故

$$\lim\limits_{x \to \infty} \dfrac{2x + \sin x}{x} = \lim\limits_{x \to \infty} \left(2 + \dfrac{\sin x}{x}\right) = 2$$

例 7　$\lim\limits_{x \to +\infty} \dfrac{\sqrt{1 + x^2}}{x}$.

解　由洛必达法则得

$$\lim\limits_{x \to +\infty} \dfrac{\sqrt{1 + x^2}}{x} = \lim\limits_{x \to +\infty} \dfrac{\dfrac{x}{\sqrt{1 + x^2}}}{1} = \lim\limits_{x \to +\infty} \dfrac{x}{\sqrt{1 + x^2}} = \lim\limits_{x \to +\infty} \dfrac{\sqrt{1 + x^2}}{x} = \cdots$$

注意到此时直接运用洛必达法则会出现分子分母循环交替、无法得到结果的现象.这时洛必达法则失效,应改变方法去求解.事实上,有

$$\lim_{x \to +\infty} \frac{\sqrt{1+x^2}}{x} = \lim_{x \to +\infty} \sqrt{\frac{1}{x^2}+1} = 1$$

例 8 $\lim\limits_{x \to 0} \dfrac{x \sin x}{\mathrm{e}^x - \cos x}$.

解 本题先利用等价无穷小替换,然后再利用洛必达法则,这样可使运算简便很多,即

$$\lim_{x \to 0} \frac{x \sin x}{\mathrm{e}^x - \cos x} = \lim_{x \to 0} \frac{x^2}{\mathrm{e}^x - \cos x} = \lim_{x \to 0} \frac{2x}{\mathrm{e}^x + \sin x} = \frac{0}{1} = 0$$

3.2.3 其他未定式的极限

除了 $\dfrac{0}{0}$ 型或 $\dfrac{\infty}{\infty}$ 型未定式外,还有其他几种未定式形式,如 $0 \cdot \infty$, $\infty - \infty$, 0^0, 1^∞, ∞^0 等,它们都可以转化为 $\dfrac{0}{0}$ 型或 $\dfrac{\infty}{\infty}$ 型,进而利用洛必达法则或其他方法求其极限.

1. 对于 $0 \cdot \infty$ 型未定式,可将乘积化为除法的形式,即化为 $\dfrac{0}{0}$ 型或 $\dfrac{\infty}{\infty}$ 型来计算.

例 9 $\lim\limits_{x \to 0^+} x \ln x$.

解 此极限属于 $0 \cdot \infty$ 型未定式,将其化为 $\dfrac{\infty}{\infty}$ 型,得

$$\lim_{x \to 0^+} x \ln x = \lim_{x \to 0^+} \frac{\ln x}{\dfrac{1}{x}} = \lim_{x \to 0^+} \frac{\dfrac{1}{x}}{-\dfrac{1}{x^2}} = \lim_{x \to 0^+} (-x) = 0$$

注 若将本题的极限化为 $\dfrac{0}{0}$ 型,则

$$\lim_{x \to 0^+} x \ln x = \lim_{x \to 0^+} \frac{x}{\dfrac{1}{\ln x}} = \lim_{x \to 0^+} \frac{1}{-\dfrac{1}{\ln^2 x} \cdot \dfrac{1}{x}} = \lim_{x \to 0^+} (-x \ln^2 x)$$

容易知道,这种做法越来越复杂,因此若化成 $\dfrac{0}{0}$ 型求不出极限,应转换成 $\dfrac{\infty}{\infty}$ 型来求极限;反之亦然.

2. 对于 $\infty - \infty$ 型未定式,可利用通分化为 $\dfrac{0}{0}$ 型来计算.

例 10 $\lim\limits_{x \to 1} \left(\dfrac{x}{1-x} - \dfrac{1}{\ln x} \right)$.

解 此极限属于 $\infty - \infty$ 型未定式,可将其化为 $\dfrac{0}{0}$ 型,得

$$\lim_{x \to 1}\left(\frac{x}{1-x} - \frac{1}{\ln x}\right) = \lim_{x \to 1}\frac{x\ln x + x - 1}{(1-x)\ln x} = \lim_{x \to 1}\frac{\ln x + 1 + 1}{-\ln x + \frac{1-x}{x}} = \infty$$

3. 对于 $0^0, 1^\infty, \infty^0$ 型未定式,可采用取对数求极限法来计算,即

$$\lim u(x)^{v(x)} = \lim \mathrm{e}^{\ln u(x)^{v(x)}} = \lim \mathrm{e}^{v(x)\ln u(x)} = \mathrm{e}^{\lim v(x)\ln u(x)}$$

其中,无论 $u(x)^{v(x)}$ 代表这三种类型中的任何一种,$\lim v(x)\ln u(x)$ 均为 $0 \cdot \infty$ 型未定式,而 $0 \cdot \infty$ 型可按方法 1 进行求解.

例 11 $\lim\limits_{x \to 0^+} x^x$.

解　此极限属于 0^0 型未定式,采用取对数求极限法,则

$$\lim_{x \to 0^+} x^x = \lim_{x \to 0^+} \mathrm{e}^{x\ln x} = \mathrm{e}^{\lim\limits_{x \to 0^+} x\ln x}$$

利用本节例 9 的结果可知

$$\lim_{x \to 0^+} x^x = \lim_{x \to 0^+} \mathrm{e}^{x\ln x} = \mathrm{e}^{\lim\limits_{x \to 0^+} x\ln x} = \mathrm{e}^0 = 1$$

例 12 $\lim\limits_{x \to 0^+}(\cos x)^{\frac{1}{x}}$.

解　此极限属于 1^∞ 型未定式,采用取对数求极限法,则

$$\lim_{x \to 0^+}(\cos x)^{\frac{1}{x}} = \mathrm{e}^{\lim\limits_{x \to 0^+}\frac{1}{x}\ln(\cos x)}$$

又因为

$$\lim_{x \to 0^+}\frac{1}{x}\ln(\cos x) = \lim_{x \to 0^+}\frac{\ln(\cos x)}{x} = \lim_{x \to 0^+}\frac{-\sin x}{\cos x} = 0$$

所以

$$\lim_{x \to 0^+}(\cos x)^{\frac{1}{x}} = \mathrm{e}^{\lim\limits_{x \to 0^+}\frac{1}{x}\ln(\cos x)} = \mathrm{e}^0 = 1$$

例 13 $\lim\limits_{x \to +\infty}(1+x)^{\frac{1}{x}}$.

解　此极限属于 ∞^0 型未定式,采用取对数求极限法,则

$$\lim_{x \to +\infty}(1+x)^{\frac{1}{x}} = \mathrm{e}^{\lim\limits_{x \to +\infty}\frac{1}{x}\ln(1+x)}$$

又因为

$$\lim_{x \to +\infty}\frac{1}{x}\ln(1+x) = \lim_{x \to +\infty}\frac{\ln(1+x)}{x} = \lim_{x \to +\infty}\frac{1}{1+x} = 0$$

所以

$$\lim_{x \to +\infty}(1+x)^{\frac{1}{x}} = \mathrm{e}^{\lim\limits_{x \to +\infty}\frac{1}{x}\ln(1+x)} = \mathrm{e}^0 = 1$$

习题 3-2

1. 用洛必达法则求下列极限:

(1) $\lim\limits_{x \to 0} \dfrac{a^x - 1}{x} \; (a > 0)$;

(2) $\lim\limits_{x \to 0} \dfrac{\sin 2x}{\sin 5x}$;

(3) $\lim\limits_{x \to 0} \dfrac{e^x - e^{-x}}{\tan x}$;

(4) $\lim\limits_{x \to 0} \dfrac{x - \sin x}{x^3}$;

(5) $\lim\limits_{x \to 0} \left(\dfrac{1}{e^x - 1} - \dfrac{1}{x} \right)$;

(6) $\lim\limits_{x \to 0} \left(\dfrac{1}{x} \cot x - \dfrac{1}{x^2} \right)$;

(7) $\lim\limits_{x \to 0} \dfrac{\tan x - x}{x - \sin x}$;

(8) $\lim\limits_{x \to 0^+} \dfrac{\ln \tan 7x}{\ln \tan 2x}$;

(9) $\lim\limits_{x \to 0} \dfrac{\ln (1 + x^2)}{\sec x - \cos x}$;

(10) $\lim\limits_{x \to +\infty} \dfrac{\ln (1 + e^x)}{5x}$;

(11) $\lim\limits_{x \to +\infty} (x + e^x)^{\frac{1}{x}}$;

(12) $\lim\limits_{x \to 0} \left(\dfrac{\sin x}{x} \right)^{\frac{1}{x^2}}$;

(13) $\lim\limits_{x \to 0^+} (\cot x)^{\frac{1}{\ln x}}$;

(14) $\lim\limits_{x \to \infty} \left(1 + \dfrac{3}{x} \right)^{2x}$;

(15) $\lim\limits_{x \to 0^+} \left(\dfrac{1}{x} \right)^{\tan x}$;

(16) $\lim\limits_{x \to 0^+} \left(\ln \dfrac{1}{x} \right)^x$;

(17) $\lim\limits_{x \to 0^+} x^{\sin x}$;

(18) $\lim\limits_{x \to 0} x \cot 2x$;

(19) $\lim\limits_{x \to 0} \dfrac{x \cot x - 1}{x^2}$;

(20) $\lim\limits_{x \to \frac{\pi}{4}} \dfrac{\sqrt[3]{\tan x} - 1}{2 \sin^2 x - 1}$;

(21) $\lim\limits_{x \to 0} \dfrac{a^x - a^{\sin x}}{x^3}$;

(22) $\lim\limits_{x \to 1} \dfrac{x^x - x}{\ln x - x + 1}$;

(23) $\lim\limits_{x \to 0^+} x (e^{\frac{1}{x}} - 1)$;

(24) $\lim\limits_{x \to +\infty} \dfrac{e^x - e^{-x}}{e^x + e^{-x}}$.

2. 验证极限 $\lim\limits_{x \to 0} \dfrac{\sin^2 x \sin \dfrac{1}{x}}{x}$ 存在,但不能用洛必达法则求出.

3. 证明:若函数 $f(x)$ 的二阶导函数 $f''(x)$ 存在,则

$$f''(x) = \lim\limits_{h \to 0} \dfrac{f(x + h) + f(x - h) - 2f(x)}{h^2}$$

4. 试确定常数 a, b,使得

$$\lim\limits_{x \to 0} \dfrac{\ln (1 + x) - (ax + bx^2)}{x^2} = 2$$

3.3 泰勒公式

对于一些复杂的函数,往往希望用简单的函数来近似表达,而多项式函数是很简单的函数,因此经常用多项式函数来近似表达复杂函数. 在微分的应用中我们已经知道,当 $|x|$ 很小时,有如下的近似等式:

$$e^x \approx 1 + x, \quad \ln(1 + x) \approx x$$

这些都是用一次多项式来近似表达函数的例子,而由此引起的误差是关于 x 的高阶无穷小. 在学习微分的时候,我们知道,如果 $f(x)$ 在 x_0 处可微,那么在 x_0 的某个邻域内就有

$$f(x) = f(x_0) + f'(x_0)(x - x_0) + o(x - x_0)$$

这就是说,当使用一次多项式 $f(x_0) + f'(x_0)(x - x_0)$ 近似表达 $f(x)$ 时,其产生的误差是 $(x - x_0)$ 的高阶无穷小. 但这种近似表达式有两点不足:首先不能满足高精度要求的近似计算,其次不能具体估算出误差的大小. 为了解决这两个问题,我们希望用更高次的多项式作逼近,这是因为多项式是一类比较简单的函数,只涉及加、减、乘三种运算,最适于利用计算机计算.

本节将介绍的泰勒公式就提供了用多项式逼近函数的一种方法,它在理论上和实际应用中都具有重要的作用.

3.3.1　带有皮亚诺型余项的泰勒公式

设函数 $f(x)$ 在含 x_0 的开区间 (a, b) 内具有 n 阶导数,设想用一个关于 $(x - x_0)$ 的 n 次多项式

$$p_n(x) = a_0 + a_1(x - x_0) + a_2(x - x_0)^2 + \cdots + a_n(x - x_0)^n$$

来逼近函数 $f(x)$,并且要求它与 $f(x)$ 之差是 $(x - x_0)^n$ 的高阶无穷小.

为使 $p_n(x)$ 与 $f(x)$ 之比在数值与性质方面吻合得很好,要求 $p_n(x)$ 与 $f(x)$ 在 x_0 处的函数值以及它们的直到 n 阶的导数值分别相等.

按上述要求很容易确定多项式 $p_n(x)$ 的系数,由于

$$p_n(x) = a_0 + a_1(x - x_0) + a_2(x - x_0)^2 + \cdots + a_n(x - x_0)^n$$

$$p_n'(x) = a_1 + 2a_2(x - x_0) + 3a_3(x - x_0)^2 + \cdots + na_n(x - x_0)^{n-1}$$

$$p_n''(x) = 2!a_2 + 3 \cdot 2a_3(x - x_0) + 4 \cdot 3a_4(x - x_0)^2 + \cdots +$$
$$n(n - 1)a_n(x - x_0)^{n-2}$$

$$\vdots$$

$$p_n^{(n)}(x) = n!a_n$$

又因为

$$p_n(x_0) = f(x_0), \quad p_n'(x_0) = f'(x_0), \quad \cdots, \quad p_n^{(n)}(x_0) = f^{(n)}(x_0)$$

所以

$$a_0 = f(x_0), \quad 1a_1 = f'(x_0), \quad 2!a_2 = f''(x_0), \quad \cdots, \quad n!a_n = f^{(n)}(x_0)$$

从而

$$a_0 = f(x_0), \quad a_1 = f'(x_0), \quad a_2 = \frac{f''(x_0)}{2!}, \quad \cdots, \quad a_n = \frac{f^{(n)}(x_0)}{n!}$$

于是

$$p_n(x) = f(x_0) + f'(x_0)(x - x_0) + \frac{f''(x_0)}{2!}(x - x_0)^2 + \cdots + \frac{f^{(n)}(x_0)}{n!}(x - x_0)^n$$

称 $p_n(x)$ 为 $f(x)$ 在 x_0 处关于 $(x - x_0)$ 的 **n 阶泰勒多项式**.

定理 3.3.1 设函数 $f(x)$ 在含 x_0 的某邻域 $U(x_0)$ 内具有 n 阶导数,则对于任一 $x \in U(x_0)$,有

$$f(x) = f(x_0) + f'(x_0)(x - x_0) + \frac{f''(x_0)}{2!}(x - x_0)^2 + \cdots +$$

$$\frac{f^{(n)}(x_0)}{n!}(x - x_0)^n + o((x - x_0)^n)$$

上式即为函数 $f(x)$ 在 x_0 处带有皮亚诺型余项的泰勒公式, $o((x - x_0)^n)$ 称为**皮亚诺余项**.

分析 要证明定理结论,只需证明 $f(x) - p_n(x)$ 是 $(x - x_0)^n$ 的高阶无穷小. 根据高阶无穷小的定义,需要证明

$$\lim_{x \to x_0} \frac{f(x) - p_n(x)}{(x - x_0)^n} = 0$$

证 记 $R_n(x) = f(x) - p_n(x)$. 由于

$$p_n(x_0) = f(x_0), \quad p'_n(x_0) = f'(x_0), \quad \cdots, \quad p_n^{(n)}(x_0) = f^{(n)}(x_0)$$

则

$$R_n(x_0) = R'_n(x_0) = R''_n(x_0) = \cdots = R_n^{(n)}(x_0) = 0$$

于是应用 $n-1$ 次洛必达法则,可得

$$\begin{aligned} \lim_{x \to x_0} \frac{R_n(x)}{(x - x_0)^n} &= \lim_{x \to x_0} \frac{R'_n(x)}{n(x - x_0)^{n-1}} \\ &= \lim_{x \to x_0} \frac{R''_n(x)}{n(n-1)(x - x_0)^{n-2}} \\ &= \cdots \\ &= \lim_{x \to x_0} \frac{R_n^{(n-1)}(x)}{n!(x - x_0)} \\ &= \frac{1}{n!} \lim_{x \to x_0} \frac{R_n^{(n-1)}(x) - R_n^{(n-1)}(x_0)}{x - x_0} \end{aligned}$$

利用导数的定义可得

$$\frac{1}{n!} \lim_{x \to x_0} \frac{R_n^{(n-1)}(x) - R_n^{(n-1)}(x_0)}{x - x_0} = \frac{1}{n!} R_n^{(n)}(x_0) = 0$$

则

$$\lim_{x \to x_0} \frac{R_n(x)}{(x - x_0)^n} = 0$$

即

$$\lim_{x \to x_0} \frac{f(x) - p_n(x)}{(x - x_0)^n} = 0$$

所以 $f(x) - p_n(x)$ 是 $(x - x_0)^n$ 的高阶无穷小. 从而结论得证.

3.3.2 带有拉格朗日型余项的泰勒公式

前面讨论了带有皮亚诺型余项的泰勒公式,并且知道这种近似产生的误差为 $o((x - x_0)^n)$. 但若想求出误差的具体数值,即给出误差 $|f(x) - p_n(x)|$ 的具体表达式显然是困难的. 为了解决这一问题,我们给出下面的定理.

定理 3.3.2 设函数 $f(x)$ 在含 x_0 的某邻域 $U(x_0)$ 内具有 $n+1$ 阶导数,则对于任一 $x \in U(x_0)$,有

$$f(x) = f(x_0) + f'(x_0)(x - x_0) + \frac{f''(x_0)}{2!}(x - x_0)^2 + \cdots +$$

$$\frac{f^{(n)}(x_0)}{n!}(x - x_0)^n + R_n(x)$$

其中

$$R_n(x) = \frac{f^{(n+1)}(\xi)}{(n+1)!}(x - x_0)^{n+1}$$

这里 ξ 是介于 x_0 与 x 之间的某个值.

定理 3.3.2 可利用柯西中值定理进行证明,证明过程从略.

上式即为函数 $f(x)$ 在 x_0 处带有拉格朗日型余项的泰勒公式,其中 $R_n(x)$ 称为拉格朗日型余项.

定理 3.3.1 和定理 3.3.2 均称为**泰勒中值定理**.

当 $n = 0$ 时,泰勒公式变成拉格朗日中值公式

$$f(x) = f(x_0) + f'(\xi)(x - x_0) \quad (\xi \text{ 介于 } x_0 \text{ 与 } x \text{ 之间})$$

因此,泰勒中值定理是拉格朗日中值定理的推广.

从泰勒中值定理知道,以多项式 $p_n(x)$ 近似表达函数 $f(x)$ 时,其误差为 $|R_n(x)|$. 如果对于固定的 n,当 x 在 $U(x_0)$ 内变动时,$|f^{(n+1)}(x)| \leqslant M$,则有估计式

$$|R_n(x)| = \left| \frac{f^{(n+1)}(\xi)}{(n+1)!}(x - x_0)^{n+1} \right| \leqslant \frac{M}{(n+1)!} |x - x_0|^{n+1}$$

3.3.3 麦克劳林公式

在泰勒中值定理中,$x_0 = 0$ 的特殊情形是我们常用的,这种形式的泰勒公式称为**麦克劳林公式**,即

$$f(x) = f(0) + f'(0)x + \frac{f''(0)}{2!}x^2 + \cdots +$$

$$\frac{f^{(n)}(0)}{n!}x^n + \frac{f^{(n+1)}(\theta x)}{(n+1)!}x^{n+1} \quad (0 < \theta < 1)$$

由此可得近似公式

$$f(x) \approx f(0) + f'(0)x + \frac{f''(0)}{2!}x^2 + \cdots + \frac{f^{(n)}(0)}{n!}x^n$$

相应地,误差公式为

$$|R_n(x)| \leqslant \frac{M}{(n+1)!}|x|^{n+1}$$

例 1 写出函数 $f(x) = \mathrm{e}^x$ 的带有皮亚诺型余项和拉格朗日型余项的 n 阶麦克劳林公式.

解 因为

$$f'(x) = f''(x) = \cdots = f^{(n)}(x) = \mathrm{e}^x$$

所以

$$f'(0) = f''(0) = \cdots = f^{(n)}(0) = 1$$

又

$$f^{(n+1)}(\theta x) = \mathrm{e}^{\theta x} \quad (0 < \theta < 1)$$

则得到函数 $f(x) = \mathrm{e}^x$ 的带有皮亚诺型余项的 n 阶麦克劳林公式为

$$\mathrm{e}^x = 1 + x + \frac{x^2}{2!} + \cdots + \frac{x^n}{n!} + o(x^n)$$

函数 $f(x) = \mathrm{e}^x$ 的带有拉格朗日型余项的 n 阶麦克劳林公式为

$$\mathrm{e}^x = 1 + x + \frac{x^2}{2!} + \cdots + \frac{x^n}{n!} + \frac{\mathrm{e}^{\theta x}}{(n+1)!}x^{n+1} \quad (0 < \theta < 1)$$

由这个公式可知,若把 e^x 用它的 n 次泰勒多项式表达为

$$\mathrm{e}^x \approx 1 + x + \frac{x^2}{2!} + \cdots + \frac{x^n}{n!}$$

这时产生的误差为

$$|R_n(x)| = \left| \frac{\mathrm{e}^{\theta x}}{(n+1)!}x^{n+1} \right| < \frac{\mathrm{e}^{|x|}}{(n+1)!}|x|^{n+1} \quad (0 < \theta < 1)$$

例 2 求 $f(x) = \sin x$ 的带有拉格朗日型余项的 n 阶麦克劳林公式.

解 因为

$$f'(x) = \cos x, \quad f''(x) = -\sin x, \quad f'''(x) = -\cos x$$
$$f^{(4)}(x) = \sin x, \quad \cdots, \quad f^{(n)}(x) = \sin\left(x + \frac{n\pi}{2}\right)$$

所以

$$f(0) = 0, \quad f'(0) = 1, \quad f''(0) = 0, \quad f'''(0) = -1, \quad f^{(4)}(0) = 0, \quad \cdots$$

它们顺序循环地取 $0, 1, 0, -1$,于是按照公式可得

$$\sin x = x - \frac{x^3}{3!} + \frac{x^5}{5!} - \cdots + (-1)^{m-1}\frac{x^{2m-1}}{(2m-1)!} + R_{2m}(x)$$

其中

$$R_{2m}(x) = \frac{\sin\left[\theta x + (2m+1)\dfrac{\pi}{2}\right]}{(2m+1)!}x^{2m+1} = (-1)^m \frac{\cos\theta x}{(2m+1)!}x^{2m+1} \quad (0 < \theta < 1)$$

如果取 $m=1$, 则得近似公式

$$\sin x \approx x$$

这时误差为

$$|R_2| \leqslant \frac{|x|^3}{6}$$

类似地, 还可以得到

(1) $\cos x = 1 - \dfrac{1}{2!}x^2 + \dfrac{1}{4!}x^4 - \cdots + (-1)^m \dfrac{1}{(2m)!}x^{2m} + R_{2m+1}(x)$, 其中

$$R_{2m+1}(x) = \frac{\cos\left[\theta x + (m+1)\pi\right]}{(2m+2)!}x^{2m+2} = (-1)^{m+1} \frac{\cos\theta x}{(2m+2)!} \quad (0 < \theta < 1)$$

(2) $\ln(1+x) = x - \dfrac{x^2}{2} + \dfrac{x^3}{3} - \cdots + (-1)^{n-1}\dfrac{x^n}{n} + R_n(x)$, 其中

$$R_n(x) = \frac{(-1)^n}{(n+1)(1+\theta x)^{n+1}}x^{n+1} \quad (0 < \theta < 1)$$

(3) $(1+x)^\alpha = 1 + \alpha x + \dfrac{\alpha(\alpha-1)}{2!}x^2 + \cdots + \dfrac{\alpha(\alpha-1)\cdots(\alpha-n+1)}{n!}x^n + R_n(x)$, 其中

$$R_n(x) = \frac{\alpha(\alpha-1)\cdots(\alpha-n+1)(\alpha-n)}{(n+1)!}(1+\theta x)^{\alpha-n-1}x^{n+1} \quad (0 < \theta < 1)$$

例 3　利用带有皮亚诺型余项的麦克劳林公式, 求极限 $\lim\limits_{x\to 0}\dfrac{\sin x - x\cos x}{\sin^3 x}$.

解　因为分式的分母 $\sin^3 x \sim x^3\ (x>0)$, 所以只要将分子中的 $\sin x$ 和 $x\cos x$ 分别用带有皮亚诺型余项的三阶麦克劳林公式表示即可, 即

$$\sin x = x - \frac{x^3}{3!} + o(x^3)$$

$$x\cos x = x\left[\left(1 - \frac{x^2}{2!}\right) + o(x^2)\right] = x - \frac{x^3}{2!} + o(x^3)$$

则

$$\sin x - x\cos x = \frac{1}{3}x^3 + o(x^3)$$

故

$$\lim_{x\to 0}\frac{\sin x - x\cos x}{\sin^3 x} = \lim_{x\to 0}\frac{\dfrac{1}{3}x^3 + o(x^3)}{x^3} = \frac{1}{3}$$

习题 3-3

1. 写出函数 $f(x)=\dfrac{1}{x}$ 在 $x_0=-1$ 处的带有拉格朗日型余项的 n 阶泰勒公式.

2. 按 $(x+1)$ 的幂展开多项式 $f(x)=1+3x+5x^2-2x^3$.

3. 求 $f(x)=\sqrt{x}$ 在 $x_0=4$ 处的带有拉格朗日型余项的三阶泰勒公式.

4. 写出 $f(x)=x\mathrm{e}^x$ 的带有拉格朗日型余项的 n 阶泰勒公式.

5. 利用三阶泰勒公式求下列各数的近似值,并估计误差:

(1) $\ln 1.2$;

(2) $\sin 18°$.

6. 用泰勒公式求下列极限:

(1) $\lim\limits_{x\to 0}\dfrac{\mathrm{e}^x-1-x}{x^2}$;

(2) $\lim\limits_{x\to +\infty}\left(\sqrt[3]{x^3+3x^2}-\sqrt[4]{x^4-2x^3}\right)$;

(3) $\lim\limits_{x\to 0}\dfrac{\cos x-\mathrm{e}^{-\frac{x^2}{2}}}{x^2[x+\ln(1-x)]}$;

(4) $\lim\limits_{x\to 0}\dfrac{\cos x-\mathrm{e}^{-\frac{x^2}{2}}}{x^4}$;

(5) $\lim\limits_{x\to 0}\dfrac{\mathrm{e}^x\sin x-x(1+x)}{x^3}$;

(6) $\lim\limits_{x\to 0}\left(\dfrac{1}{x}-\dfrac{1}{\sin x}\right)$.

3.4 函数的单调性与曲线的凹凸性

函数的导数刻画了函数的瞬时变化率,从而描述了函数局部的变化性态.从本节开始的几节中,我们将以微分中值定理为基础,以导数为工具,来研究函数的性态:单调性、极值点、凹凸性、拐点、渐近线,研究这些性质具有广泛的用途.

3.4.1 函数单调性的判别法

如图 3.4.1 所示,如果函数 $f(x)$ 在 $[a,b]$ 上单调增加(单调减少),则在 (a,b) 内任取一点,可以看出曲线相应点处的切线斜率大于零(小于零),这说明函数的单调性与函数导数的符号有密切的关系.

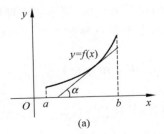
(a)

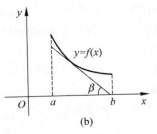
(b)

图 3.4.1

反过来,也可以借助于拉格朗日中值定理,利用导数的符号来判定函数单调性.

定理 3.4.1　设函数 $f(x)$ 在闭区间 $[a,b]$ 上连续,在开区间 (a,b) 内可导.

(1) 对于任意的 $x\in(a,b)$,若 $f'(x)>0$,则 $f(x)$ 在 $[a,b]$ 上单调增加;

(2) 对于任意的 $x\in(a,b)$,若 $f'(x)<0$,则 $f(x)$ 在 $[a,b]$ 上单调减少.

证　(1) 任取两点 $x_1,x_2\in[a,b]$,且不妨设 $x_1<x_2$.

因为函数 $f(x)$ 在 $[x_1,x_2]\subseteq[a,b]$ 上连续,在开区间 $(x_1,x_2)\subseteq(a,b)$ 内可导,所以由拉格朗日中值定理可知,存在 $\xi\in(x_1,x_2)$,使得

$$f(x_2)-f(x_1)=f'(\xi)(x_2-x_1)$$

由假设条件和已知条件知 $x_2-x_1>0,f'(\xi)>0$,则

$$f(x_2)-f(x_1)=f'(\xi)(x_2-x_1)>0$$

即

$$f(x_2)>f(x_1)$$

由 x_1,x_2 的任意性得 $f(x)$ 在 $[a,b]$ 上单调增加,结论(1)得证.

(2) 与(1)类似可证明结论.

注　此定理中的闭区间推广到其他各种区间(包括无穷区间),结论依然成立.

下面将上述定理推广到两个函数的形式:

推论 3.4.1　设函数 $f(x),g(x)$ 在闭区间 $[a,b]$ 上连续,在开区间 (a,b) 内可导.

(1) 对于任意的 $x\in(a,b)$,若 $f'(x)>g'(x)$,且 $f(a)=g(a)$,则在开区间 (a,b) 内,$f(x)>g(x)$;

(2) 对于任意的 $x\in(a,b)$,若 $f'(x)<g'(x)$,且 $f(b)=g(b)$,则在开区间 (a,b) 内,$f(x)>g(x)$.

推论 3.4.2　设函数 $f(x)$ 在闭区间 $[a,b]$ 上连续,在开区间 (a,b) 内可导.

(1) 对于任意的 $x\in(a,b)$,若 $f'(x)\geqslant0$,但 $f'(x)=0$ 的点不构成区间,则 $f(x)$ 在 $[a,b]$ 上单调增加;

(2) 对于任意的 $x\in(a,b)$,若 $f'(x)\leqslant0$,但 $f'(x)=0$ 的点不构成区间,则 $f(x)$ 在 $[a,b]$ 上单调减少.

注　推论 3.4.1 经常用于函数不等式的证明,推论 3.4.2 说明函数的单调性是一个区间上的性质,要用导数在这一区间上的符号来判定,而不能用导数在一点处的符号来判别函数在一个区间上的单调性,区间内个别点导数为零并不影响函数在该区间上的单调性.

例如,函数 $y=x^3$ 在其定义域 $(-\infty,+\infty)$ 内是单调增加的,但其导数 $y'=3x^2$ 在 $x=0$ 处为零.

如果函数在其定义域的某个区间内是单调的,则称该区间为函数的**单调区间**.

例 1　判定函数 $y=\arctan x-x$ 在 $[0,+\infty)$ 上的单调性.

解　因为在 $(0,+\infty)$ 内,有

$$y' = \frac{1}{1+x^2} - 1 = -\frac{x^2}{1+x^2} < 0$$

所以由定理 3.4.1 得函数 $y = \arctan x - x$ 在 $[0, +\infty)$ 上单调减少.

例 2 讨论函数 $f(x) = x^3 + x^2 - 5x - 5$ 的单调区间.

解 函数 $f(x) = x^3 + x^2 - 5x - 5$ 的定义域为 $(-\infty, +\infty)$,且

$$f'(x) = 3x^2 + 2x - 5 = (3x+5)(x-1)$$

令 $f'(x) = 0$,得 $x_1 = -\frac{5}{3}, x_2 = 1$,这两个根把定义域分成三部分区间 $\left(-\infty, -\frac{5}{3}\right]$,

$\left[-\frac{5}{3}, 1\right], [1, +\infty)$.

当 $x \in \left(-\infty, -\frac{5}{3}\right)$ 时,$f'(x) > 0$,则函数 $f(x) = x^3 + x^2 - 5x - 5$ 在 $\left(-\infty, -\frac{5}{3}\right]$

上单调增加;

当 $x \in \left(-\frac{5}{3}, 1\right)$ 时,$f'(x) < 0$,则函数 $f(x) = x^3 + x^2 - 5x - 5$ 在 $\left[-\frac{5}{3}, 1\right]$ 上单

调减少;

当 $x \in (1, +\infty)$ 时,$f'(x) > 0$,则函数 $f(x) = x^3 + x^2 - 5x - 5$ 在 $[1, +\infty)$ 上单调增加.

综上所述,函数 $f(x) = x^3 + x^2 - 5x - 5$ 在 $\left(-\infty, -\frac{5}{3}\right] \cup [1, +\infty)$ 上单调增加,在 $\left[-\frac{5}{3}, 1\right]$ 上单调减少. 函数的图形如图 3.4.2 所示.

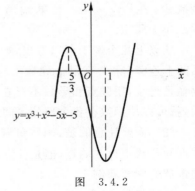

$y = x^3 + x^2 - 5x - 5$

图 3.4.2

例 3 判定函数 $f(x) = \arctan x - x$ 在 $(-\infty, +\infty)$ 上的单调性.

解 因为在 $(-\infty, +\infty)$ 上,有

$$f'(x) = \frac{1}{1+x^2} - 1 = -\frac{x^2}{1+x^2} \leqslant 0$$

又易知函数 $f(x)$ 有唯一的驻点 $x = 0$,所以由推论 3.4.2 可知,函数 $f(x) = \arctan x - x$ 在 $(-\infty, +\infty)$ 上是单调减少的.

例 4 讨论函数 $f(x) = \sqrt[3]{x}$ 的单调性.

解 函数 $f(x) = \sqrt[3]{x}$ 的定义域为 $(-\infty, +\infty)$,且

$$f'(x) = \frac{1}{3} x^{-\frac{2}{3}}$$

容易得到函数 $f(x) = \sqrt[3]{x}$ 在点 $x = 0$ 处导数不存在.并且点 $x = 0$ 把定义域分成了两

部分区间$(-\infty,0]$,$[0,+\infty)$.

当 $x\in(-\infty,0)$ 时,$f'(x)>0$,则函数 $f(x)=\sqrt[3]{x}$ 在 $(-\infty,0]$ 上单调增加;

当 $x\in(0,+\infty)$ 时,$f'(x)>0$,则函数 $f(x)=\sqrt[3]{x}$ 在 $[0,+\infty)$ 上单调增加.

综上所述,函数 $f(x)=\sqrt[3]{x^2}$ 在 $(-\infty,+\infty)$ 上单调增加.

例 5　讨论函数 $f(x)=\sqrt[3]{x^2}$ 的单调性.

解　函数 $f(x)=\sqrt[3]{x^2}$ 的定义域为 $(-\infty,+\infty)$,且

$$f'(x)=\frac{2}{3}x^{-\frac{1}{3}}$$

容易得到函数 $f(x)=\sqrt[3]{x^2}$ 在点 $x=0$ 处导数不存在,并且点 $x=0$ 把定义域分成了两部分区间 $(-\infty,0]$,$[0,+\infty)$.

当 $x\in(-\infty,0)$ 时,$f'(x)<0$,则函数 $f(x)=\sqrt[3]{x^2}$ 在 $(-\infty,0]$ 上单调减少;

当 $x\in(0,+\infty)$ 时,$f'(x)>0$,则函数 $f(x)=\sqrt[3]{x^2}$ 在 $[0,+\infty)$ 上单调增加.

综上所述,函数 $f(x)=\sqrt[3]{x^2}$ 在 $(-\infty,0]$ 上单调减少,在 $[0,+\infty)$ 上单调增加.函数图形如图 3.4.3 所示.

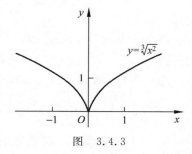

图 3.4.3

从以上几个例子可以看出,如果函数在其定义区间上连续,除去有限个导数不存在的点外,导数存在且连续,用驻点和导数不存在的点来划分区间后,就可以使函数在各个部分区间上是单调的.

注　需要注意的是,函数单调区间的分界点是驻点和导数不存在的点,但是驻点和导数不存在的点不一定是单调区间的分界点.比如本节的例 3 和例 4.

归纳起来,确定函数 $f(x)$ 的单调区间的步骤如下:

(1) 求出函数 $f(x)$ 的定义域;

(2) 求出导数 $f'(x)$;

(3) 找出驻点和导数不存在的点,用这些点将函数的定义域分成若干个子区间或者用表格的形式来描述;

(4) 判断在各个子区间内导数的正负号,并由此确定函数的单调性.

例 6　讨论函数 $f(x)=\dfrac{10}{4x^3-9x^2+6x}$ 的单调性.

解　函数 $f(x)=\dfrac{10}{4x^3-9x^2+6x}$ 的定义域为 $(-\infty,0)\bigcup(0,+\infty)$,且

$$f'(x)=\frac{-60(2x-1)(x-1)}{(4x^3-9x^2+6x)^2}$$

令 $f'(x)=0$,得驻点 $x_1=\dfrac{1}{2}$,$x_2=1$,不可导点为 $x=0$.

列表得

x	$(-\infty,0)$	0	$\left(0,\dfrac{1}{2}\right)$	$\dfrac{1}{2}$	$\left(\dfrac{1}{2},1\right)$	1	$(1,+\infty)$
$f'(x)$	−	不存在	−	0	+	0	−
$f(x)$	↘	无定义	↘	$\dfrac{5}{4}$	↗	10	↘

可见,函数在 $(-\infty,0)\cup\left(0,\dfrac{1}{2}\right]\cup[1,+\infty)$ 上单调减少,在 $\left[\dfrac{1}{2},1\right]$ 上单调增加.

下面将习题 3-1 中的题目利用函数的单调性进行证明.

例 7 证明:当 $x>1$ 时,$e^x>ex$.

证 设 $f(x)=e^x-ex$,则 $f'(x)=e^x-e$. 易知 $f(x)$ 在 $[1,+\infty)$ 上连续,在 $(1,+\infty)$ 内可导,且当 $x>1$ 时,有
$$f'(x)>0$$
因此 $f(x)$ 在 $[1,+\infty)$ 上单调增加. 所以当 $x>1$ 时,$f(x)>f(1)=0$,即
$$e^x>ex$$

例 8 证明:当 $x>4$ 时,$2^x>x^2$.

分析 要证明原不等式,只需要将不等式两端同时取对数,即
$$x\ln 2>2\ln x$$

证 设 $f(x)=x\ln 2-2\ln x$,则
$$f'(x)=\ln 2-\frac{2}{x}$$

易知 $f(x)$ 在 $[4,+\infty)$ 上可导且连续,且当 $x>4$ 时,有
$$f'(x)=\ln 2-\frac{2}{x}>\ln 2-\frac{1}{2}$$

因为 $2f'(x)>2\ln 2-1=\ln 4-1>0$,所以 $f'(x)>0$,故 $f(x)$ 在 $[4,+\infty)$ 上单调增加. 因此当 $x>4$ 时,$f(x)>f(4)=0$,即
$$x\ln 2-2\ln x>0$$

也就是
$$2^x>x^2$$

3.4.2 曲线的凹凸性与拐点

上一部分中,我们研究了函数的单调性的判定方法,但是对于不同函数来说,即使在同一区间上有相同的单调性,可它们增加的形式也是不一样的. 例如,函数 $y=x^2$

与 $y^2 = x$ 在第一象限上都是单调增加的函数, 但是它们增加的形式是不一样的, 如图 3.4.4 所示. 当函数以 $y = x^2$ 形式增加时, 曲线是一个上凹的曲线弧, 当函数以 $y^2 = x$ 形式增加时, 曲线是一个上凸的曲线弧.

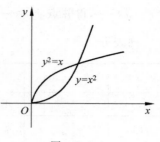

图 3.4.4

关于曲线凹凸性的定义, 我们先从几何直观来分析. 在图 3.4.5 中, 连接曲线上任意两点的直线总位于这两点间的曲线弧的上方; 在图 3.4.6 中, 则正好相反, 连接曲线上任意两点的直线总位于这两点间曲线弧的下方. 因此, 曲线的凹凸性可以用联结曲线弧上任意两点的弦的中点与曲线弧上相应点(即有相同的横坐标的点)的位置关系来描述.

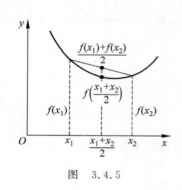

图 3.4.5

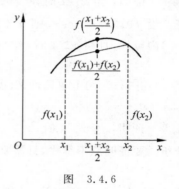

图 3.4.6

定义 3.4.1 设函数 $f(x)$ 在区间 I 上连续, 如果对 I 上任意两点 x_1 和 x_2, 总有

$$f\left(\frac{x_1 + x_2}{2}\right) < \frac{f(x_1) + f(x_2)}{2}$$

则称 $f(x)$ 在区间 I 上的图形是(向上)凹的; 如果总有

$$f\left(\frac{x_1 + x_2}{2}\right) > \frac{f(x_1) + f(x_2)}{2}$$

则称 $f(x)$ 在区间 I 上的图形是(向上)凸的.

曲线的凹凸性具有明显的几何意义, 对于凹曲线, 当 x 逐渐增加时, 其每一点的切线的斜率也是逐渐增大的, 即导函数 $f'(x)$ 是单调增加函数(如图 3.4.7 所示); 而凸曲线则刚好相反, 其每一点的切线的斜率是逐渐减小的, 即导函数 $f'(x)$ 是单调减少函数(如图 3.4.8 所示). 于是, 就有了判断曲线凹凸性的定理.

定理 3.4.2 设函数 $f(x)$ 在区间 $[a,b]$ 上连续, 在 (a,b) 内二阶可导, 那么

(1) 若在 (a,b) 内 $f''(x) > 0$, 则 $f(x)$ 在 $[a,b]$ 上的图形是凹的;

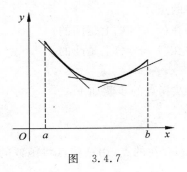

图 3.4.7

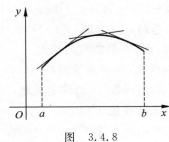

图 3.4.8

(2) 若在 (a,b) 内 $f''(x)<0$,则 $f(x)$ 在 $[a,b]$ 上的图形是凸的.

注 定理中的区间 $[a,b]$ 可以是其他区间,如开区间 (a,b),无穷区间 $[a,+\infty)$ 等.

例 9 讨论曲线 $f(x)=x^3$ 的凹凸区间.

解 函数 $f(x)=x^3$ 的定义域为 $(-\infty,+\infty)$,且
$$f'(x)=3x^2, \quad f''(x)=6x$$
当 $x>0$ 时,$f''(x)>0$,所以 $f(x)$ 在 $[0,+\infty)$ 上的图形是凹的;

当 $x<0$ 时,$f''(x)<0$,所以 $f(x)$ 在 $(-\infty,0]$ 上的图形是凸的.

例 10 讨论曲线 $f(x)=\dfrac{1}{4}x^{\frac{8}{3}}-x^{\frac{5}{3}}$ 的凹凸区间.

解 函数 $f(x)=\dfrac{1}{4}x^{\frac{8}{3}}-x^{\frac{5}{3}}$ 的定义域为 $(-\infty,+\infty)$,且
$$f'(x)=\frac{2}{3}x^{\frac{5}{3}}-\frac{5}{3}x^{\frac{2}{3}}$$
$$f''(x)=\frac{10}{9}x^{\frac{2}{3}}-\frac{10}{9}x^{-\frac{1}{3}}=\frac{10(x-1)}{9\sqrt[3]{x}}$$

令 $f''(x)=0$,得 $x=1$.当 $x=0$ 时,函数的二阶导数不存在.

当 $0<x<1$ 时,$f''(x)<0$,则 $f(x)$ 在 $[0,1]$ 上的图形是凸的;

当 $x\in(-\infty,0)\bigcup(1,+\infty)$ 时,$f''(x)>0$,则 $f(x)$ 在 $(-\infty,0]\bigcup[1,+\infty)$ 上的图形是凹的.

从本节例 9 中可以看出,函数曲线在原点两侧的凹凸性发生了改变,由此得到了拐点的定义.

定义 3.4.2 连续曲线上凹弧与凸弧的分界点称为曲线的拐点.

注 拐点可能出现的地方是在二阶导数为零和二阶导数不存在的点处,如本节的例 9、例 10.

例 11 讨论曲线 $f(x)=3x^2-x^3$ 的凹凸区间与拐点.

解 函数 $f(x)=3x^2-x^3$ 的定义域为 $(-\infty,+\infty)$,且
$$f'(x)=6x-3x^2, \quad f''(x)=6-6x$$

令 $f''(x)=0$,得 $x=1$,函数没有二阶导数不存在的点.

当 $x\in(-\infty,1)$ 时,$f''(x)>0$,则曲线 $f(x)$ 在 $(-\infty,1]$ 上是凹的;

当 $x\in(1,+\infty)$ 时,$f''(x)<0$,则曲线 $f(x)$ 在 $[1,+\infty)$ 上是凸的.

所以,$(1,2)$ 是曲线的拐点.

归纳起来,判定连续曲线 $y=f(x)$ 的凹凸性及拐点的步骤如下:

(1) 求出函数 $f(x)$ 的定义域;

(2) 求出导数 $f''(x)$;

(3) 求出所有使 $f''(x)=0$ 的点与二阶导数不存在的点,用这些点将函数的定义域分成若干个子区间或者用表格的形式来描述;

(4) 对于(3)中所求出的每一个点,检查 $f''(x)$ 在这些点两侧的符号,根据定理 3.4.2 的结论确定凹凸区间和拐点.

例 12　讨论曲线 $f(x)=\ln(x^2+1)$ 凹凸区间与拐点.

解　函数 $f(x)=\ln(x^2+1)$ 的定义域为 $(-\infty,+\infty)$,且

$$f'(x)=\frac{2x}{x^2+1}$$

$$f''(x)=\frac{2(x^2+1)-2x\cdot2x}{(x^2+1)^2}=\frac{-2(x-1)(x+1)}{(x^2+1)^2}$$

令 $f''(x)=0$,得 $x_1=-1,x_2=1$,函数没有二阶导数不存在的点.

列表得

x	$(-\infty,-1)$	-1	$(-1,1)$	1	$(1,+\infty)$
$f''(x)$	$-$	0	$+$	0	$-$
$f(x)$	凸	$\ln 2$ 拐点	凹	$\ln 2$ 拐点	凸

可见,曲线在 $(-\infty,-1]$ 和 $[1,+\infty)$ 内是凸的,在 $[-1,1]$ 内是凹的,拐点为 $(-1,\ln 2)$ 和 $(1,\ln 2)$.

习题 3-4

1. 判定函数 $f(x)=x+\cos x,0\leqslant x\leqslant 2\pi$ 的单调性.

2. 判断下列函数的单调区间:

(1) $y=x^3-6x^2-15x+2$;

(2) $y=x^4-8x^2+2$;

(3) $y=(x-2)^2(2x+1)$;

(4) $y=x+\dfrac{5}{2x}(x>0)$;

(5) $y=x+\tan x$;

(6) $y=\ln(x+\sqrt{1+x^2})$.

3. 证明下列不等式：

(1) $\cos x > 1 - \dfrac{x^2}{2} \ (x \neq 0)$；

(2) 当 $x > 0$ 时，$1 + \dfrac{1}{2}x > \sqrt{1+x}$；

(3) 当 $x > 0$ 时，$1 + x \ln(x + \sqrt{1+x^2}) > \sqrt{1+x^2}$；

(4) 当 $0 < x < \dfrac{\pi}{2}$ 时，$\sin x + \tan x > 2x$；

(5) 当 $x > 0$ 时，$x - \dfrac{x^2}{2} < \ln(1+x) < x$.

4. 判定下列曲线的凹凸性：

(1) $y = \sqrt{1+x^2}$；

(2) $y = 4x - x^2$；

(3) $y = x \arctan x$；

(4) $y = x + \dfrac{1}{x} \ (x > 0)$.

5. 求下列函数图形的凹凸区间和拐点：

(1) $y = x^3 - 5x^2 + 3x + 5$；

(2) $y = e^{-x^2}$；

(3) $y = x e^{-x}$；

(4) $y = x^2 + \dfrac{1}{x}$；

(5) $y = (x+1)^4 + e^x$；

(6) $y = e^{\arctan x}$；

(7) $y = x^4(12 \ln x - 7)$；

(8) $y = \dfrac{1}{3}x^3 - x^2 + 2$.

6. 利用函数图形的凹凸性，证明下列不等式：

(1) $\dfrac{1}{2}(x^n + y^n) > \left(\dfrac{x+y}{2}\right)^n \ (x > 0, y > 0, x \neq y, n > 1)$；

(2) $\dfrac{e^x + e^y}{2} > e^{\frac{x+y}{2}} \ (x \neq y)$；

(3) $x \ln x + y \ln y > (x+y) \ln \dfrac{x+y}{2}$.

3.5　函数的极值与最值

3.5.1　函数的极值及其求法

从 3.4 节例 2 和图 3.4.2 中可见，点 $x_1 = -\dfrac{5}{3}$ 和点 $x_2 = 1$ 是函数 $f(x) = x^3 + x^2 - 5x - 5$ 的单调区间的分界点，点 x_1 处的函数值 $f\left(-\dfrac{5}{3}\right)$ 比邻近其他点处的函数值都大，点 x_2 处的函数值 $f(1)$ 比邻近其他点处的函数值都小，这种局部范围内函数值最大和最小的问题,就是接下来要讨论的函数的极值问题.

定义 3.5.1　设函数 $f(x)$ 在点 x_0 的某邻域 $U(x_0)$ 内有定义,x 是 x_0 的去心邻域 $\overset{\circ}{U}(x_0)$ 内任一点,若有

$$f(x) < f(x_0)(f(x) > f(x_0))$$

则称 $f(x_0)$ 为函数 $f(x)$ 的**极大值(极小值)**.

函数的极大值、极小值统称为函数的**极值**,使函数取得极值的点称为**极值点**.

例如,3.4 节例 2 中 $f\left(-\dfrac{5}{3}\right)=\dfrac{40}{27}$ 和 $f(1)=-8$ 分别为函数 $f(x)=x^3+x^2-5x-5$ 的极大值和极小值,点 $x=-\dfrac{5}{3}$ 和点 $x=1$ 则是函数的极值点.

注 1　函数极值是一个局部性的概念,如果 $f(x_0)$ 是函数 $f(x)$ 的一个极大值(或极小值),只表明在 x_0 附近的一个局部范围内,$f(x_0)$ 是最大的(或最小的),对函数 $f(x)$ 的整个定义域来说就不一定是最大的(或最小的)了.

注 2　如图 3.5.1 所示,一个函数可能会有若干个极大值和极小值,并且极小值不一定比极大值小.同时从图中可以看出,在函数取得极值处,曲线的切线都是水平的.但曲线上有水平切线的地方,函数不一定取得极值.如图中 $x=x_4$ 处,曲线上有水平切线,但 $f(x_4)$ 不是极值.

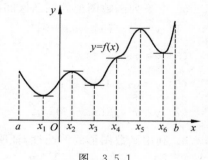

图　3.5.1

下面讨论函数取得极值的必要条件和充分条件.

定理 3.5.1(必要条件)　若函数 $f(x)$ 在点 x_0 处可导,且在点 x_0 处取得极值,那么 $f'(x_0)=0$.

定理 3.5.1 即为 3.1 节的费马引理,该定理告诉我们,可导函数的极值点必定是其驻点.但是驻点却不一定是函数的极值点,例如,函数 $y=x^3$ 在点 $x=0$ 处的导数等于零,但 $x=0$ 不是 $y=x^3$ 的极值点.此外函数在导数不存在的点处也可能取得极值,例如函数 $y=|x|$ 在 $x=0$ 处不可导,但函数在该点取得极小值.

综上所述,函数的极值点是其驻点或导数不存在的点.那么如何对这些点进行判定呢?我们给出以下判定极值的充分条件.

定理 3.5.2(第一充分条件)　设函数 $f(x)$ 在点 x_0 处连续,且在点 x_0 的某去心邻域 $\overset{\circ}{U}(x_0)$ 内可导,x 是 x_0 的去心邻域 $\overset{\circ}{U}(x_0)$ 内任一点.

(1) 若当 $x<x_0$ 时 $f'(x)>0$,当 $x>x_0$ 时 $f'(x)<0$,则 $f(x)$ 在点 x_0 处取得极大值;

(2) 若当 $x<x_0$ 时 $f'(x)<0$，当 $x>x_0$ 时 $f'(x)>0$，则 $f(x)$ 在点 x_0 处取得极小值；

(3) 若在该去心邻域 $\mathring{U}(x_0)$ 内，$f'(x)$ 的符号保持不变，则 $f(x)$ 在点 x_0 处没有极值.

证 (1) 因为当 $x<x_0$ 时，$f'(x)>0$，则函数单调增加，所以当 $x<x_0$ 时，有

$$f(x) < f(x_0)$$

又因为当 $x>x_0$ 时，$f'(x)<0$，则函数单调减少，所以当 $x>x_0$ 时，有

$$f(x) < f(x_0)$$

且函数 $f(x)$ 在点 x_0 处连续，所以当 $x\in\mathring{U}(x_0)$ 时，$f(x)<f(x_0)$ 成立.

故 $f(x)$ 在点 x_0 处取得极大值.

类似可证明情形(2)和情形(3).

例 1 求函数 $f(x)=\dfrac{(x-2)^3}{x}$ 的极值.

解 函数 $f(x)$ 的定义域为 $(-\infty,0)\bigcup(0,+\infty)$，且

$$f'(x) = \frac{2(x-2)^2(x+1)}{x^2}$$

令 $f'(x)=0$，得驻点为 $x_1=-1,x_2=2$，且 $x=0$ 是导数不存在的点.

下面列表讨论：

x	$(-\infty,-1)$	-1	$(-1,0)$	0	$(0,2)$	2	$(2,+\infty)$
$f'(x)$	$-$	0	$+$	不存在	$+$	0	$+$
$f(x)$	↘	极小值	↗	无定义	↗	不是极值	↗

所以，函数 $f(x)$ 在驻点 $x=-1$ 处取得极小值 $f(-1)=27$.

归纳起来，讨论函数极值的步骤如下：

(1) 求函数 $f(x)$ 的定义域，并求出 $f'(x)$；

(2) 求出函数 $f(x)$ 的全部驻点以及导数不存在的点；

(3) 列出表格，对(2)中的每个点，考察其左、右邻域上 $f'(x)$ 的符号，判断其是否为极值点；

(4) 求出各极值点处的函数值，得到全部极值.

例 2 求函数 $f(x)=2x^3-6x^2-18x+7$ 的极值.

解 函数 $f(x)=2x^3-6x^2-18x+7$ 的定义域为 $(-\infty,+\infty)$，且

$$f'(x) = 6x^2-12x-18 = 6(x^2-2x-3) = 6(x-3)(x+1)$$

令 $f'(x)=0$，得驻点为 $x_1=-1,x_2=3$，函数没有导数不存在的点.

下面列表讨论：

x	$(-\infty,-1)$	-1	$(-1,3)$	3	$(3,+\infty)$
$f'(x)$	+	0	−	0	+
$f(x)$	↗	17 极大值	↘	-47 极小值	↗

可见，函数在 $x=-1$ 处取得极大值 17，在 $x=3$ 处取得极小值 -47．

例 3　求函数 $f(x)=x^{\frac{2}{3}}(x^2-8)$ 的极值．

解　函数 $f(x)$ 的定义域为 $(-\infty,+\infty)$，且为偶函数，故可只在 $[0,+\infty)$ 上讨论．

$$f'(x)=\frac{2}{3}x^{-\frac{1}{3}}(x^2-8)+2xx^{\frac{2}{3}}=\frac{8(x^2-2)}{3x^{\frac{1}{3}}}$$

令 $f'(x)=0$，得驻点为 $x=\pm\sqrt{2}$，且 $x=0$ 是导数不存在的点．

下面列表讨论：

x	0	$(0,\sqrt{2})$	$\sqrt{2}$	$(\sqrt{2},+\infty)$
$f'(x)$	不存在	−	0	+
$f(x)$	极大值	↘	极小值	↗

所以，函数 $f(x)$ 的极大值为 $f(0)=0$，极小值为 $f(\pm\sqrt{2})=-4\sqrt[3]{2}$．

如果函数 $f(x)$ 在点 x_0 处的二阶导数存在且不为零，也可以利用 $f''(x)$ 的符号来判定函数的极值．

定理 3.5.3（第二充分条件）　设函数 $f(x)$ 在点 x_0 处具有二阶导数，且 $f'(x_0)=0$，$f''(x_0)\neq 0$，则

(1) 当 $f''(x_0)<0$ 时，$f(x)$ 在点 x_0 处取得极大值；

(2) 当 $f''(x_0)>0$ 时，$f(x)$ 在点 x_0 处取得极小值．

证　(1) 由于 $f''(x_0)<0$，按二阶导数定义有

$$f''(x_0)=\lim_{x\to x_0}\frac{f'(x)-f'(x_0)}{x-x_0}<0$$

根据函数极限的局部保号性可知，存在足够小的 $\delta>0$，当 $x\in \mathring{U}(x_0,\delta)$ 时，有

$$\frac{f'(x)-f'(x_0)}{x-x_0}<0$$

又由于 $f'(x_0)=0$，所以有

$$\frac{f'(x)}{x-x_0}<0$$

因此，当 $x\in(x_0-\delta,x_0)$ 时，$f'(x)>0$；当 $x\in(x_0,x_0+\delta)$ 时，$f'(x)<0$．由第一充分条

件可知，$f(x)$ 在点 x_0 处取得极大值.

类似可以证明情形（2）.

注　$f''(x_0) = 0$ 时，$f(x)$ 在点 x_0 处不一定取得极值，这时必须用第一充分条件判断.

例 4　求函数 $f(x) = -x^4 + 2x^2$ 的极值.

解　函数 $f(x) = -x^4 + 2x^2$ 的定义域为 $(-\infty, +\infty)$，且
$$f'(x) = -4x^3 + 4x, \quad f''(x) = -12x^2 + 4$$
令 $f'(x) = 0$，得 $x_1 = 0, x_2 = -1, x_3 = 1$. 又因为
$$f''(0) = 4 > 0, \quad f''(-1) = -8 < 0, \quad f''(1) = -8 < 0$$
所以 $f(0) = 0$ 是函数的极小值，$f(-1) = 1$ 和 $f(1) = 1$ 是函数的极大值.

定理 3.5.4（第三充分条件）　设函数 $f(x)$ 在点 x_0 处 n 阶可导，且满足
$$f'(x_0) = f''(x_0) = \cdots = f^{(n-1)}(x_0) = 0, \quad f^{(n)}(x_0) \neq 0$$
则

（1）当 n 为奇数时，x_0 一定不是函数 $f(x)$ 的极值点，但 $(x_0, f(x_0))$ 是拐点；

（2）当 n 为偶数时，x_0 是函数 $f(x)$ 的极值点，并且当 $f^{(n)}(x_0) > 0(<0)$ 时，x_0 是函数 $f(x)$ 的极小值点（极大值点）.

注　当 $n = 1$ 时，这就是费马引理，即从 $f'(x) \neq 0$ 可推出 x_0 不是函数 $f(x)$ 的极值点.

当 $n = 2$ 时，定理 3.5.4 变成了定理 3.5.3，所以定理 3.5.4 是定理 3.5.3 的推广.

例 5　证明 $x = 0$ 是 $f(x) = e^x + e^{-x} + 2\cos x$ 的极小值点.

证　通过计算可得
$$f'(0) = f''(0) = f'''(0) = 0, \quad f^{(4)}(0) = 4 > 0$$
由上述定理可得 $x = 0$ 是 $f(x) = e^x + e^{-x} + 2\cos x$ 的极小值点.

3.5.2　函数的最值

在许多生产活动和科技实践中，经常会遇到这样一类问题：在一定条件下，怎样才能使产量最大、用料最省、成本最低、利润最大、射程最远、承受强度最大等问题. 这类问题在数学上都可归结为求某个函数（称为目标函数）的最大值或最小值问题.

对于一般的函数，不一定有最大值或最小值. 但如果函数 $f(x)$ 是闭区间 $[a, b]$ 上的连续函数，根据闭区间上连续函数的性质可知，函数 $f(x)$ 在闭区间 $[a, b]$ 上一定有最大值和最小值. 函数的最值是一个全局性的概念，而函数的

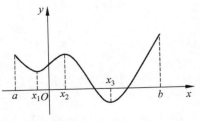

图　3.5.2

极值是一个局部性的概念,它们是不相同的.但是如图 3.5.2 所示,如果最大值(或最小值)在开区间 (a,b) 内取得,则最大值(或最小值)同时也是极大值(或极小值).此外,函数的最大值(或最小值)也可能在区间的端点处取得.

由此,我们得到了求函数 $f(x)$ 在闭区间 $[a,b]$ 上的最值的一般步骤:

(1) 求出 $f(x)$ 在开区间 (a,b) 内的所有驻点和导数不存在的点(即所有可能的极值点);

(2) 计算出驻点、导数不存在的点及端点处的函数值;

(3) 将其函数值进行比较,其中最大的为函数的最大值,最小的为函数的最小值.

注　如果函数 $f(x)$ 在区间 I(开或闭,有限或无限)上连续,且在区间 I 内部只有一个驻点或导数不存在的点 x_0,则当 $f(x_0)$ 为极大值时,$f(x_0)$ 也是该区间上的最大值,当 $f(x_0)$ 为极小值时,$f(x_0)$ 也是该区间上的最小值.

例 6　求函数 $f(x)=x+\sqrt{1-x}$ 在 $[-5,1]$ 上的最大值和最小值.

解　$f'(x)=1-\dfrac{1}{2\sqrt{1-x}}$,令 $f'(x)=0$,得 $x=\dfrac{3}{4}$.当 $x=1$ 时,导数不存在.

由于

$$f(-5)=-5+\sqrt{6}, \quad f(1)=1, \quad f\left(\frac{3}{4}\right)=\frac{5}{4}$$

比较得出函数的最小值为 $f(-5)=-5+\sqrt{6}$,最大值为 $f\left(\dfrac{3}{4}\right)=\dfrac{5}{4}$.

例 7　做一个圆柱形有盖容器,其容积为 V,问怎样用料最省?

解　设圆柱的底半径为 r,高为 h,如图 3.5.3 所示,则

$$V=\pi r^2 h$$

该容器的表面积为

$$S=2\pi r^2+2\pi rh$$

联立以上两式得

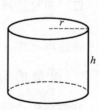

图　3.5.3

$$S(r)=2\pi r^2+2\frac{V}{r}, \quad r>0$$

$$S'(r)=4\pi r-2\frac{V}{r^2}=\frac{2}{r^2}(2\pi r^3-V)$$

$$S''(r)=4\pi+4\frac{V}{r^3}=4\left(\pi+\frac{V}{r^3}\right)$$

令 $S'(r)=0$,得唯一驻点 $r_0=\sqrt[3]{\dfrac{V}{2\pi}}$,又 $S''(r_0)>0$,所以 $S(r_0)$ 为极小值.

因此,唯一的极小值就是最小值,故当底半径为 $r=\sqrt[3]{\dfrac{V}{2\pi}}$,高为 $h=2\sqrt[3]{\dfrac{V}{2\pi}}$ 时,用

料最省.

在实际问题中,如果根据问题的实际意义就可以判定所研究的函数 $f(x)$ 确实存在最值,并且最值一定在定义区间内取得. 此时,经常用到下述方法求函数的最值.

如果能确定 $f(x)$ 存在最大值(或最小值),且在定义区间内部只有一个驻点或导数不存在的点 x_0,则不必讨论 $f(x_0)$ 是否是极值,就可以判定 $f(x_0)$ 是函数 $f(x)$ 的最大值(或最小值).

例 8 某地区防空洞的截面拟建成矩形加半圆,截面的面积为 5m^2,问底宽 x 为多少时才能使截面的周长最小,从而使建造时所用的材料最省?

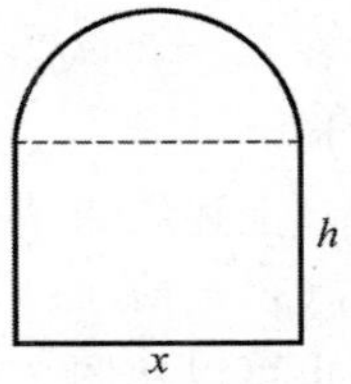

解 设矩形高为 h,截面的周长为 S,如图 3.5.4 所示,则

图 3.5.4

$$xh + \frac{1}{2}\left(\frac{x}{2}\right)^2\pi = 5, \quad h = \frac{5}{x} - \frac{\pi}{8}x$$

于是

$$S = x + 2h + \frac{x\pi}{2} = x + \frac{\pi}{4}x + \frac{10}{x} \quad \left(0 < x < \sqrt{\frac{40}{\pi}}\right)$$

$$S' = 1 + \frac{\pi}{4} - \frac{10}{x^2}$$

令 $S' = 0$,得唯一驻点 $x = \sqrt{\dfrac{40}{4+\pi}}$. 又因为根据问题的实际意义,在防空洞截面的面积一定的情况下,截面的周长 S 一定有最小值,所以 $x = \sqrt{\dfrac{40}{4+\pi}}$ 就是 S 的最小值点.

因此,底宽为 $x = \sqrt{\dfrac{40}{4+\pi}}$ 时所用的材料最省.

例 9 假设某工厂某产品 x 千件的成本是 $C(x) = x^3 - 6x^2 + 15x$,售出该产品 x 千件的收入是 $R(x) = 9x$,问是否存在一个能取得最大利润的生产水平? 如果存在,找出这个生产水平.

解 由导数的经济意义可知,$\dfrac{\mathrm{d}C(x)}{\mathrm{d}x} = M_C(x)$ 称为边际成本,$\dfrac{\mathrm{d}R(x)}{\mathrm{d}x} = M_R(x)$ 称为边际收入,$\dfrac{\mathrm{d}P(x)}{\mathrm{d}x} = M_P(x)$ 称为边际利润.

根据题意可以知道,产品售出 x 千件的利润是

$$P(x) = R(x) - C(x)$$

如果 $P(x)$ 取得最大值,那么它一定在使得 $M_P(x) = 0$ 的生产水平处获得. 因此,令

$$M_P(x) = M_R(x) - M_C(x) = 0$$

即

$$M_R(x) = M_C(x)$$

得

$$x^2 - 4x + 2 = 0$$

解得 $x_1 = 2 - \sqrt{2}, x_2 = 2 + \sqrt{2}$，又 $\dfrac{\mathrm{d}M_P(x)}{\mathrm{d}x} = -6x + 12$，所以

$$\left.\frac{\mathrm{d}M_P(x)}{\mathrm{d}x}\right|_{x=x_1} > 0, \quad \left.\frac{\mathrm{d}M_P(x)}{\mathrm{d}x}\right|_{x=x_2} < 0$$

故在 $x_2 = 2 + \sqrt{2} \approx 3.414$ 处取得最大利润，而在 $x_1 = 2 - \sqrt{2} \approx 0.586$ 处发生局部最大亏损.

上述结果表明：在给出最大利润的生产水平上，$M_R(x) = M_C(x)$，即边际收入等于边际成本.上面的结果也可以从图 3.5.5 的成本曲线和收入曲线中看出.

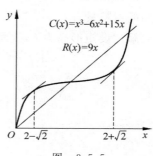

图　3.5.5

例 10　一房地产公司有 50 套公寓要出租.当月租金定为 1000 元时，公寓会全部租出去.当月租金每增加 50 元时，就会多一套公寓租不出去，而租出去的公寓每月需花费 100 元的维修费.试问房租定为多少元时可获得最大收入？

解　设房租为 x 元，纯收入为 R 元.

当 $x \leqslant 1000$ 时，$R = 50x - 50 \times 100 = 50x - 5000$，且当 $x = 1000$ 时，得最大纯收入 45000 元.

当 $x > 1000$ 时，有

$$R = \left[50 - \frac{1}{50}(x - 1000)\right] \cdot x - \left[50 - \frac{1}{50}(x - 1000)\right] \cdot 100$$

$$= -\frac{1}{50}x^2 + 72x - 7000$$

则

$$R' = -\frac{1}{25}x + 72$$

令 $R' = 0$，则在 $(1000, +\infty)$ 内存在唯一驻点 $x = 1800$.

因为 $R'' = -\dfrac{1}{25} < 0$，所以 $x = 1800$ 为极大值点，同时也是最大值点，最大值为 $R = 57800$.

因此，房租定为 1800 元可获得最大收入.

习题 3-5

1. 求下列函数的极值：

(1) $f(x) = x^3 - 4x^2 - 3x$；　　　　　　　(2) $f(x) = x^4 - 8x^2 + 2$；

(3) $f(x) = \mathrm{e}^x \cos x$;

(4) $f(x) = x + \tan x$;

(5) $f(x) = (x-2)^2 (2x+1)$;

(6) $f(x) = 2x + 3x^{\frac{2}{3}}$;

(7) $f(x) = \dfrac{x^2 - 3x + 2}{x^2 + 3x + 2}$;

(8) $f(x) = \dfrac{3x^2 + 4x + 4}{x^2 + x + 1}$.

2. 已知 $f(x) = \dfrac{ax^2 + bx + a + 1}{x^2 + 1}$ 在 $x = -\sqrt{3}$ 处取极小值 $f(-\sqrt{3}) = 0$,求 a, b 及 $f(x)$ 的极大值点.

3. 试问 a 为何值时,函数 $f(x) = a\sin x + \dfrac{1}{3}\sin 3x$ 在 $x = \dfrac{\pi}{3}$ 处取得极值? 它是极大值还是极小值? 并求此极值.

4. 函数 $f(x)$ 对于一切实数 x 满足方程
$$xf''(x) + 3x(f'(x))^2 = 1 - \mathrm{e}^{-x}$$
若 $f(x)$ 在点 $x = c (c \neq 0)$ 处有极值,试证它是极小值.

5. 求下列函数在指定区间上的最大值和最小值:

(1) $f(x) = (x-1)\sqrt[3]{x^2}$, $\left[-1, \dfrac{1}{2}\right]$;

(2) $f(x) = 2x^3 - 3x^2$, $[-1, 4]$;

(3) $f(x) = 2\tan x - \tan^2 x$, $\left[0, \dfrac{\pi}{3}\right]$;

(4) $f(x) = \sqrt[3]{2x^2(x-6)}$, $[-2, 4]$;

(5) $f(x) = x^4 - 8x^2 + 2$, $[-1, 3]$;

(6) $f(x) = |2x^3 - 9x^2 + 12x|$, $\left[-\dfrac{1}{4}, \dfrac{5}{2}\right]$.

6. 做一底为正方形,容积为 $108\mathrm{m}^3$ 的无盖长方体容器,问怎样做用料最省?

3.6 函数图形的描绘

本节所讲的函数图形的描绘不同于一般的描点作图法,它主要是通过确定函数的一些主要特征,对函数图形在总体上有一个质的把握,从而将函数图形描绘得较为准确. 为了更好地了解函数图形的变化趋势,首先介绍渐近线的概念.

3.6.1 曲线的渐近线

定义 3.6.1 若曲线 L 上的动点 P 沿着曲线无限地远离原点时,点 P 与一条定直线 C 的距离趋于零,则称直线 C 为曲线 L 的渐近线.

渐近线分为三种:当直线 C 垂直于 x 轴时,称直线 C 为曲线 L 的垂直渐近线;当直线 C 平行于 x 轴时,称直线 C 为曲线 L 的水平渐近线;当直线 C 形如 $y = kx + b$ 时(斜率 k 存在且 $k \neq 0$),称直线 C 为曲线 L 的斜渐近线.

由渐近线的定义,可以得到函数 $f(x)$ 寻求渐近线的方法:

（1）如果

$$\lim_{x \to x_0^+} f(x) = \infty \quad 或 \quad \lim_{x \to x_0^-} f(x) = \infty$$

则称直线 $x = x_0$ 是曲线 $y = f(x)$ 的垂直渐近线；例如，

函数 $f(x) = \dfrac{1}{x-1}$ 有垂直渐近线 $x = 1$，如图 3.6.1

所示.

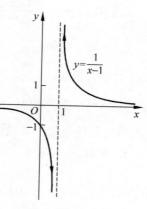

（2）如果

$$\lim_{x \to +\infty} f(x) = y_0 \quad 或 \quad \lim_{x \to -\infty} f(x) = y_0$$

则称直线 $y = y_0$ 是曲线 $y = f(x)$ 的水平渐近线；例如，

函数 $f(x) = \dfrac{1}{x}$ 有水平渐近线 $y = 0$，如图 3.6.2 所示.

（3）如果

$$\lim_{x \to \infty} [f(x) - (kx + b)] = 0$$

则称直线 $y = kx + b$ 是曲线 $y = f(x)$ 的斜渐近线，其中

$$\lim_{x \to \infty} \frac{f(x)}{x} = k, \quad \lim_{x \to \infty} [f(x) - kx] = b$$

图   3.6.1

例如，双曲线函数 $\dfrac{x^2}{a^2} - \dfrac{y^2}{b^2} = 1$ 有两条斜渐近线 $y = \pm \dfrac{b}{a} x$，如图 3.6.3 所示.

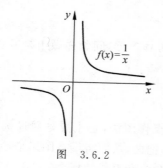

图   3.6.2

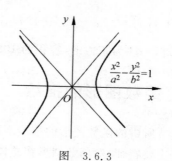

图   3.6.3

由于垂直、水平渐近线的求法较为简单，所以这里只说明斜渐近线的求法.

如果曲线 $y = f(x)$ 存在斜渐近线，那么将其假设为 $y = kx + b$，于是

$$\lim_{x \to \infty} [f(x) - (kx + b)] = 0$$

则有

$$\lim_{x \to \infty} \frac{f(x) - (kx + b)}{x} = \lim_{x \to \infty} \frac{f(x)}{x} - k = 0$$

故

$$k = \lim_{x \to \infty} \frac{f(x)}{x}$$

同时由 $\lim\limits_{x \to \infty}[f(x) - kx - b] = 0$ 得

$$b = \lim_{x \to \infty}[f(x) - kx]$$

由此可知,如果 k, b 不存在,则函数 $y = f(x)$ 不存在斜渐近线.

注 类似可以寻找 $x \to +\infty, x \to -\infty$ 时的斜渐近线.

例 1 求曲线 $f(x) = \dfrac{x^2 + 1}{x}$ 的渐近线.

解 本题分为三步进行求解:

(1) 因为 $\lim\limits_{x \to \infty}\dfrac{x^2 + 1}{x} = \infty$,所以曲线 $y = f(x)$ 无水平渐近线;

(2) 因为 $\lim\limits_{x \to 0}\dfrac{x^2 + 1}{x} = \infty$,所以 $x = 0$ 是曲线 $y = f(x)$ 的一条垂直渐近线;

(3) 因为

$$k = \lim_{x \to \infty}\frac{f(x)}{x} = \lim_{x \to \infty}\frac{x^2 + 1}{x} \cdot \frac{1}{x} = 1$$

$$b = \lim_{x \to \infty}[f(x) - kx] = \lim_{x \to \infty}\left(\frac{x^2 + 1}{x} - x\right)$$

$$= \lim_{x \to \infty}\frac{1}{x} = 0$$

所以直线 $y = x$ 是曲线 $y = f(x)$ 的一条斜渐近线,如图 3.6.4 所示.

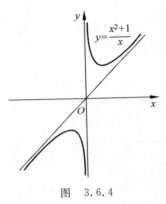

图 3.6.4

3.6.2 函数图形的描绘

从 3.4 节至此,我们已经比较全面地研究了函数图形的主要特征:单调性、凹凸性、拐点、极值以及渐近线.现在,我们可以利用这些特征将函数图形较为准确地描绘出来,这种作图法称为**微分法作图**.

尽管随着计算机技术的发展,利用计算机和许多数学软件,可以很方便地画出各种函数图形.但是,如何识别计算机作图的误差,如何掌握图形上的关键点,如何选择作图范围,从而进行人工干预,以便比较准确地描绘出反映函数基本特征的图形,这些仍然需要工程技术人员掌握微分法作图的基本知识.

利用微分法描绘函数图形的一般步骤如下:

(1) 求出函数的定义域,考查函数的周期性、奇偶性;

(2) 计算 $f'(x)$ 和 $f''(x)$,并在定义域内求出使 $f'(x)$ 和 $f''(x)$ 为零,$f'(x)$ 和 $f''(x)$ 不存在的点以及 $f(x)$ 的间断点;

(3) 用步骤(2)得到的点,按照大小顺序,将定义域分成若干小区间,根据每个小区

间内 $f'(x)$ 和 $f''(x)$ 的符号,确定函数的单调区间、极值点、凹凸区间以及拐点(列表表示);

（4）求出曲线的渐近线,有时还需要补充一些辅助作图点(如曲线与坐标轴的交点,曲线的端点等);

（5）根据前几步的结果,进行作图.

例 2　画出函数 $f(x)=\dfrac{1}{5}(x^4-6x^2+8x+7)$ 的图像.

解　（1）容易知道函数的定义域为 $(-\infty,+\infty)$.

（2）因为

$$f'(x)=\frac{1}{5}(4x^3-12x+8)=\frac{4}{5}(x+2)(x-1)^2$$

令 $f'(x)=0$,得 $x=-2,x=1$. 由于

$$f''(x)=\frac{4}{5}(3x^2-3)=\frac{12}{5}(x+1)(x-1)$$

令 $f''(x)=0$,得 $x=\pm1$.

（3）列表如下:

x	$(-\infty,-2)$	-2	$(-2,-1)$	-1	$(-1,1)$	1	$(1,+\infty)$
$f'(x)$	$-$	0	$+$	$+$	$+$	0	$+$
$f''(x)$	$+$	$+$	$+$	0	$-$	0	$+$
$f(x)$	↘凹	$-\dfrac{17}{5}$ 极小值	↗凹	$-\dfrac{6}{5}$ 拐点	↗凸	2 拐点	↗凹

（4）作图(如图 3.6.5 所示).

例 3　画出函数 $f(x)=\mathrm{e}^{-(x-1)^2}$ 的图像.

解　（1）容易知道函数的定义域为 $(-\infty,+\infty)$.

（2）因为

$$f'(x)=-2(x-1)\mathrm{e}^{-(x-1)^2}$$

令 $f'(x)=0$,得 $x=1$.

由于

$$f''(x)=4\mathrm{e}^{-(x-1)^2}\left[x-\left(1+\frac{\sqrt{2}}{2}\right)\right]\left[x-\left(1-\frac{\sqrt{2}}{2}\right)\right]$$

令 $f''(x)=0$,得 $x=1\pm\dfrac{\sqrt{2}}{2}$.

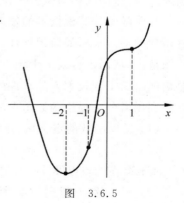

图　3.6.5

（3）列表如下：

x	$\left(-\infty,1-\frac{\sqrt{2}}{2}\right)$	$1-\frac{\sqrt{2}}{2}$	$\left(1-\frac{\sqrt{2}}{2},1\right)$	1	$\left(1,1+\frac{\sqrt{2}}{2}\right)$	$1+\frac{\sqrt{2}}{2}$	$\left(1+\frac{\sqrt{2}}{2},+\infty\right)$
$f'(x)$	+	+	+	0	−	−	−
$f''(x)$	+	0	−	−	−	0	+
$f(x)$	↗凹	$\mathrm{e}^{-\frac{1}{2}}$ 拐点	↗凸	极大值	↘凸	$\mathrm{e}^{-\frac{1}{2}}$ 拐点	↘凹

（4）由于 $\lim\limits_{x\to\infty}f(x)=0$，所以函数 $f(x)$ 有一条水平渐近线 $y=0$.

（5）作图（如图 3.6.6 所示）.

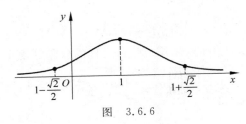

图 3.6.6

习题 3-6

画出下列函数 $f(x)$ 的图像：

（1）$f(x)=x^3-3x^2$；

（2）$f(x)=\dfrac{1}{\sqrt{2\pi}}\mathrm{e}^{-\frac{x^2}{2}}$；

（3）$f(x)=\dfrac{x}{1+x^2}$；

（4）$f(x)=\mathrm{e}^{-x^2}$.

*3.7 曲率

在工程技术与科学实验中，经常要考虑平面曲线的弯曲程度，如对桥梁弯曲程度的限制、铁路弯道用曲线衔接等，这些弯曲程度如果太大，就容易引起交通事故，所以需要定量地研究曲线的弯曲程度，这就是本节要研究的问题. 在讨论曲线的弯曲程度之前，先给出曲线弧的微分概念，它在讨论曲线的弧线与曲线弧有关的问题中有着重要的作用.

3.7.1 弧微分

作为曲率的预备知识，先介绍弧的概念.

设函数 $y=f(x)$ 在区间 (a,b) 内有连续导数，曲线 $y=f(x)$ 上的点 M_0 是选定的

基点,我们作两点规定:

(1) 依 x 增大的方向作为曲线 C 的正向;

(2) 对曲线上任一点 $M(x,y)$,规定有向弧段 $\overset{\frown}{M_0M}$ 的值 s(简称弧 s)如下:其大小等于该段弧的长度,当有向弧段 $\overset{\frown}{M_0M}$ 的方向与曲线的正向一致时 $s>0$,相反时 $s<0$.

显然,弧 s 是关于 x 的函数 $s=s(x)$,而且 $s(x)$ 是 x 的单调增加函数.

下面来求 $s(x)$ 的导数及微分公式.

当 x 增大到 $x+\Delta x$ 时,曲线上对应的点从 $M(x,y)$ 移动到 $M'(x+\Delta x,y+\Delta y)$(见图 3.7.1),弧 s 的增量为

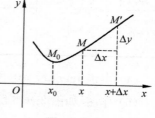

图　3.7.1

$$\Delta s = \overset{\frown}{M_0M'} - \overset{\frown}{M_0M} = \overset{\frown}{M'M}$$

容易知道,当 $M'\to M,\Delta x\to 0$ 时,弧长与弦长之比的极限等于 1,即

$$\lim_{M'\to M}\frac{|\overset{\frown}{MM'}|}{|MM'|} = \lim_{\Delta x\to 0}\frac{|\Delta s|}{|MM'|} = 1$$

又

$$(|MM'|)^2 = (\Delta x)^2 + (\Delta y)^2, \quad \lim_{\Delta x\to 0}\frac{\Delta y}{\Delta x} = y'$$

所以

$$\lim_{\Delta x\to 0}\left(\frac{\Delta s}{\Delta x}\right)^2 = \lim_{\Delta x\to 0}\left(\frac{|\Delta s|}{|MM'|}\right)^2 \cdot \frac{|MM'|^2}{(\Delta x)^2} = \lim_{\Delta x\to 0}\frac{(\Delta x)^2 + (\Delta y)^2}{(\Delta x)^2}$$

$$= \lim_{\Delta x\to 0}\left[1 + \left(\frac{\Delta y}{\Delta x}\right)^2\right] = 1 + y'^2$$

即

$$\left(\frac{\mathrm{d}s}{\mathrm{d}x}\right)^2 = 1 + y'^2$$

或

$$\frac{\mathrm{d}s}{\mathrm{d}x} = \pm\sqrt{1+y'^2}$$

由于 $s(x)$ 是 x 的单调增加函数,有 $\dfrac{\mathrm{d}s}{\mathrm{d}x}>0$,于是

$$\frac{\mathrm{d}s}{\mathrm{d}x} = \sqrt{1+y'^2}$$

即

$$\mathrm{d}s = \sqrt{1+y'^2}\,\mathrm{d}x \quad \text{或} \quad \mathrm{d}s = \sqrt{(\mathrm{d}x)^2 + (\mathrm{d}y)^2}$$

这就是**弧微分公式**.

例 1 求曲线 $y = x^2$ 的弧微分.

解 因为 $y' = 2x$, 所以 $\mathrm{d}s = \sqrt{1+(y')^2}\,\mathrm{d}x = \sqrt{1+4x^2}\,\mathrm{d}x$.

3.7.2 曲率及其计算公式

曲线的弯曲程度与什么因素有关呢? 我们来考察决定曲线弯曲程度的两个要素.

在图 3.7.2 中, 截取长度相等的两段曲线弧 $\overset{\frown}{M_1 M_2} = \overset{\frown}{M_2 M_3}$. 可以看到, 弧段 $\overset{\frown}{M_1 M_2}$ 比较平直, 当动点沿这段曲线从 M_1 移动到 M_2 时, 切线转过的角度 φ_1 不大, 而弧段 $\overset{\frown}{M_2 M_3}$ 弯曲得比较厉害, 切线转过的角度 φ_2 就比较大。这说明, 曲线的弯曲程度与切线转过的角度有关.

再看图 3.7.3 中的两段弧 $\overset{\frown}{M_1 M_2}$ 和 $\overset{\frown}{N_1 N_2}$, 尽管它们的切线转角 φ 相同, 但是弯曲程度却不同, 显然, 短弧段比长弧段弯曲的程度大些. 这说明切线转角相同时, 曲线的弯曲程度与弧段的长度有关.

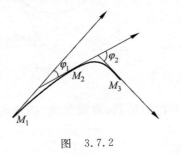

图 3.7.2

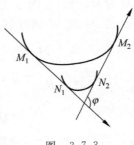

图 3.7.3

因此, 通常用单位弧长上的切线转角的大小来刻画曲线的弯曲程度. 由此引入曲率的概念.

设平面曲线 C 是光滑曲线, 在曲线 C 上选定一点 M_0 作为度量弧长的基点, 在曲线上另取两点 M 与 M', 设弧 $\overset{\frown}{M_0 M}$ 的长度为 s, 弧 $\overset{\frown}{M_0 M'}$ 的长度为 $|s+\Delta s|$, 点 M 处切线的倾角为 α, 而点 M' 处切线的倾角为 $\alpha + \Delta \alpha$ (见图 3.7.4), 于是弧段 $\overset{\frown}{MM'}$ 的长为 $|\Delta s|$, 从动点 M 到点 M' 切线转过的角度为 $|\Delta \alpha|$.

我们将比值 $\left| \dfrac{\Delta \alpha}{\Delta s} \right|$ 称为弧段 $\overset{\frown}{MM'}$ 的**平均曲率**, 记为 $\overline{K}$, 即

$$\overline{K} = \left| \frac{\Delta \alpha}{\Delta s} \right|$$

由定义可以知道, 平均曲率仅仅反映了一段曲

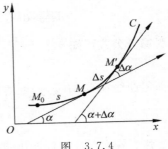

图 3.7.4

线 $\overset{\frown}{MM'}$ 的平均弯曲程度. 一般来说,曲线在不同点处的弯曲程度是不同的,为了精确刻画曲线在一点的弯曲程度,类似于用平均速度的极限表示瞬时速度的方法,我们用上述平均曲率的极限来表示曲线在点 M 处的曲率.

如果当 $\Delta s \to 0$ 时(即点 M' 沿曲线趋于点 M 时),平均曲率 $\overline{K}$ 的极限存在,那么称此极限为曲线 C 在点 M 处的**曲率**,并记为 K,即

$$K = \lim_{M' \to M} \left| \frac{\Delta \alpha}{\Delta s} \right| = \lim_{\Delta s \to 0} \left| \frac{\Delta \alpha}{\Delta s} \right| = \left| \frac{\mathrm{d}\alpha}{\mathrm{d}s} \right|$$

上式表明曲率是切线倾角随弧变化而变化的快慢程度(导数)的绝对值,表达式中取绝对值是由于曲率只表示曲线的弯曲程度而与曲线弯曲的方向无关.

对直线而言,直线上任一点处的切线均与直线本身重合,因此,从直线上任意一点移动到另一点时切线的转角 $|\Delta \alpha| = 0$,从而 $\left| \dfrac{\Delta \alpha}{\Delta s} \right| = 0$,即直线的曲率 $K = 0$. 这与我们直觉认识到"直线不弯曲"是一致的.

对半径为 R 的圆(见图 3.7.5),在圆上任取两点 M 和 M',从点 M 到 M' 切线转角 $|\Delta \alpha|$ 等于圆心角 $\angle MDM'$,因为,圆弧 $\overset{\frown}{MM'}$ 的长为 $|\Delta s| = R \cdot |\Delta \alpha|$,所以 $\left| \dfrac{\Delta \alpha}{\Delta s} \right| = \left| \dfrac{\Delta \alpha}{R \Delta \alpha} \right| = \dfrac{1}{R}$. 于是,圆上点 M 处的曲率

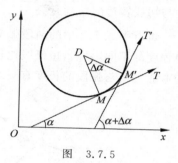

图 3.7.5

$K = \dfrac{1}{R}$. 这说明圆上任一点处的曲率都等于圆半径的倒数. 也就是说"圆的弯曲程度处处相同,且圆的半径越小,圆弯曲得越厉害".

下面,来推导在一般情况下计算曲率的公式.

设曲线方程为 $y = f(x)$,且 $f(x)$ 具有二阶导数. 由导数的概念可知,曲线在点 $M(x, y)$ 处的切线斜率为

$$y' = \tan \alpha$$

其中 α 为切线的倾角,所以

$$\alpha = \arctan y'$$

$$\mathrm{d}\alpha = \mathrm{d}(\arctan y') = \frac{1}{1 + y'^2} \mathrm{d}y' = \frac{y''}{1 + y'^2} \mathrm{d}x$$

由弧微分公式可知

$$\mathrm{d}s = \sqrt{1 + y'^2} \, \mathrm{d}x$$

从而得曲线在点 $M(x, y)$ 处的**曲率公式**

$$K = \left| \frac{\mathrm{d}\alpha}{\mathrm{d}s} \right| = \frac{|y''|}{(1 + y'^2)^{\frac{3}{2}}}$$

注 在有些实际问题中,$|y'|$ 远小于 1,此时可以忽略 $|y'|$. 从而得到曲率的近似

计算公式

$$K = \frac{|y''|}{(1+y'^2)^{\frac{3}{2}}} \approx |y''|$$

经过这种简化后,对一些复杂问题的计算和讨论就方便多了.

设曲线由参数方程

$$\begin{cases} x = \varphi(t) \\ y = \psi(t) \end{cases}$$

给出,因为

$$\mathrm{d}x = \varphi'(t)\mathrm{d}t, \quad \mathrm{d}y = \psi'(t)\mathrm{d}t$$

且由弧微分公式可知

$$\mathrm{d}s = \sqrt{(\mathrm{d}x)^2 + (\mathrm{d}y)^2}$$

所以得参数方程情形下的弧微分公式为

$$\mathrm{d}s = \sqrt{\varphi'^2(t) + \psi'^2(t)}\,\mathrm{d}t$$

利用由参数方程确定的函数的求导法,求出 $\dfrac{\mathrm{d}y}{\mathrm{d}x}$ 及 $\dfrac{\mathrm{d}^2 y}{\mathrm{d}x^2}$,代入曲率公式得到相应的

曲率公式

$$K = \frac{|\varphi'(t)\psi''(t) - \varphi''(t)\psi'(t)|}{[\varphi'^2(t) + \psi'^2(t)]^{\frac{3}{2}}}$$

例 2　求对数曲线 $y = \ln x$ 在点 $(1,0)$ 处的曲率.

解　因为 $y' = \dfrac{1}{x}$,$y'' = -\dfrac{1}{x^2}$,所以

$$y'|_{x=1} = 1, \quad y''|_{x=1} = -1$$

于是曲线 $y = \ln x$ 在点 $(1,0)$ 处的曲率为

$$K = \frac{|y''|}{(1+y'^2)^{\frac{3}{2}}} = \frac{1}{2\sqrt{2}}$$

3.7.3　曲率圆与曲率半径

设曲线 $y = f(x)$ 在点 $M(x,y)$ 处的曲率为 $K(K \neq 0)$. 在点 M 处作曲线的法线,

并在法线上曲线凹的一侧取点 D,使 $|MD| = \dfrac{1}{K} = \rho$.

以 D 为圆心、ρ 为半径作圆(见图 3.7.6),这个圆的

圆心 D 称为曲线在点 M 处的**曲率中心**,半径 $\rho = \dfrac{1}{K}$

称为曲线在点 M 处的**曲率半径**.

由以上规定知,曲线在点 M 处的曲率半径为

$$\rho = \frac{1}{K} = \frac{(1+y'^2)^{\frac{3}{2}}}{|y''|} \quad (K \neq 0)$$

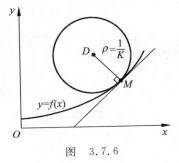

图　3.7.6

这表明曲率与曲率半径互为倒数,曲率半径越小,曲线在该点处的曲率就越大,曲线在该点附近弯曲得较厉害;曲率半径越大,曲线在该点处的曲率就越小,曲线在该点附近越平坦.同时可知,曲率圆与曲线在点 M 处有相同的切线和曲率,且在点 M 邻近有相同的凹向.所以在实际问题中,在点 M 邻近常用曲率圆上的一段圆弧线来近似代替曲线,以使问题简化.

关于曲率中心的计算公式这里不作推导,只给出曲线在点 $M(x,y)$ 处的曲率中心 $D(\alpha,\beta)$ 的坐标为

$$\begin{cases} \alpha = x - \dfrac{y'(1+y'^2)}{y''} \\ \beta = y + \dfrac{1+y'^2}{y''} \end{cases}$$

习 题 3-7

1. 求双曲线 $xy=4$ 在点 $(2,2)$ 处的曲率.

2. 求曲线 $y=x^2-4x+3$ 在点 $(2,-1)$ 处的曲率及曲率半径.

3. 抛物线 $y=4x-x^2$ 上哪一点处的曲率最大?求出该点处的曲率半径.

4. 求摆线 $\begin{cases} x=t-\sin t \\ y=1-\cos t \end{cases}$ 在对应 $t=\dfrac{\pi}{2}$ 的点处的曲率.

总复习题三

1. 设常数 $k>0$,函数 $f(x)=\ln x-\dfrac{x}{e}+k$ 在 $(0,+\infty)$ 内零点的个数为_____.

2. 设 $\lim\limits_{x\to\infty}f'(x)=k$,求 $\lim\limits_{x\to\infty}[f(x+a)-f(x)]$.

3. 证明多项式 $f(x)=x^3-3x+a$ 在 $[0,1]$ 上不可能有两个零点.

4. 设 $f(x),g(x)$ 都是可导函数,且 $|f'(x)|<g'(x)$.证明:当 $x>a$ 时,$|f(x)-f(a)|<g(x)-g(a)$.

5. 证明恒等式 $\arctan x=\dfrac{1}{2}\arctan\dfrac{2x}{1-x^2}$,$x\in(-1,1)$.

6. 设函数 $f(x)$ 在区间 (a,b) 内可导,证明:$f'(x)$ 在区间 (a,b) 内单调减少的充要条件是 $\forall x,x_0\in(a,b)$ 且 $x\neq x_0$ 时,$f(x_0)+f'(x_0)(x-x_0)>f(x)$.

7. 设函数 $f(x)$ 在区间 $[0,+\infty)$ 上连续,在 $(0,+\infty)$ 内可导,且满足 $f(0)=0$,当 $x>0$ 时,$f(x)\geqslant 0$ 且 $f(x)\geqslant f'(x)$,求证:当 $x\geqslant 0$ 时,$f(x)\equiv 0$.

8. 求下列极限:

(1) $\lim\limits_{x\to 1}\dfrac{x-x^x}{1-x+\ln x}$;

(2) $\lim\limits_{x\to 0}\left[\dfrac{1}{\ln(1+x)}-\dfrac{1}{x}\right]$;

(3) $\lim\limits_{x\to\infty}\left[(a_1^{\frac{1}{x}}+a_2^{\frac{1}{x}}+\cdots+a_n^{\frac{1}{x}})/n\right]^{nx}$，其中 $a_1,a_2,\cdots,a_n>0$；

(4) $\lim\limits_{x\to+\infty}x(a^{\frac{1}{x}}-b^{\frac{1}{x}})$.

9．证明下列不等式：

(1) 当 $0<x_1<x_2<\dfrac{\pi}{2}$ 时，$\dfrac{\tan x_2}{\tan x_1}>\dfrac{x_2}{x_1}$；

(2) 当 $x>0$ 时，$\ln(1+x)>\dfrac{\arctan x}{1+x}$；

(3) 当 $e<a<b<e^2$ 时，$\ln^2 b-\ln^2 a>\dfrac{4}{e^2}(b-a)$；

(4) 当 $x>1$ 时，$\dfrac{\ln(1+x)}{\ln x}>\dfrac{x}{1+x}$；

(5) 当 $0<x<1$ 时，$(1+x)\ln^2(1+x)<x^2$；

(6) 当 $x<1$ 时，$e^x\leqslant\dfrac{1}{1-x}$.

10．函数 $f(x)$ 在 $[0,1]$ 上连续，在 $(0,1)$ 内可导且 $|f'(x)|<1$，$f(0)=f(1)$，求证：$\forall x_1,x_2\in[0,1]$，有 $|f(x_1)-f(x_2)|<\dfrac{1}{2}$.

*11．设函数 $f(x)$ 在 $[0,a]$ 上连续，在 $(0,a)$ 内可导且 $f(a)=0$，证明存在一点 $\xi\in(0,a)$，使 $f(\xi)+\xi f'(\xi)=0$.

*12．设 $0<a<b$，函数 $f(x)$ 在 $[a,b]$ 上连续，在 (a,b) 内可导，试利用柯西中值定理证明存在一点 $\xi\in(a,b)$，使 $f(b)-f(a)=\xi f'(\xi)\ln\dfrac{b}{a}$.

13．求数列 $\{\sqrt[n]{n}\}$ 的最大项．

14．求曲线 $f(x)=(2x-1)e^{\frac{1}{x}}$ 的渐近线方程．

*15．设 $f''(x_0)$ 存在，证明：

$$\lim_{h\to 0}\frac{f(x_0+h)+f(x_0-h)-2f(x_0)}{h^2}=f''(x_0)$$

16．试确定常数 a 和 b，使 $f(x)=x-(a+b\cos x)\sin x$ 为当 $x\to 0$ 时关于 x 的 5 阶无穷小．

*17．函数 $f(x)$ 在 $[a,b]$ 上连续，在 (a,b) 内可导，且 $f(a)=f(b)=1$，试证明存在 $\eta,\xi\in(a,b)$，使

$$e^{\eta-\xi}[f(\eta)-f'(\eta)]=1$$

（提示：可对 $F(x)=e^x f(x)$ 及 $\varphi(x)=e^x$ 分别在 $[a,b]$ 上运用拉格朗日中值定理.）

第4章 不定积分

由求物体的运动速度、曲线的切线和极值等问题产生了导数和微分;而由已知速度求路程,已知切线求曲线以及求不规则物体面积等问题,产生了不定积分和定积分.导数、微分与不定积分、定积分,构成了微积分学的微分和积分部分.

前面几章介绍了微分部分,但在实际问题中,经常需要解决相反的问题.例如"已知函数 $f(x)=x^2$,求函数 $F(x)$,使得 $F'(x)=f(x)$"的问题,而寻求 $F(x)$ 的方法即为本章讨论的重点——不定积分.

4.1 不定积分的概念与性质

4.1.1 原函数的概念

定义 4.1.1 设 $f(x)$ 是定义在某个区间 I 上的一个函数,如果在该区间 I 上存在另一个函数 $F(x)$,使得

$$F'(x) = f(x)$$

则称函数 $F(x)$ 为函数 $f(x)$ 在该区间 I 上的一个原函数.

从定义可知,**一个函数的原函数不是唯一的.**

例如,因 $(x^2)'=2x$,故 x^2 是 $2x$ 的原函数;而 $(x^2+1)'=2x$,故 x^2+1 也是 $2x$ 的原函数.容易知道,$x^2+C(C$ 为任意常数)都是 $2x$ 的原函数.

一般地,我们有以下定理:

定理 4.1.1 若 $F(x)$ 是 $f(x)$ 的一个原函数,则 $F(x)+C(C$ 为任意常数)也是 $f(x)$ 的原函数.同时,称 $F(x)+C$ 为 $f(x)$ 的原函数的全体,即 $f(x)$ 的任意一个原函数都能用 $F(x)+C$ 来表示.

证 由于 $F(x)$ 是 $f(x)$ 的一个原函数,所以

$$F'(x) = f(x)$$

又因为

$$[F(x)+C]' = F'(x)+C' = f(x)$$

所以 $F(x)+C$ 也是 $f(x)$ 的原函数.

设 $G(x)$ 是 $f(x)$ 的任意一个原函数,则

$$[G(x) - F(x)]' = G'(x) - F'(x) = f(x) - f(x) = 0$$

所以 $G(x) - F(x) = C$,即

$$G(x) = F(x) + C$$

则 $f(x)$ 的任意一个原函数都能用 $F(x) + C$ 来表示.

通过以上证明还可知道,**一个函数的任意两个原函数之间相差一个常数**.

原函数的存在性将在第 5 章讨论,这里先介绍一个结论:

定理 4.1.2(原函数存在定理) 连续函数一定有原函数.

4.1.2 不定积分的概念

定义 4.1.2 若某区间 I 上函数 $f(x)$ 存在原函数,则函数 $f(x)$ 的原函数的全体,称为 $f(x)$ 在区间 I 上的不定积分.记作

$$\int f(x) \mathrm{d}x$$

其中 $\int$ 称为积分号,$f(x)$ 称为被积函数,$f(x)\mathrm{d}x$ 称为被积表达式,x 称为积分变量.

由定义 4.1.2 与定理 4.1.1 可知,如果 $F(x)$ 是 $f(x)$ 的一个原函数,则

$$\int f(x) \mathrm{d}x = F(x) + C \quad (C \text{ 为任意常数})$$

通过以上叙述可知,求不定积分 $\int f(x)\mathrm{d}x$ 即是求 $f(x)$ 的原函数的全体,在运算上实质是求导运算的逆运算.

例 1 求 $\int x^2 \mathrm{d}x$.

解 因为 $\left(\dfrac{x^3}{3}\right)' = x^2$,所以 $\dfrac{x^3}{3}$ 是 x^2 的一个原函数,则

$$\int x^2 \mathrm{d}x = \frac{x^3}{3} + C$$

例 2 求 $\int \dfrac{1}{x^2} \mathrm{d}x$.

解 因为 $\left(-\dfrac{1}{x}\right)' = \dfrac{1}{x^2}$,所以 $-\dfrac{1}{x}$ 是 $\dfrac{1}{x^2}$ 的一个原函数,则

$$\int \frac{1}{x^2} \mathrm{d}x = -\frac{1}{x} + C$$

例 3 求 $\int \dfrac{1}{x} \mathrm{d}x$.

解 当 $x > 0$ 时,由于 $(\ln x)' = \dfrac{1}{x}$,所以 $\ln x$ 是 $\dfrac{1}{x}$ 在 $(0, +\infty)$ 内的一个原函数,

则在 $(0,+\infty)$ 内,有

$$\int \frac{1}{x}\mathrm{d}x = \ln x + C$$

当 $x<0$ 时,由于 $[\ln(-x)]' = \frac{1}{-x}(-1) = \frac{1}{x}$,所以 $\ln(-x)$ 是 $\frac{1}{x}$ 在 $(-\infty,0)$ 内的一个原函数,则在 $(-\infty,0)$ 内,有

$$\int \frac{1}{x}\mathrm{d}x = \ln(-x) + C$$

综上所述,有

$$\int \frac{1}{x}\mathrm{d}x = \ln|x| + C$$

例 4 已知曲线 $y=f(x)$ 在任意一点 x 处的切线的斜率为 $2x$,且曲线过点 $(1,2)$,求该曲线方程.

解 由题意可知

$$f'(x) = 2x$$

则 $f(x)$ 是 $2x$ 的一个原函数,所以

$$f(x) = \int 2x\mathrm{d}x = x^2 + C$$

而曲线过点 $(1,2)$,则

$$2 = 1^2 + C$$

所以

$$C = 1$$

故所求曲线方程为

$$y = x^2 + 1$$

4.1.3 不定积分的几何意义

若 $y=F(x)$ 是 $f(x)$ 的一个原函数,则称 $y=F(x)$ 的图形是 $f(x)$ 的积分曲线,因为不定积分 $\int f(x)\mathrm{d}x = F(x) + C$ 是 $f(x)$ 的原函数的一般表达式,所以它对应的图形是一族积分曲线,故称它为积分曲线簇,如图 4.1.1 所示.

$y=F(x)+C$ 的特点如下:

(1) 积分曲线簇中的任意一条曲线,可由其中某一条曲线,如 $y=F(x)$ 沿 y 轴平行移动 $|C|$ 单位而得到,当 $C>0$ 时,向上移动;当 $C<0$ 时,向下移动.

(2) 由于 $[F(x)+C]' = F'(x) = f(x)$,即在横坐

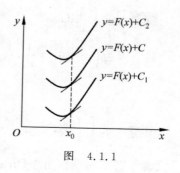

图 4.1.1

标相同的点 x 处,每条积分曲线上相应点的切线斜率相等,从而相应点的切线相互平行.

4.1.4 不定积分的性质

根据不定积分的定义,容易得到以下不定积分的性质:

性质 1 若 $\int f(x)\,\mathrm{d}x = F(x) + C$,则

$$\left[\int f(x)\,\mathrm{d}x\right]' = f(x) \quad \text{或} \quad \mathrm{d}\left[\int f(x)\,\mathrm{d}x\right] = f(x)\,\mathrm{d}x$$

$$\int F'(x)\,\mathrm{d}x = F(x) + C \quad \text{或} \quad \int \mathrm{d}F(x) = F(x) + C$$

由此可知,微分运算与积分运算是互逆的.

性质 2 设函数 $f(x)$ 和 $g(x)$ 的原函数存在,则

$$\int [f(x) \pm g(x)]\,\mathrm{d}x = \int f(x)\,\mathrm{d}x \pm \int g(x)\,\mathrm{d}x$$

证 $\left[\int f(x)\,\mathrm{d}x \pm \int g(x)\,\mathrm{d}x\right]' = \left[\int f(x)\,\mathrm{d}x\right]' \pm \left[\int g(x)\,\mathrm{d}x\right]' = f(x) \pm g(x).$

上式说明 $\int f(x)\,\mathrm{d}x \pm \int g(x)\,\mathrm{d}x$ 为 $f(x) \pm g(x)$ 的原函数. 而 $\int f(x)\,\mathrm{d}x \pm \int g(x)\,\mathrm{d}x$ 中的两个任意常数相加仍为一个任意常数,所以实际上 $\int f(x)\,\mathrm{d}x \pm \int g(x)\,\mathrm{d}x$ 含有一个任意常数. 则 $\int f(x)\,\mathrm{d}x \pm \int g(x)\,\mathrm{d}x$ 为 $f(x) \pm g(x)$ 的不定积分, 即

$$\int [f(x) \pm g(x)]\,\mathrm{d}x = \int f(x)\,\mathrm{d}x \pm \int g(x)\,\mathrm{d}x$$

性质 3 设函数 $f(x)$ 的原函数存在,k 为非零常数,则

$$\int kf(x)\,\mathrm{d}x = k\int f(x)\,\mathrm{d}x$$

证 由 $\left[k\int f(x)\,\mathrm{d}x\right]' = k\left[\int f(x)\,\mathrm{d}x\right]' = kf(x)$,类似性质 2 的证明可以得到

$$\int kf(x)\,\mathrm{d}x = k\int f(x)\,\mathrm{d}x$$

将性质 2 和性质 3 推广到有限个函数之和的情形,易得

$$\int [k_1 f_1(x) \pm k_2 f_2(x) \pm \cdots \pm k_n f_n(x)]\,\mathrm{d}x$$
$$= k_1\int f_1(x)\,\mathrm{d}x \pm k_2\int f_2(x)\,\mathrm{d}x \pm \cdots \pm k_n\int f_n(x)\,\mathrm{d}x$$

其中 n 为正整数.

4.1.5 基本积分表

由导数或微分基本公式,即可得到不定积分的基本公式. 这里列出的基本积分

表,请读者务必熟记,因为许多不定积分最终将归结为这些基本积分公式的计算.

(1) $\int k \mathrm{d}x = kx + C(k$ 为常数$)$;

(2) $\int x^\mu \mathrm{d}x = \dfrac{1}{\mu + 1} x^{\mu+1} + C(\mu \neq -1)$;

(3) $\int \dfrac{1}{x} \mathrm{d}x = \ln |x| + C$;

(4) $\int \dfrac{1}{1 + x^2} \mathrm{d}x = \arctan x + C$;

(5) $\int \dfrac{1}{\sqrt{1 - x^2}} \mathrm{d}x = \arcsin x + C$;

(6) $\int \dfrac{-1}{\sqrt{1 - x^2}} \mathrm{d}x = \arccos x + C = -\arcsin x + C$;

(7) $\int a^x \mathrm{d}x = \dfrac{1}{\ln a} a^x + C$;

(8) $\int \mathrm{e}^x \mathrm{d}x = \mathrm{e}^x + C$;

(9) $\int \cos x \mathrm{d}x = \sin x + C$;

(10) $\int \sin x \mathrm{d}x = -\cos x + C$;

(11) $\int \sec^2 x \mathrm{d}x = \tan x + C$;

(12) $\int \csc^2 x \mathrm{d}x = -\cot x + C$;

(13) $\int \sec x \tan x \mathrm{d}x = \sec x + C$;

(14) $\int \csc x \cot x \mathrm{d}x = -\csc x + C$.

注　$\int \dfrac{1}{x^2} \mathrm{d}x = -\dfrac{1}{x} + C, \int \dfrac{1}{\sqrt{x}} \mathrm{d}x = 2\sqrt{x} + C, \int \dfrac{x}{\sqrt{a + x^2}} \mathrm{d}x = \sqrt{a + x^2} + C$ 也
都是比较常用的积分,读者可当作公式记忆.

4.1.6　直接积分法

有些初等函数的不定积分可通过恒等变形利用不定积分的运算性质,化为基本
公式的类型进而计算出结果.这种方法称为**直接积分法**.

例 5　求 $\int \dfrac{1}{x \sqrt{x}} \mathrm{d}x$.

解 $\displaystyle\int \frac{1}{x\sqrt{x}}\mathrm{d}x = \int x^{-\frac{3}{2}}\mathrm{d}x = \frac{1}{-\frac{3}{2}+1}x^{-\frac{3}{2}+1}+C = -2x^{-\frac{1}{2}}+C = \frac{-2}{\sqrt{x}}+C.$

例 6 求 $\displaystyle\int \frac{(x+1)^3}{x^2}\mathrm{d}x.$

解 $\displaystyle\int \frac{(x+1)^3}{x^2}\mathrm{d}x = \int \frac{x^3+3x^2+3x+1}{x^2}\mathrm{d}x = \int\left(x+3+\frac{3}{x}+\frac{1}{x^2}\right)\mathrm{d}x$

$$= \int x\mathrm{d}x + \int 3\mathrm{d}x + \int \frac{3}{x}\mathrm{d}x + \int \frac{1}{x^2}\mathrm{d}x$$

$$= \frac{1}{2}x^2 + 3x + 3\ln\mid x \mid -\frac{1}{x}+C$$

例 7 求 $\displaystyle\int 3^x \mathrm{e}^x \mathrm{d}x.$

解 $\displaystyle\int 3^x \mathrm{e}^x \mathrm{d}x = \int (3\mathrm{e})^x \mathrm{d}x = \frac{(3\mathrm{e})^x}{\ln 3\mathrm{e}}+C = \frac{3^x \mathrm{e}^x}{1+\ln 3}+C.$

例 8 求 $\displaystyle\int \frac{x^2}{1+x^2}\mathrm{d}x.$

解 $\displaystyle\int \frac{x^2}{1+x^2}\mathrm{d}x = \int \frac{(x^2+1)-1}{1+x^2}\mathrm{d}x = \int\left(1-\frac{1}{1+x^2}\right)\mathrm{d}x = x - \arctan x + C.$

例 9 求 $\displaystyle\int \frac{2x^4+x^2+3}{1+x^2}\mathrm{d}x.$

解 $\displaystyle\int \frac{2x^4+x^2+3}{1+x^2}\mathrm{d}x = \int \frac{2x^4+2x^2-(x^2-3)}{1+x^2}\mathrm{d}x$

$$= \int \frac{2x^2(x^2+1)-(x^2+1)+4}{1+x^2}\mathrm{d}x$$

$$= \int\left(2x^2-1+\frac{4}{1+x^2}\right)\mathrm{d}x$$

$$= \frac{2}{3}x^3 - x + 4\arctan x + C$$

例 10 求 $\displaystyle\int \tan^2 x\mathrm{d}x.$

解 $\displaystyle\int \tan^2 x\mathrm{d}x = \int(\sec^2 x - 1)\mathrm{d}x = \tan x - x + C.$

例 11 求 $\displaystyle\int \sin^2 \frac{x}{2}\mathrm{d}x.$

解 $\displaystyle\int \sin^2 \frac{x}{2}\mathrm{d}x = \int \frac{1-\cos x}{2}\mathrm{d}x = \frac{1}{2}\int(1-\cos x)\mathrm{d}x = \frac{1}{2}(x-\sin x)+C.$

例 12 求 $\displaystyle\int \frac{1}{\sin^2 x\cos^2 x}\mathrm{d}x.$

解 $\displaystyle\int\frac{1}{\sin^2 x\cos^2 x}\mathrm{d}x=\int\frac{\sin^2 x+\cos^2 x}{\sin^2 x\cos^2 x}\mathrm{d}x=\int\left(\frac{1}{\cos^2 x}+\frac{1}{\sin^2 x}\right)\mathrm{d}x$

$$=\int(\sec^2 x+\csc^2 x)\,\mathrm{d}x$$

$$=\tan x-\cot x+C$$

习题 4-1

1. 求下列不定积分：

(1) $\displaystyle\int\left(\frac{x}{2}-\frac{1}{x}+\frac{1}{x^3}-\frac{4}{x^4}\right)\mathrm{d}x$;

(2) $\displaystyle\int\frac{1}{x^2\sqrt{x}}\mathrm{d}x$;

(3) $\displaystyle\int\left(\sqrt[3]{x}-\frac{1}{\sqrt{x}}\right)\mathrm{d}x$;

(4) $\displaystyle\int(2^x+x^2)\mathrm{d}x$;

(5) $\displaystyle\int\sqrt{x\sqrt{x\sqrt{x}}}\,\mathrm{d}x$;

(6) $\displaystyle\int\frac{1}{x^2(1+x^2)}\mathrm{d}x$;

(7) $\displaystyle\int\frac{3x^4+2x^2+1}{x^2+1}\mathrm{d}x$;

(8) $\displaystyle\int 2^x\cdot\mathrm{e}^x\mathrm{d}x$;

(9) $\displaystyle\int\frac{7\cdot 3^x-9\cdot 2^x}{2^x}\mathrm{d}x$;

(10) $\displaystyle\int\cos^2\frac{x}{2}\mathrm{d}x$;

(11) $\displaystyle\int\frac{1}{1+\cos 2x}\mathrm{d}x$;

(12) $\displaystyle\int\frac{\cos 2x}{\cos x-\sin x}\mathrm{d}x$;

(13) $\displaystyle\int\frac{\cos 2x}{\cos^2 x\sin^2 x}\mathrm{d}x$;

(14) $\displaystyle\int\frac{1}{\sqrt{2gh}}\mathrm{d}h\,(g\ 为常数)$.

2. 设 $f(x)$ 的原函数是 $\sin x$，求 $\dfrac{\mathrm{d}f}{\mathrm{d}x}$.

3. 若 $\displaystyle\int xf(x)\mathrm{d}x=\arcsin x+C$，求 $f(x)$.

4. 一曲线通过点 $(\mathrm{e}^2,3)$，且在任意一点处的切线的斜率等于该点横坐标的倒数，求该曲线的方程.

4.2　第一类换元积分法

利用直接积分法能计算的不定积分是非常有限的，例如 $\dfrac{1}{2x+1}$，$x\mathrm{e}^{x^2}$ 这样的函数都不能用直接积分法求得. 所以，需要探索计算不定积分的新方法. 换元积分法根据解决问题的不同，分为**第一类换元法**和**第二类换元法**. 本节介绍的第一类换元法是将复合函数的求导法则反过来用于不定积分.

有些不定积分，将积分变量进行一定的变换后就能由基本积分公式求出所需的积分. 例如 $\int \cos 2x \mathrm{d}x$, 在基本积分公式中只有 $\int \cos x \mathrm{d}x = \sin x + C$. 比较 $\int \cos 2x \mathrm{d}x$

和 $\int \cos x \mathrm{d}x$ 这两个积分, 不难发现只是相差了一个常数因子, 如果凑上一个常数因子

2, 将其转化为 $\int \cos 2x \mathrm{d}(2x)$ 的关系式, 就能求得所需积分了. 下面来寻求这两个不定

积分之间的关系.

设 $u = 2x$, 则

$$\int \cos 2x \mathrm{d}(2x) = \int \cos u \mathrm{d}u = \sin u + C = \sin 2x + C$$

而

$$(\sin 2x + C)' = 2\cos 2x$$

根据不定积分的定义可知

$$\int 2\cos 2x \mathrm{d}x = \sin 2x + C$$

所以

$$\int \cos 2x \mathrm{d}(2x) = \int 2\cos 2x \mathrm{d}x \qquad (4.2.1)$$

不难发现, 由 $\mathrm{d}(2x) = 2\mathrm{d}x$ 同样可以得到 (4.2.1) 式, 于是可以推测 $\int f(x)\mathrm{d}x$ 虽然是

一个整体的记号, 但 $\mathrm{d}x$ 也可当作变量 x 的微分来对待. 其实该结论可以由复合函数

的微分和不定积分的定义进行证明.

由此, 我们得到了寻求 $\int \cos 2x \mathrm{d}x$ 和 $\int \cos x \mathrm{d}x$ 之间关系的方法. 比较两者之间的

关系, 容易发现两者相差一个常数 2, 由 (4.2.1) 式可得

$$\int \cos 2x \mathrm{d}x = \frac{1}{2} \int \cos 2x \mathrm{d}(2x) = \frac{1}{2} \int \cos u \mathrm{d}u = \frac{1}{2} \sin u + C = \frac{1}{2} \sin 2x + C$$

其中 $u = 2x$.

从上述例子中可以发现, 在求不定积分时, 将被积函数与已知的基本积分公式作

比较, 并利用简单的变量代换, 想办法将原式"凑"成与基本积分公式在形式上一致,

这种方法形象化地叫做"凑微分法", 也叫**第一类换元法**.

例 1 求 $\int \mathrm{e}^{3x} \mathrm{d}x$.

解 由于 $\mathrm{d}(3x) = 3\mathrm{d}x$ 所以

$$\int \mathrm{e}^{3x} \mathrm{d}x = \frac{1}{3} \int \mathrm{e}^{3x} \mathrm{d}(3x) \xrightarrow[\text{换元}]{\text{令 } 3x = u} \frac{1}{3} \int \mathrm{e}^{u} \mathrm{d}u = \frac{1}{3} \mathrm{e}^{u} + C$$

$$\xrightarrow[\text{回代}]{3x = u} \frac{1}{3} \mathrm{e}^{3x} + C$$

例 2　求 $\displaystyle\int \frac{1}{1+2x}\mathrm{d}x$.

解　由于 $\mathrm{d}(1+2x)=2\mathrm{d}x$ 所以

$$\int \frac{1}{1+2x}\mathrm{d}x = \frac{1}{2}\int \frac{1}{1+2x}\mathrm{d}(1+2x) \xlongequal[\text{换元}]{\text{令}\,1+2x=u} \frac{1}{2}\int \frac{1}{u}\mathrm{d}u = \frac{1}{2}\ln|u|+C$$

$$\xlongequal[\text{回代}]{u=1+2x} \frac{1}{2}\ln|1+2x|+C$$

在运算比较熟悉之后,换元这一步骤可以省略.

从以上例子可以看出,凑微分法概括起来就是说,为了求积分

$$\int f(x)\mathrm{d}x$$

(1) 将其设法凑成如下的形式

$$\int f(x)\mathrm{d}x \xlongequal{\text{恒等变形}} \int g[\varphi(x)]\mathrm{d}[\varphi(x)]$$

(2) 做变量代换 $u=\varphi(x)$,则上式变为

$$\int g(u)\mathrm{d}u$$

假设这个积分可在积分公式表中查到为

$$\int g(u)\mathrm{d}u = F(u)+C$$

(3) 用 $u=\varphi(x)$ 还原,即

$$\int g(u)\mathrm{d}u = F(u)+C = F[\varphi(x)]+C$$

所以

$$\int f(x)\mathrm{d}x = F[\varphi(x)]+C$$

因此,凑微分法又可以叫简单换元法.

例 3　求 $\displaystyle\int \frac{1}{a^2+x^2}\mathrm{d}x$.

解　$\displaystyle\int \frac{1}{a^2+x^2}\mathrm{d}x = \frac{1}{a^2}\int \frac{1}{1+\left(\frac{x}{a}\right)^2}\mathrm{d}x = \frac{1}{a}\int \frac{1}{1+\left(\frac{x}{a}\right)^2}\mathrm{d}\left(\frac{x}{a}\right)$

$$= \frac{1}{a}\arctan \frac{x}{a}+C$$

例 4　求 $\displaystyle\int \frac{1}{\sqrt{a^2-x^2}}\mathrm{d}x\,(a>0)$.

解 $\displaystyle\int \frac{1}{\sqrt{a^2-x^2}}\mathrm{d}x = \frac{1}{a}\int \frac{1}{\sqrt{1-\left(\dfrac{x}{a}\right)^2}}\mathrm{d}x = \int \frac{1}{\sqrt{1-\left(\dfrac{x}{a}\right)^2}}\mathrm{d}\left(\frac{x}{a}\right)$

$$= \arcsin \frac{x}{a} + C$$

容易看出,凑微分法的关键在于第一步寻求 $\varphi(x)$,以上例子的 $\varphi(x)$ 都比较容易找到,但有些 $\varphi(x)$ 并不容易找到,所以需要寻求新的方法找 $\varphi(x)$. 因为

$$\int g[\varphi(x)]\mathrm{d}[\varphi(x)] = \int g[\varphi(x)]\varphi'(x)\mathrm{d}x$$

我们将其反向运用可以知道,$\varphi(x)$ 实际上是 $\varphi'(x)$ 的一个原函数. 由此,我们得到了寻找 $\varphi(x)$ 的方法,即是求 $\varphi'(x)$ 的不定积分. 即

$$\int f(x)\mathrm{d}x \xrightarrow{\text{恒等变形}} \int g[\varphi(x)]\varphi'(x)\mathrm{d}x = \int g[\varphi(x)]\mathrm{d}[\varphi(x)]$$

例 5 求 $\displaystyle\int \sin x\cos x\mathrm{d}x$.

解 选取 $\cos x$ 为 $\varphi'(x)$,因为 $\displaystyle\int \cos x\mathrm{d}x = \sin x + C$,所以

$$\int \sin x\cos x\mathrm{d}x = \int \sin x\mathrm{d}(\sin x) = \frac{1}{2}\sin^2 x + C$$

例 6 求 $\displaystyle\int x\mathrm{e}^{x^2}\mathrm{d}x$.

解 选取 x 为 $\varphi'(x)$,因为 $\displaystyle\int x\mathrm{d}x = \frac{1}{2}x^2 + C$,所以

$$\int x\mathrm{e}^{x^2}\mathrm{d}x = \int \mathrm{e}^{x^2}\mathrm{d}\left(\frac{1}{2}x^2\right) = \frac{1}{2}\int \mathrm{e}^{x^2}\mathrm{d}(x^2) = \frac{1}{2}\mathrm{e}^{x^2} + C$$

在运算比较熟悉之后,寻找 $\varphi(x)$ 的过程(求积分的过程)也可以省略.

例 7 求 $\displaystyle\int \frac{\sin \sqrt{x}}{\sqrt{x}}\mathrm{d}x$.

解 $\displaystyle\int \frac{\sin \sqrt{x}}{\sqrt{x}}\mathrm{d}x = \int \sin \sqrt{x}\mathrm{d}(2\sqrt{x}) = 2\int \sin \sqrt{x}\mathrm{d}(\sqrt{x})$

$$= -2\cos \sqrt{x} + C$$

由以上例子可以看出,选择合适的 $\varphi'(x)$ 非常重要,这需要读者十分熟悉积分公式,并通过大量的练习才能掌握.

至此,我们找到了寻找 $\varphi(x)$ 的基本方法:

第一种是利用积分公式作比较,直接找到 $\varphi(x)$,如本节例1~例4;

第二种是直接求 $\varphi'(x)$ 的不定积分,从而得到 $\varphi(x)$,如本节例5~例7.

例 8　求 $\displaystyle\int \frac{1}{x^2-a^2}\mathrm{d}x$.

解　$\displaystyle\int \frac{1}{x^2-a^2}\mathrm{d}x = \frac{1}{2a}\int\left(\frac{1}{x-a}-\frac{1}{x+a}\right)\mathrm{d}x$

$\displaystyle\qquad\qquad\quad = \frac{1}{2a}\left[\int \frac{1}{x-a}\mathrm{d}(x-a)-\int \frac{1}{x+a}\mathrm{d}(x+a)\right]$

$\displaystyle\qquad\qquad\quad = \frac{1}{2a}(\ln\mid x-a\mid-\ln\mid x+a\mid)+C$

$\displaystyle\qquad\qquad\quad = \frac{1}{2a}\ln\left|\frac{x-a}{x+a}\right|+C$

例 9　求 $\displaystyle\int \frac{x}{x^2-a^2}\mathrm{d}x$.

解　$\displaystyle\int \frac{x}{x^2-a^2}\mathrm{d}x = \frac{1}{2}\int\left(\frac{1}{x-a}+\frac{1}{x+a}\right)\mathrm{d}x$

$\displaystyle\qquad\qquad\quad = \frac{1}{2}\left[\int \frac{1}{x-a}\mathrm{d}(x-a)+\int \frac{1}{x+a}\mathrm{d}(x+a)\right]$

$\displaystyle\qquad\qquad\quad = \frac{1}{2}(\ln\mid x-a\mid+\ln\mid x+a\mid)+C$

$\displaystyle\qquad\qquad\quad = \frac{1}{2}\ln\mid x^2-a^2\mid+C$

注　本题也可以利用 $\displaystyle\int \frac{x}{x^2-a^2}\mathrm{d}x = \frac{1}{2}\int \frac{1}{x^2-a^2}\mathrm{d}(x^2)$ 进行求解.

例 10　求 $\displaystyle\int \frac{1}{x(1+2\ln x)}\mathrm{d}x$.

解　$\displaystyle\int \frac{1}{x(1+2\ln x)}\mathrm{d}x = \int \frac{1}{1+2\ln x}\mathrm{d}(\ln x)$

$\displaystyle\qquad\qquad\qquad\quad = \frac{1}{2}\int \frac{1}{1+2\ln x}\mathrm{d}(1+2\ln x)$

$\displaystyle\qquad\qquad\qquad\quad = \frac{1}{2}\ln\mid 1+2\ln x\mid+C$

例 11　求 $\displaystyle\int \frac{1}{1+\mathrm{e}^x}\mathrm{d}x$.

解　$\displaystyle\int \frac{1}{1+\mathrm{e}^x}\mathrm{d}x = \int \frac{1+\mathrm{e}^x-\mathrm{e}^x}{1+\mathrm{e}^x}\mathrm{d}x = \int\left(1-\frac{\mathrm{e}^x}{1+\mathrm{e}^x}\right)\mathrm{d}x$

$\displaystyle\qquad\qquad\quad = \int \mathrm{d}x-\int \frac{\mathrm{e}^x}{1+\mathrm{e}^x}\mathrm{d}x = x-\int \frac{1}{1+\mathrm{e}^x}\mathrm{d}(\mathrm{e}^x)$

$\displaystyle\qquad\qquad\quad = x-\int \frac{1}{1+\mathrm{e}^x}\mathrm{d}(1+\mathrm{e}^x)$

$\displaystyle\qquad\qquad\quad = x-\ln(1+\mathrm{e}^x)+C$

例 12 求 $\displaystyle\int \frac{1}{\mathrm{e}^x + \mathrm{e}^{-x}}\mathrm{d}x$.

解 $\displaystyle\int \frac{1}{\mathrm{e}^x + \mathrm{e}^{-x}}\mathrm{d}x = \int \frac{\mathrm{e}^x}{(\mathrm{e}^x)^2 + 1}\mathrm{d}x = \int \frac{1}{(\mathrm{e}^x)^2 + 1}\mathrm{d}(\mathrm{e}^x)$

$$= \arctan \mathrm{e}^x + C$$

例 13 求 $\displaystyle\int \tan x\,\mathrm{d}x$.

解 $\displaystyle\int \tan x\,\mathrm{d}x = \int \frac{\sin x}{\cos x}\mathrm{d}x = \int \frac{1}{\cos x}\mathrm{d}(-\cos x)$

$$= -\int \frac{1}{\cos x}\mathrm{d}(\cos x) = -\ln|\cos x| + C$$

类似可求出 $\displaystyle\int \cot x\,\mathrm{d}x = \ln|\sin x| + C$.

例 14 求 $\displaystyle\int \cos^3 x\,\mathrm{d}x$.

解 $\displaystyle\int \cos^3 x\,\mathrm{d}x = \int \cos^2 x\,\mathrm{d}(\sin x) = \int (1 - \sin^2 x)\mathrm{d}(\sin x)$

$$= \sin x - \frac{1}{3}\sin^3 x + C$$

例 15 求 $\displaystyle\int \cos^5 x\,\mathrm{d}x$.

解 $\displaystyle\int \cos^5 x\,\mathrm{d}x = \int \cos^4 x\,\mathrm{d}(\sin x) = \int (1 - \sin^2 x)^2\,\mathrm{d}(\sin x)$

$$= \int (1 - 2\sin^2 x + \sin^4 x)\mathrm{d}(\sin x)$$

$$= \sin x - \frac{2}{3}\sin^3 x + \frac{1}{5}\sin^5 x + C$$

例 16 求 $\displaystyle\int \cos^2 x\,\mathrm{d}x$.

解 $\displaystyle\int \cos^2 x\,\mathrm{d}x = \int \frac{1 + \cos 2x}{2}\mathrm{d}x = \frac{1}{2}\left(\int \mathrm{d}x + \int \cos 2x\,\mathrm{d}x\right)$

$$= \frac{1}{2}\int \mathrm{d}x + \frac{1}{4}\int \cos 2x\,\mathrm{d}(2x)$$

$$= \frac{1}{2}x + \frac{1}{4}\sin 2x + C$$

例 17 求 $\displaystyle\int \cos^4 x\,\mathrm{d}x$.

解 $\displaystyle\int \cos^4 x\,\mathrm{d}x = \int \left(\frac{1 + \cos 2x}{2}\right)^2 \mathrm{d}x = \frac{1}{4}\int (1 + 2\cos 2x + \cos^2 2x)\mathrm{d}x$

$$= \frac{1}{4}\int \mathrm{d}x + \frac{1}{4}\int \cos 2x\,\mathrm{d}(2x) + \frac{1}{4}\int \left(\frac{1 + \cos 4x}{2}\right)\mathrm{d}x$$

$$= \frac{1}{4}x + \frac{1}{4}\sin 2x + \frac{1}{8}\int \mathrm{d}x + \frac{1}{32}\int \cos 4x \mathrm{d}(4x)$$

$$= \frac{1}{4}x + \frac{1}{4}\sin 2x + \frac{1}{8}x + \frac{1}{32}\sin 4x + C$$

$$= \frac{3}{8}x + \frac{1}{4}\sin 2x + \frac{1}{32}\sin 4x + C$$

从上述几个例子可以观察到含有 $\sin^{2k+1}x\cos^n x$，$\cos^{2k+1}x\sin^n x (k \in \mathbf{N}^+)$ 的积分，可将其凑成 $\sin^{2k}x\cos^n x \mathrm{d}(\cos x)$，$\cos^{2k}x\sin^n x \mathrm{d}(\sin x)$ 的形式，再进行计算；含有 $\sin^{2k}x\cos^{2l}x(k,l \in \mathbf{N}^+)$ 的积分，可利用 $\sin^2 x = \frac{1}{2}(1 - \cos 2x)$，$\cos^2 x = \frac{1}{2}(1 + \cos 2x)$ 将其化为 $\cos 2x$ 的多项式的形式，再进行计算.

例 18　求 $\int \sec^4 x \mathrm{d}x$.

解　$\int \sec^4 x \mathrm{d}x = \int \sec^2 x \mathrm{d}(\tan x) = \int (1 + \tan^2 x) \mathrm{d}(\tan x)$

$$= \tan x + \frac{1}{3}\tan^3 x + C$$

例 19　求 $\int \tan^3 x \sec^4 x \mathrm{d}x$.

解法 1　$\int \tan^3 x \sec^4 x \mathrm{d}x = \int \tan^3 x \sec^2 x \mathrm{d}(\tan x)$

$$= \int \tan^3 x (1 + \tan^2 x) \mathrm{d}(\tan x)$$

$$= \int (\tan^3 x + \tan^5 x) \mathrm{d}(\tan x)$$

$$= \frac{1}{4}\tan^4 x + \frac{1}{6}\tan^6 x + C$$

解法 2　$\int \tan^3 x \sec^4 x \mathrm{d}x = \int \tan^2 x \sec^3 x \mathrm{d}(\sec x)$

$$= \int (\sec^2 x - 1) \sec^3 x \mathrm{d}(\sec x)$$

$$= \int (\sec^5 x - \sec^3 x) \mathrm{d}(\sec x)$$

$$= \frac{1}{6}\sec^6 x - \frac{1}{4}\sec^4 x + C$$

从例 19 可以看出，采用不同的方法计算同一个不定积分，可能会得到不同的结果，但二者之间只相差一个常数.

注　检验积分结果是否正确，只要对结果求导，如果导数等于被积函数，则结果正确，反之结果错误.

例 20 求 $\displaystyle\int \tan^3 x \sec^3 x \mathrm{d}x$.

解 $\displaystyle\int \tan^3 x \sec^3 x \mathrm{d}x = \int \tan^2 x \sec^2 x \mathrm{d}(\sec x)$

$$= \int (\sec^2 x - 1)\sec^2 x \mathrm{d}(\sec x)$$

$$= \int (\sec^4 x - \sec^2 x)\mathrm{d}(\sec x)$$

$$= \frac{1}{5}\sec^5 x - \frac{1}{3}\sec^3 x + C$$

从上述几个例子可以观察到,含有 $\tan^n x \sec^{2k} x\,(k \in \mathbf{N}^+)$ 的积分,可将其凑成 $\tan^n x \sec^{2k-2}\mathrm{d}(\tan x)$ 的形式,再进行计算;含有 $\tan^{2k-1} x \sec^n x\,(k \in \mathbf{N}^+)$ 的积分,可将其凑成 $\tan^{2k-2} x \sec^{n-1}\mathrm{d}(\sec x)$ 的形式,再进行计算.

例 21 求 $\displaystyle\int \csc x \mathrm{d}x$.

解法 1 $\displaystyle\int \csc x \mathrm{d}x = \int \frac{1}{\sin x}\mathrm{d}x = \int \frac{\sin x}{\sin^2 x}\mathrm{d}x$

$$= -\int \frac{1}{1-\cos^2 x}\mathrm{d}(\cos x) = \int \frac{1}{\cos^2 x - 1}\mathrm{d}(\cos x)$$

利用本节例 8 的结论可得

$$\int \csc x \mathrm{d}x = \frac{1}{2}\ln \left| \frac{\cos x - 1}{\cos x + 1} \right| + C$$

因为

$$\frac{1}{2}\ln \left| \frac{\cos x - 1}{\cos x + 1} \right| = \frac{1}{2}\ln \left| \frac{(\cos x - 1)^2}{\cos^2 x - 1} \right| = \frac{1}{2}\ln \frac{(\cos x - 1)^2}{\sin^2 x}$$

$$= \ln \sqrt{\frac{(\cos x - 1)^2}{\sin^2 x}} = \ln \left| \frac{\cos x - 1}{\sin x} \right|$$

$$= \ln | \cot x - \csc x |$$

所以

$$\int \csc x \mathrm{d}x = \ln | \csc x - \cot x | + C$$

解法 2 $\displaystyle\int \csc x \mathrm{d}x = \int \frac{1}{\sin x}\mathrm{d}x = \int \frac{1}{2\sin \frac{x}{2}\cos \frac{x}{2}}\mathrm{d}x$

$$= \int \frac{1}{\tan \frac{x}{2}\cos^2 \frac{x}{2}}\mathrm{d}\left(\frac{x}{2}\right) = \int \frac{1}{\tan \frac{x}{2}}\mathrm{d}\left(\tan \frac{x}{2}\right)$$

$$= \ln \left| \tan \frac{x}{2} \right| + C$$

因为

$$\ln\left|\tan\frac{x}{2}\right| = \ln\left|\frac{\sin\frac{x}{2}}{\cos\frac{x}{2}}\right| = \ln\left|\frac{2\sin^2\frac{x}{2}}{\sin x}\right| = \ln\left|\frac{1-\cos x}{\sin x}\right|$$

$$= \ln\left|\csc x - \cot x\right|$$

所以

$$\int \csc x\,\mathrm{d}x = \ln\left|\csc x - \cot x\right| + C$$

类似可求出 $\displaystyle\int \sec x\,\mathrm{d}x = \ln\left|\sec x + \tan x\right| + C.$

例 22　求 $\displaystyle\int \cos 3x\cos 2x\,\mathrm{d}x.$

解　利用三角函数的积化和差公式

$$\cos A\cos B = \frac{1}{2}\left[\cos(A-B) + \cos(A+B)\right]$$

可以得到

$$\cos 3x\cos 2x = \frac{1}{2}(\cos x + \cos 5x)$$

于是

$$\int \cos 3x\cos 2x\,\mathrm{d}x = \int \frac{1}{2}(\cos x + \cos 5x)\,\mathrm{d}x$$

$$= \frac{1}{2}\int \cos x\,\mathrm{d}x + \frac{1}{10}\int \cos 5x\,\mathrm{d}(5x)$$

$$= \frac{1}{2}\sin x + \frac{1}{10}\sin 5x + C$$

习题 4-2

求下列不定积分(a,b,ω,φ 为常数)：

(1) $\displaystyle\int \mathrm{e}^{2x}\,\mathrm{d}x;$

(2) $\displaystyle\int (3-2x)^5\,\mathrm{d}x;$

(3) $\displaystyle\int \frac{1}{(1+2x)^2}\,\mathrm{d}x;$

(4) $\displaystyle\int \frac{1}{\sqrt{5-3x}}\,\mathrm{d}x;$

(5) $\displaystyle\int \tan^8 x\sec^2 x\,\mathrm{d}x;$

(6) $\displaystyle\int \left(\sin ax - \mathrm{e}^{\frac{x}{b}}\right)\mathrm{d}x;$

(7) $\displaystyle\int \frac{x}{1+x^2}\,\mathrm{d}x;$

(8) $\displaystyle\int x\mathrm{e}^{-x^2}\,\mathrm{d}x;$

(9) $\displaystyle\int \frac{x}{\sqrt{1-2x^2}}\mathrm{d}x$;

(10) $\displaystyle\int \frac{2^{\arccos x}}{\sqrt{1-x^2}}\mathrm{d}x$;

(11) $\displaystyle\int \frac{1}{\sqrt{x}\cos\sqrt{x}}\mathrm{d}x$;

(12) $\displaystyle\int \sin\sqrt{1+x^2}\,\frac{x}{\sqrt{1+x^2}}\mathrm{d}x$;

(13) $\displaystyle\int \frac{1}{(\arcsin x)^2\sqrt{1-x^2}}\mathrm{d}x$;

(14) $\displaystyle\int \frac{\arctan\sqrt{x}}{\sqrt{x}(1+x)}\mathrm{d}x$;

(15) $\displaystyle\int \frac{\ln x}{x(1+\ln^2 x)}\mathrm{d}x$;

(16) $\displaystyle\int \frac{1}{x\ln x\ln\ln x}\mathrm{d}x$;

(17) $\displaystyle\int \frac{\sin x\cos x}{1+\sin^4 x}\mathrm{d}x$;

(18) $\displaystyle\int \cos^2(\omega t+\varphi)\sin(\omega t+\varphi)\mathrm{d}t$;

(19) $\displaystyle\int \frac{1}{1-\mathrm{e}^{-x}}\mathrm{d}x$;

(20) $\displaystyle\int \frac{1}{\sin x\cos x}\mathrm{d}x$;

(21) $\displaystyle\int \frac{1+\ln x}{(x\ln x)^2}\mathrm{d}x$;

(22) $\displaystyle\int \frac{\ln\tan x}{\cos x\sin x}\mathrm{d}x$;

(23) $\displaystyle\int \frac{x+1}{x^2+2x+5}\mathrm{d}x$;

(24) $\displaystyle\int \sin^3 x\mathrm{d}x$;

(25) $\displaystyle\int \cos^2(\omega t+\varphi)\mathrm{d}t$;

(26) $\displaystyle\int \tan^3 x\sec x\mathrm{d}x$;

(27) $\displaystyle\int \frac{1-2\sin x}{\cos^2 x}\mathrm{d}x$;

(28) $\displaystyle\int \frac{x^3}{16+x^2}\mathrm{d}x$;

(29) $\displaystyle\int \frac{1-x}{\sqrt{9-4x^2}}\mathrm{d}x$;

(30) $\displaystyle\int \frac{1}{x^2-2x-3}\mathrm{d}x$;

(31) $\displaystyle\int \frac{1}{2x^2-1}\mathrm{d}x$;

(32) $\displaystyle\int \sin 2x\cos 3x\mathrm{d}x$;

(33) $\displaystyle\int \cos x\cos\frac{x}{2}\mathrm{d}x$;

(34) $\displaystyle\int \sin 5x\sin 7x\mathrm{d}x$.

4.3 第二类换元积分法

前面学习了第一类换元积分法,其显著特点是做变量代换 $u=\varphi(x)$. 利用该法极大地扩大了积分的范围,但对于一些积分,运用该法仍然很难甚至不能奏效. 例如 $\int x\sqrt{x+1}\mathrm{d}x$,$\int \sqrt{a^2-x^2}\mathrm{d}x$ 等,为此介绍第二类换元积分法.

求 $\displaystyle\int \frac{1}{1+\sqrt{x}}\mathrm{d}x$ 这个题目看似简单,但要直接凑微分积分都十分困难,不妨先进行换元后再积分.

令 $\sqrt{x}=t$,即 $x=t^2$,则 $\mathrm{d}x=2t\mathrm{d}t$. 所以

$$\int \frac{1}{1+\sqrt{x}}\mathrm{d}x = \int \frac{1}{1+t}2t\mathrm{d}t = 2\int \frac{1+t-1}{1+t}\mathrm{d}t$$

$$= 2\int \mathrm{d}t - 2\int \frac{1}{1+t}\mathrm{d}t = 2t - 2\int \frac{1}{1+t}\mathrm{d}(1+t)$$

$$= 2t - 2\ln|1+t| + C$$

$$= 2\sqrt{x} - 2\ln|1+\sqrt{x}| + C$$

注　本例中令 $1+\sqrt{x}=t$ 同样可以计算.

从上述例子中我们发现,直接积分法或第一类换元法不易求出结果时,采用适当的变量代换 $x=\varphi(t)$ 后,得到新的不定积分

$$\int f(x)\mathrm{d}x = \int f[\varphi(t)]\mathrm{d}[\varphi(t)] = \int f[\varphi(t)]\varphi'(t)\mathrm{d}t$$

如果 $\int f[\varphi(t)]\varphi'(t)\mathrm{d}t$ 容易求出结果,则可解决 $\int f(x)\mathrm{d}x$ 的计算问题,这就是**第二类换元积分法**.

将该换元法用定理的形式叙述如下:

定理 4.3.1　设 $x=\varphi(t)$ 单调可导,$\varphi'(t)\neq 0$,且

$$\int f[\varphi(t)]\varphi'(t)\mathrm{d}t = F(t) + C$$

则有换元公式

$$\int f(x)\mathrm{d}x = \int f[\varphi(t)]\varphi'(t)\mathrm{d}t = F(t) + C = F[\varphi^{-1}(x)] + C$$

其中 $t=\varphi^{-1}(x)$ 是 $x=\varphi(t)$ 的反函数.

证　利用复合函数求导法则得

$$(F[\varphi^{-1}(x)]+C)' = F'[\varphi^{-1}(x)]\cdot[\varphi^{-1}(x)]' = F'(t)\cdot[\varphi^{-1}(x)]'$$

因为 $\int f[\varphi(t)]\varphi'(t)\mathrm{d}t = F(t)+C$,所以

$$F'(t)\cdot[\varphi^{-1}(x)]' = f[\varphi(t)]\cdot\varphi'(t)\cdot[\varphi^{-1}(x)]'$$

由反函数求导法则可知 $[\varphi^{-1}(x)]'=\dfrac{1}{\varphi'(t)}$,所以

$$(F[\varphi^{-1}(x)]+C)' = f[\varphi(t)]\cdot\varphi'(t)\cdot\frac{1}{\varphi'(t)} = f[\varphi(t)] = f(x)$$

则 $F[\varphi^{-1}(x)]+C$ 是 $f(x)$ 的原函数,从而结论得证.

常用的代换有:**简单根式代换**、**三角代换**、**倒代换**.下面分别通过例题加以介绍.

例 1　求 $\int \dfrac{x}{\sqrt{x-1}}\mathrm{d}x$.

解　令 $t=\sqrt{x-1}$,则 $x=t^2+1$,$\mathrm{d}x=2t\mathrm{d}t$,所以

$$\int \frac{x}{\sqrt{x-1}}\mathrm{d}x = \int \frac{t^2+1}{t}\cdot 2t\mathrm{d}t = 2\int(t^2+1)\mathrm{d}t$$

$$= \frac{2}{3}t^3 + 2t + C = \frac{2}{3}(\sqrt{x-1})^3 + 2\sqrt{x-1} + C$$

例 2 求 $\displaystyle\int \frac{1}{\sqrt{x}\left(1+\sqrt[3]{x}\right)}\mathrm{d}x$.

解 为同时消去被积函数中的根式 $\sqrt{x}$ 和 $\sqrt[3]{x}$,可令 $x=t^6$,则 $\mathrm{d}x=6t^5\mathrm{d}t$,所以

$$\int \frac{1}{\sqrt{x}(1+\sqrt[3]{x})}\mathrm{d}x = \int \frac{1}{t^3(1+t^2)}\cdot 6t^5\mathrm{d}t = \int \frac{6t^2}{1+t^2}\mathrm{d}t$$

$$= 6\int \frac{t^2+1-1}{1+t^2}\mathrm{d}t = 6\int \left(1-\frac{1}{1+t^2}\right)\mathrm{d}t$$

$$= 6(t-\arctan t)+C$$

$$= 6(\sqrt[6]{x}-\arctan \sqrt[6]{x})+C$$

以上例题中进行简单的根式代换即可计算出结果,但若被积函数含有二次根式,如 $\sqrt{a^2-x^2}$,$\sqrt{a^2+x^2}$,$\sqrt{x^2-a^2}$,就不能用简单根式代换(读者可以尝试一下). 这时可以考虑利用 $\sin^2 x+\cos^2 x=1$,$1+\tan^2 x=\sec^2 x$,$\sec^2 x-1=\tan^2 x$ 这些等式将被积函数有理化,此类代换通常称为**三角代换**.

例 3 求 $\displaystyle\int \sqrt{a^2-x^2}\,\mathrm{d}x(a>0)$.

解 令 $x=a\sin t\left(-\frac{\pi}{2}<t<\frac{\pi}{2}\right)$,则

$$\sqrt{a^2-x^2} = a\sqrt{1-\sin^2 t} = a\cos t, \quad \mathrm{d}x = a\cos t\mathrm{d}t$$

于是有

$$\int \sqrt{a^2-x^2}\,\mathrm{d}x = \int a\cos t\cdot a\cos t\mathrm{d}t = a^2\int \cos^2 t\mathrm{d}t$$

$$= \frac{a^2}{2}\int (1+\cos 2t)\mathrm{d}t = \frac{a^2}{2}\left(t+\frac{1}{2}\sin 2t\right)+C$$

$$= \frac{a^2}{2}(t+\sin t\cos t)+C$$

为将变量 t 回代为积分变量 x,以 $x=a\sin t$ 即 $\sin t=\dfrac{x}{a}$ 为基础构造辅助三角形,如图 4.3.1 所示.

由图 4.3.1 可知 $\cos t=\dfrac{\sqrt{a^2-x^2}}{a}$,代入上式得

$$\int \sqrt{a^2-x^2}\,\mathrm{d}x = \frac{a^2}{2}\left(\arcsin \frac{x}{a}+\frac{x}{a}\frac{\sqrt{a^2-x^2}}{a}\right)+C$$

$$= \frac{a^2}{2}\arcsin \frac{x}{a}+\frac{x}{2}\sqrt{a^2-x^2}+C$$

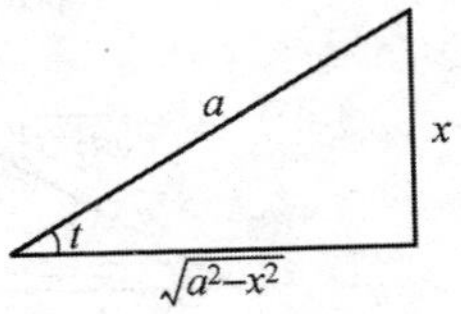

图 4.3.1

注　本例中若令 $x = a\cos t$,同样可计算.

例 4　求 $\displaystyle\int \frac{1}{\sqrt{a^2 + x^2}}\mathrm{d}x\,(a > 0)$.

解　令 $x = a\tan t\left(-\dfrac{\pi}{2} < t < \dfrac{\pi}{2}\right)$,则 $\mathrm{d}x = a\sec^2 t\,\mathrm{d}t$,所以

$$\int \frac{1}{\sqrt{a^2 + x^2}}\mathrm{d}x = \int \frac{1}{a\sec t} \cdot a\sec^2 t\,\mathrm{d}t = \int \sec t\,\mathrm{d}t$$

利用 4.2 节例 21 的结论,可以得到

$$\int \frac{1}{\sqrt{a^2 + x^2}}\mathrm{d}x = \ln|\sec t + \tan t| + C$$

根据 $\tan t = \dfrac{x}{a}$ 构造辅助三角形,如图 4.3.2 所示,则

$$\int \frac{1}{\sqrt{a^2 + x^2}}\mathrm{d}x = \ln\left|\frac{x}{a} + \frac{\sqrt{a^2 + x^2}}{a}\right| + C_1$$

$$= \ln|x + \sqrt{a^2 + x^2}| + C$$

其中 $C = C_1 - \ln a$.

例 5　求 $\displaystyle\int \frac{1}{\sqrt{x^2 - a^2}}\mathrm{d}x\,(a > 0)$.

解　当 $x > a$ 时,令 $x = a\sec t\left(0 < t < \dfrac{\pi}{2}\right)$,则 $\mathrm{d}x = a\sec t \cdot \tan t\,\mathrm{d}t$,所以

$$\int \frac{1}{\sqrt{x^2 - a^2}}\mathrm{d}x = \int \frac{1}{a\tan t} \cdot a\sec t \cdot \tan t\,\mathrm{d}t$$

$$= \int \sec t\,\mathrm{d}t = \ln(\sec t + \tan t) + C$$

根据 $\sec t = \dfrac{x}{a}$ 构造辅助三角形,如图 4.3.3 所示,则

$$\int \frac{1}{\sqrt{x^2 - a^2}}\mathrm{d}x = \ln\left(\frac{x}{a} + \frac{\sqrt{x^2 - a^2}}{a}\right) + C_1$$

$$= \ln(x + \sqrt{x^2 - a^2}) + C$$

其中 $C = C_1 - \ln a$.

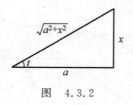

图　4.3.2

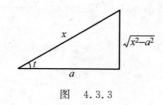

图　4.3.3

当 $x < -a$ 时，令 $x = -u$，则 $\mathrm{d}x = -\mathrm{d}u$，且 $u > a$，所以

$$\int \frac{1}{\sqrt{x^2 - a^2}}\mathrm{d}x = -\int \frac{1}{\sqrt{u^2 - a^2}}\mathrm{d}u$$

$$= -\ln(u + \sqrt{u^2 - a^2}) + C_2$$

$$= -\ln(-x + \sqrt{x^2 - a^2}) + C_2$$

$$= \ln \frac{1}{-x + \sqrt{x^2 - a^2}} + C_2$$

$$= \ln \frac{-x - \sqrt{x^2 - a^2}}{a^2} + C_2$$

$$= \ln(-x - \sqrt{x^2 - a^2}) + C$$

其中 $C = C_2 - \ln a$.

综上所述，$\displaystyle\int \frac{1}{\sqrt{x^2 - a^2}}\mathrm{d}x = \ln|x + \sqrt{x^2 - a^2}| + C$.

从以上三个例子可以看出：

(1) 若被积函数中含有 $\sqrt{a^2 - x^2}$，可令 $x = a\sin t$；

(2) 若被积函数中含有 $\sqrt{a^2 + x^2}$，可令 $x = a\tan t$；

(3) 若被积函数中含有 $\sqrt{x^2 - a^2}$，可令 $x = \pm a\sec t$.

例 6　求 $\displaystyle\int \frac{1}{x(x^7 + 2)}\mathrm{d}x$.

解法 1　令 $x = \dfrac{1}{t}$，则 $\mathrm{d}x = -\dfrac{1}{t^2}\mathrm{d}t$，所以

$$\int \frac{1}{x(x^7 + 2)}\mathrm{d}x = \int \frac{t}{\left(\dfrac{1}{t}\right)^7 + 2}\left(-\frac{1}{t^2}\right)\mathrm{d}t = -\int \frac{t^6}{1 + 2t^7}\mathrm{d}t$$

$$= -\frac{1}{14}\int \frac{1}{1 + 2t^7}\mathrm{d}(1 + 2t^7) = -\frac{1}{14}\ln|1 + 2t^7| + C$$

$$= -\frac{1}{14}\ln\left|1 + 2\left(\frac{1}{x}\right)^7\right| + C = -\frac{1}{14}\ln\left|\frac{x^7 + 2}{x^7}\right| + C$$

$$= -\frac{1}{14}\ln|x^7 + 2| + \frac{1}{2}\ln|x| + C$$

注　分母的阶较高时经常采用倒代换.

解法 2　$\displaystyle\int \frac{1}{x(x^7 + 2)}\mathrm{d}x = \int \frac{x^6}{x^7(x^7 + 2)}\mathrm{d}x = \frac{1}{14}\int \left(\frac{1}{x^7} - \frac{1}{x^7 + 2}\right)\mathrm{d}(x^7)$

$$= \frac{1}{14}\left(\int \frac{1}{x^7}\mathrm{d}(x^7) - \int \frac{1}{x^7 + 2}\mathrm{d}(x^7 + 2)\right)$$

$$= \frac{1}{14}\ln|x^7| - \frac{1}{14}\ln|x^7+2| + C$$

$$= \frac{1}{2}\ln|x| - \frac{1}{14}\ln|x^7+2| + C$$

例 7　求 $\displaystyle\int \frac{x}{\sqrt{x^2-4}}\mathrm{d}x$.

解　$\displaystyle\int \frac{x}{\sqrt{x^2-4}}\mathrm{d}x = \frac{1}{2}\int \frac{1}{\sqrt{x^2-4}}\mathrm{d}(x^2-4) = \sqrt{x^2-4} + C$.

注　该题若用三角代换,后续计算要复杂得多. 所以具体解题时要分析被积函数的具体情况,选取尽可能简捷的方法.

前几节中的一些例题的结果以后会经常遇到,所以它们也常被当作公式使用,我们将其继续总结如下:

(15) $\displaystyle\int \tan x\,\mathrm{d}x = -\ln|\cos x| + C$;

(16) $\displaystyle\int \cot x\,\mathrm{d}x = \ln|\sin x| + C$;

(17) $\displaystyle\int \sec x\,\mathrm{d}x = \ln|\sec x + \tan x| + C$;

(18) $\displaystyle\int \csc x\,\mathrm{d}x = \ln|\csc x - \cot x| + C$;

(19) $\displaystyle\int \frac{1}{a^2+x^2}\mathrm{d}x = \frac{1}{a}\arctan \frac{x}{a} + C$;

(20) $\displaystyle\int \frac{1}{\sqrt{a^2-x^2}}\mathrm{d}x = \arcsin \frac{x}{a} + C$;

(21) $\displaystyle\int \frac{1}{x^2-a^2}\mathrm{d}x = \frac{1}{2a}\ln\left|\frac{x-a}{x+a}\right| + C$;

(22) $\displaystyle\int \frac{1}{\sqrt{a^2+x^2}}\mathrm{d}x = \ln|x + \sqrt{a^2+x^2}| + C$;

(23) $\displaystyle\int \frac{1}{\sqrt{x^2-a^2}}\mathrm{d}x = \ln|x + \sqrt{x^2-a^2}| + C$.

例 8　求 $\displaystyle\int \frac{1}{x^2+2x+3}\mathrm{d}x$.

解　$\displaystyle\int \frac{1}{x^2+2x+3}\mathrm{d}x = \int \frac{1}{(x+1)^2+2}\mathrm{d}x = \int \frac{1}{(x+1)^2+(\sqrt{2})^2}\mathrm{d}(x+1)$

利用上面积分公式(19)得

$$\int \frac{1}{x^2+2x+3}\mathrm{d}x = \frac{1}{\sqrt{2}}\arctan \frac{x+1}{\sqrt{2}} + C$$

习题 4-3

1. 求下列不定积分:

(1) $\displaystyle\int \frac{1}{1+\sqrt{3x}}\mathrm{d}x$;

(2) $\displaystyle\int \frac{x}{\sqrt{3x-1}}\mathrm{d}x$;

(3) $\displaystyle\int \frac{1}{x\sqrt{x^2-1}}\mathrm{d}x$;

(4) $\displaystyle\int \frac{\sqrt{x^2-9}}{x}\mathrm{d}x$;

(5) $\displaystyle\int \frac{1}{x\sqrt{4-x^2}}\mathrm{d}x$;

(6) $\displaystyle\int \frac{1}{\sqrt{(x^2+1)^3}}\mathrm{d}x$;

(7) $\displaystyle\int \frac{x^5}{\sqrt{x^2+1}}\mathrm{d}x$;

(8) $\displaystyle\int \frac{1}{\sqrt{1+\mathrm{e}^x}}\mathrm{d}x$;

(9) $\displaystyle\int \frac{1}{1+\sqrt{1-x^2}}\mathrm{d}x$;

(10) $\displaystyle\int \frac{1}{x+\sqrt{1-x^2}}\mathrm{d}x$;

(11) $\displaystyle\int \frac{x^3+1}{(x^2+1)^2}\mathrm{d}x$;

(12) $\displaystyle\int \frac{x-1}{x^2+2x+3}\mathrm{d}x$.

2. 求一个函数 $f(x)$,满足 $f'(x)=\dfrac{1}{\sqrt{1+x}}$,且 $f(0)=1$.

4.4 分部积分法

前面介绍的换元积分法虽然可以解决许多积分的计算问题,但有些积分如 $\int x\cos x\,\mathrm{d}x$, $\int x\mathrm{e}^x\,\mathrm{d}x$ 等利用直接积分法和换元法就无法求解.为此,本节介绍另一种基本积分法 —— 分部积分法.

设函数 $u=u(x)$ 和 $v=v(x)$ 具有连续导数,则

$$(uv)' = u'v + uv'$$

移项得

$$uv' = (uv)' - u'v$$

对等式两边求不定积分,则可以得到

$$\int uv'\mathrm{d}x = uv - \int u'v\mathrm{d}x \qquad (4.4.1)$$

又由于

$$\mathrm{d}v = v'\mathrm{d}x, \mathrm{d}u = u'\mathrm{d}x$$

所以(4.4.1)式又可以写成

$$\int u\mathrm{d}v = uv - \int v\mathrm{d}u \qquad (4.4.2)$$

171

(4.4.1)式和(4.4.2)式都称为**分部积分公式**.

利用分部积分法计算的关键在于将 $\int f(x)\mathrm{d}x$ 转化为 $\int u\mathrm{d}v$ 的形式,其采用的主要方法是凑微分法,例如

$$\int x\mathrm{e}^x\mathrm{d}x = \int x\mathrm{d}(\mathrm{e}^x) = x\mathrm{e}^x - \int \mathrm{e}^x\mathrm{d}x$$
$$= x\mathrm{e}^x - \mathrm{e}^x + C$$

从上例可以看到选择合适的 $u,\mathrm{d}v$ 可以简化运算,但是如果选择 $u,\mathrm{d}v$ 不当会使积分的计算变得更加复杂,如

$$\int x\mathrm{e}^x\mathrm{d}x = \int \mathrm{e}^x\mathrm{d}\left(\frac{x^2}{2}\right) = \frac{x^2}{2}\mathrm{e}^x - \int \frac{x^2}{2}\mathrm{d}(\mathrm{e}^x)$$
$$= \frac{x^2}{2}\mathrm{e}^x - \int \frac{x^2}{2}\mathrm{e}^x\mathrm{d}x$$

明显 $\int \frac{x^2}{2}\mathrm{e}^x\mathrm{d}x$ 比 $\int x\mathrm{e}^x\mathrm{d}x$ 更加复杂,它比原积分更难求出,所以选择 $u,\mathrm{d}v$ 是一个关键问题.

一般地,在 $u,\mathrm{d}v$ 选取时要考虑以下两点:

(1) v 要比较容易"凑"出;

(2) $\int v\mathrm{d}u$ 比 $\int u\mathrm{d}v$ 容易求出.

在选取 $u,\mathrm{d}v$ 困难时,不妨考虑下面的原则:对于反三角函数、对数函数、幂函数、指数函数、三角函数这 5 类函数,排在前面的函数选为 u,排在后面的函数去"凑" v.如上例中幂函数 x 与指数函数 e^x 在一起时,幂函数 x 选为 u,指数函数 e^x 去"凑" v.这种原则我们称为"反对幂指三".

例 1　求 $\int x\cos x\mathrm{d}x$.

解　根据"反对幂指三"的原则,幂函数 x 选为 u,三角函数 $\cos x$ 去"凑"v,可得

$$\int x\cos x\mathrm{d}x = \int x\mathrm{d}(\sin x) = x\sin x - \int \sin x\mathrm{d}x$$
$$= x\sin x + \cos x + C$$

例 2　求 $\int x^2\mathrm{e}^x\mathrm{d}x$.

解　
$$\int x^2\mathrm{e}^x\mathrm{d}x = \int x^2\mathrm{d}(\mathrm{e}^x) = x^2\mathrm{e}^x - \int \mathrm{e}^x\mathrm{d}(x^2)$$
$$= x^2\mathrm{e}^x - 2\int x\mathrm{e}^x\mathrm{d}x$$
$$= x^2\mathrm{e}^x - 2\int x\mathrm{d}(\mathrm{e}^x)$$

$$= x^2 e^x - 2\left(x e^x - \int e^x \,dx\right)$$

$$= x^2 e^x - 2x e^x + 2e^x + C$$

从例 2 可以看出,利用分部积分法计算积分时,有时需要多次使用分部积分才能得出结果.

例3 求 $\int x \arctan x \,dx$.

解
$$\int x \arctan x \,dx = \int \arctan x \,d\left(\frac{x^2}{2}\right)$$
$$= \frac{x^2}{2}\arctan x - \int \frac{x^2}{2}\,d(\arctan x)$$
$$= \frac{x^2}{2}\arctan x - \frac{1}{2}\int \frac{x^2}{1+x^2}\,dx$$
$$= \frac{x^2}{2}\arctan x - \frac{1}{2}\int \left(1 - \frac{1}{1+x^2}\right)dx$$
$$= \frac{x^2}{2}\arctan x - \frac{1}{2}x + \frac{1}{2}\arctan x + C$$

例4 求 $\int \arcsin x \,dx$.

解
$$\int \arcsin x \,dx = x\arcsin x - \int x \,d(\arcsin x)$$
$$= x\arcsin x - \int \frac{x}{\sqrt{1-x^2}}\,dx$$
$$= x\arcsin x - \int \frac{1}{\sqrt{1-x^2}}\,d\left(\frac{x^2}{2}\right)$$
$$= x\arcsin x + \frac{1}{2}\int \frac{1}{\sqrt{1-x^2}}\,d(1-x^2)$$
$$= x\arcsin x + \sqrt{1-x^2} + C$$

从例 4 可以看出,当被积函数并非两个函数的乘积时,也可以使用分部积分法.

例5 求 $\int e^x \sin x \,dx$.

解
$$\int e^x \sin x \,dx = \int \sin x \,d(e^x)$$
$$= e^x \sin x - \int e^x \,d(\sin x)$$
$$= e^x \sin x - \int e^x \cos x \,dx$$
$$= e^x \sin x - \int \cos x \,d(e^x)$$

$$= \mathrm{e}^x \sin x - \left(\mathrm{e}^x \cos x - \int \mathrm{e}^x \mathrm{d}(\cos x) \right)$$

$$= \mathrm{e}^x \sin x - \mathrm{e}^x \cos x - \int \mathrm{e}^x \sin x \mathrm{d}x$$

将等式右端的 $\int \mathrm{e}^x \sin x \mathrm{d}x$ 移至左端，化简得

$$\int \mathrm{e}^x \sin x \mathrm{d}x = \frac{1}{2} \mathrm{e}^x (\sin x - \cos x) + C$$

注 1　因等式右端不包含积分项，所以必须加任意常数 C.

注 2　该题也可以选取 $\sin x$ 凑 v 进行计算，但两种做法都必须在两次分部积分中，选择同类型的函数作为 $\mathrm{d}v$，才能计算出结果.

例 6　求 $\int \sec^3 x \mathrm{d}x$.

解
$$\int \sec^3 x \mathrm{d}x = \int \sec x \mathrm{d}(\tan x)$$

$$= \sec x \tan x - \int \tan x \mathrm{d}(\sec x)$$

$$= \sec x \tan x - \int \tan^2 x \sec x \mathrm{d}x$$

$$= \sec x \tan x - \int (\sec^2 x - 1) \sec x \mathrm{d}x$$

$$= \sec x \tan x - \int \sec^3 x \mathrm{d}x + \int \sec x \mathrm{d}x$$

利用 4.3 节末给出的积分公式(17)可以得到

$$\int \sec^3 x \mathrm{d}x = \sec x \tan x + \ln | \sec x + \tan x | - \int \sec^3 x \mathrm{d}x$$

将等式右端的 $\int \sec^3 x \mathrm{d}x$ 移至左端，化简得

$$\int \sec^3 x \mathrm{d}x = \frac{1}{2} (\sec x \tan x + \ln | \sec x + \tan x |) + C$$

例 7　求 $\int \mathrm{e}^{\sqrt{x}} \mathrm{d}x$.

解　令 $\sqrt{x} = t$，则 $x = t^2$，$\mathrm{d}x = 2t\mathrm{d}t$，于是

$$\int \mathrm{e}^{\sqrt{x}} \mathrm{d}x = 2 \int t \mathrm{e}^t \mathrm{d}t = 2 \int t \mathrm{d}(\mathrm{e}^t)$$

$$= 2 \left(t \mathrm{e}^t - \int \mathrm{e}^t \mathrm{d}t \right) = 2 (t \mathrm{e}^t - \mathrm{e}^t) + C$$

$$= 2 \mathrm{e}^t (t - 1) + C = 2 \mathrm{e}^{\sqrt{x}} (\sqrt{x} - 1) + C$$

例 8　求 $\int \sin (\ln x) \mathrm{d}x$.

解 $\displaystyle\int \sin(\ln x)\mathrm{d}x = x\sin(\ln x) - \int x\mathrm{d}[\sin(\ln x)]$

$$= x\sin(\ln x) - \int x\cos(\ln x)\frac{1}{x}\mathrm{d}x$$

$$= x\sin(\ln x) - \int \cos(\ln x)\mathrm{d}x$$

$$= x\sin(\ln x) - x\cos(\ln x) + \int x\mathrm{d}[\cos(\ln x)]$$

$$= x\sin(\ln x) - x\cos(\ln x) - \int x\sin(\ln x)\frac{1}{x}\mathrm{d}x$$

$$= x\sin(\ln x) - x\cos(\ln x) - \int \sin(\ln x)\mathrm{d}x$$

将等式右端的 $\displaystyle\int \sin(\ln x)\mathrm{d}x$ 移至左端，化简得

$$\int \sin(\ln x)\mathrm{d}x = \frac{1}{2}x[\sin(\ln x) - \cos(\ln x)] + C$$

注 本题令 $t = \ln x$ 同样可以计算.

例 9 求 $\displaystyle\int \frac{x\mathrm{e}^{\arctan x}}{(1+x^2)^{\frac{3}{2}}}\mathrm{d}x$.

解 令 $t = \arctan x$，则 $x = \tan t$，$\mathrm{d}x = \sec^2 t\mathrm{d}t$，于是

$$\int \frac{x\mathrm{e}^{\arctan x}}{(1+x^2)^{\frac{3}{2}}}\mathrm{d}x = \int \frac{\tan t \cdot \mathrm{e}^t}{(1+\tan^2 t)^{\frac{3}{2}}}\sec^2 t\mathrm{d}t = \int \mathrm{e}^t \cdot \sin t\mathrm{d}t$$

利用本节例 5 的结果，则

$$\int \frac{x\mathrm{e}^{\arctan x}}{(1+x^2)^{\frac{3}{2}}}\mathrm{d}x = \frac{1}{2}e^t(\sin t - \cos t) + C$$

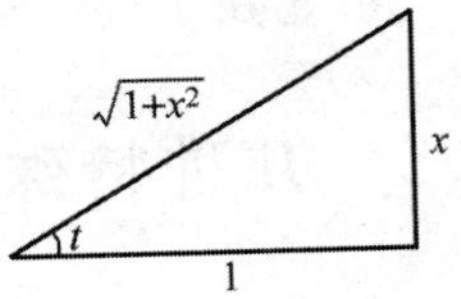

根据 $x = \tan t$ 构造辅助三角形，如图 4.4.1 所示，则

$$\int \frac{x\mathrm{e}^{\arctan x}}{(1+x^2)^{\frac{3}{2}}}\mathrm{d}x = \frac{\mathrm{e}^{\arctan x}(x-1)}{2\sqrt{1+x^2}} + C$$

图 4.4.1

例 10 已知 $f(x)$ 有原函数 $\mathrm{e}^{x^2}\sin x$，求 $\displaystyle\int xf'(x)\mathrm{d}x$.

解 由于 $f(x)$ 的原函数是 $\mathrm{e}^{x^2}\sin x$，所以

$$f(x) = (\mathrm{e}^{x^2}\sin x)' = \mathrm{e}^{x^2}(\cos x + 2x\sin x)$$

同时

$$\int f(x)\mathrm{d}x = \mathrm{e}^{x^2}\sin x + C$$

所以

$$\int xf'(x)\mathrm{d}x = \int x\mathrm{d}[f(x)] = xf(x) - \int f(x)\mathrm{d}x$$

$$= x\mathrm{e}^{x^2}(\cos x + 2x\sin x) - \mathrm{e}^{x^2}\sin x + C$$

习题 4-4

1. 求下列不定积分：

(1) $\int x \sin x \mathrm{d}x$；

(2) $\int x \mathrm{e}^{-x} \mathrm{d}x$；

(3) $\int x \cos \dfrac{x}{2} \mathrm{d}x$；

(4) $\int x^2 \cos x \mathrm{d}x$；

(5) $\int \arctan x \mathrm{d}x$；

(6) $\int \ln (x^2 + 1) \mathrm{d}x$；

(7) $\int x \tan^2 x \mathrm{d}x$；

(8) $\int \ln^2 x \mathrm{d}x$；

(9) $\int x \ln (x-1) \mathrm{d}x$；

(10) $\int \dfrac{\ln x}{x^2} \mathrm{d}x$；

(11) $\int (\arcsin x)^2 \mathrm{d}x$；

(12) $\int \mathrm{e}^{\sqrt{3x+9}} \mathrm{d}x$；

(13) $\int \dfrac{\ln (1+x)}{\sqrt{x}} \mathrm{d}x$；

(14) $\int \mathrm{e}^{-x} \cos x \mathrm{d}x$；

(15) $\int \cos \ln x \mathrm{d}x$；

(16) $\int \mathrm{e}^{x} \sin^2 x \mathrm{d}x$.

2. 已知 $\dfrac{\sin x}{x}$ 是 $f(x)$ 的一个原函数，求积分 $\int x f'(x) \mathrm{d}x$.

3. 已知 $f'(\mathrm{e}^x) = 1 + x$，求 $f(x)$.

4.5　几种特殊类型函数的积分

前面已经介绍了求不定积分的一些基本方法，本节我们将介绍几种特殊类型函数的积分，包括比较简单的有理函数的积分以及可化为有理函数的三角函数积分.

4.5.1　有理函数的积分

有理函数是指两个多项式的商，如

$$\frac{P(x)}{Q(x)} = \frac{a_0 x^n + a_1 x^{n-1} + \cdots + a_{n-1} x + a_n}{b_0 x^m + b_1 x^{m-1} + \cdots + b_{m-1} x + b_m} \tag{4.5.1}$$

其中 m, n 都是非负整数，$a_0, a_1, \cdots, a_n$ 及 $b_0, b_1, \cdots, b_m$ 都是实数，且 $a_0 \neq 0, b_0 \neq 0$.

我们总假定分子多项式 $P(x)$ 与分母多项式 $Q(x)$ 是没有公因式的.

当 $Q(x) = 1$ 时，有理函数 $\dfrac{P(x)}{Q(x)} = P(x)$ 为多项式，多项式也称为**有理整函数**；

当 $Q(x) \neq 1$ 时，有理函数 $\dfrac{P(x)}{Q(x)}$ 也称为**有理分函数**；

当 $n < m$ 时，(4.5.1)式称为**有理真分式**；

当 $n \geqslant m$ 时,(4.5.1)式称为**有理假分式**.

通过多项式的除法,我们知道任何一个有理假分式都可化为一个多项式和一个有理真分式的和的形式,即总有

$$\frac{P(x)}{Q(x)} = T(x) + \frac{R(x)}{Q(x)}$$

其中 $T(x)$ 为多项式,多项式 $R(x)$ 的次数小于多项式 $Q(x)$ 的次数.例如

$$\frac{2x^4 + x^2 + 3}{x^2 + 1} = 2x^2 - 1 + \frac{4}{x^2 + 1}$$

因为多项式的不定积分是容易求得的,所以我们可以只讨论有理真分式的不定积分.

首先介绍多项式在代数学中的一些结论:

定理 4.5.1 任意实系数多项式 $Q(x)$ 都可以分解为一些实系数的不可约一次因式与二次因式的乘积,即总有

$$Q(x) = b_0 (x-a)^\alpha \cdots (x-b)^\beta (x^2 + px + q)^\lambda \cdots (x^2 + rx + s)^\mu \qquad (4.5.2)$$

其中,$\alpha, \cdots, \beta, \lambda, \cdots, \mu$ 为自然数,且 $x^2 + px + q, \cdots, x^2 + rx + s$ 均不能再分解为实系数的一次因式了,即 $p^2 - 4q < 0, r^2 - 4s < 0$.

定理 4.5.2 如果 $Q(x)$ 能分解成(4.5.2)式,则有理真分式可以唯一地分解成如下部分分式之和,即

$$
\begin{aligned}
\frac{P(x)}{Q(x)} = &\frac{A_1}{(x-a)^\alpha} + \frac{A_2}{(x-a)^{\alpha-1}} + \cdots + \frac{A_\alpha}{x-a} + \\
&\frac{B_1}{(x-b)^\beta} + \frac{B_2}{(x-b)^{\beta-1}} + \cdots + \frac{B_\beta}{x-b} + \\
&\frac{M_1 x + N_1}{(x^2 + px + q)^\lambda} + \frac{M_2 x + N_2}{(x^2 + px + q)^{\lambda-1}} + \cdots + \frac{M_\lambda x + N_\lambda}{x^2 + px + q} + \\
&\frac{R_1 x + S_1}{(x^2 + rx + s)^\mu} + \frac{R_2 x + S_2}{(x^2 + rx + s)^{\mu-1}} + \cdots + \frac{R_\mu x + S_\mu}{x^2 + rx + s}
\end{aligned}
$$

其中 $\alpha, \cdots, \beta, \lambda, \cdots, \mu$ 为自然数,$A_i (i = 1, 2, \cdots, \alpha)$,$B_j (j = 1, 2, \cdots, \beta)$,$M_k, N_k (k = 1, 2, \cdots, \lambda)$,$R_l, S_l (l = 1, 2, \cdots, \mu)$ 都是待定常数.

一般地,有理真分式 $\dfrac{P(x)}{Q(x)}$ 的不定积分可分为三个步骤计算:

(1) 将 $Q(x)$ 在实数范围内分解因式.

(2) 将有理真分式 $\dfrac{P(x)}{Q(x)}$ 分拆成若干个分式之和.具体做法如下:

① 若分母 $Q(x)$ 含有因式 $(x-a)^k$,则分解为

$$\frac{A_1}{(x-a)^k} + \frac{A_2}{(x-a)^{k-1}} + \cdots + \frac{A_k}{x-a} \qquad (4.5.3)$$

② 若分母 $Q(x)$ 含有因式 $(x^2 + px + q)^l$,其中 $p^2 - 4q < 0$,则分解为

$$\frac{M_1 x + N_1}{(x^2 + px + q)^l} + \frac{M_2 x + N_2}{(x^2 + px + q)^{l-1}} + \cdots + \frac{M_l x + N_l}{x^2 + px + q} \qquad (4.5.4)$$

在(4.5.3)式和(4.5.4)式中，$A_i(i=1,2,\cdots,k)$，$M_j,N_j(j=1,2,\cdots,l)$ 均为常数.

例如，真分式 $\dfrac{3x+1}{x^2(x-1)(x+2)^3(x^2-2x+3)^2}$ 的分母含有因子 $x^2,x-1,(x+2)^3$ 和 $(x^2-2x+3)^2$，故可以分解为

$$\frac{A_1}{x^2}+\frac{A_2}{x}+\frac{B_1}{x-1}+\frac{C_1}{(x+2)^3}+\frac{C_2}{(x+2)^2}+\frac{C_3}{x+2}+$$

$$\frac{M_1x+N_1}{(x^2-2x+3)^2}+\frac{M_2x+N_2}{x^2-2x+3}$$

其中部分分式中的常数可通过**待定系数法**或**赋值法**求得.

（3）求出各分式的原函数.

例 1　求 $\displaystyle\int\frac{x+1}{x^2-5x+6}\mathrm{d}x$.

解　因为 $x^2-5x+6=(x-2)(x-3)$，所以设

$$\frac{x+1}{x^2-5x+6}=\frac{A}{x-2}+\frac{B}{x-3}$$

其中 A,B 为常数，则

$$\frac{x+1}{x^2-5x+6}=\frac{A(x-3)+B(x-2)}{(x-2)(x-3)}=\frac{(A+B)x-(3A+2B)}{x^2-5x+6}$$

比较分子两端同次幂的系数（待定系数法），得

$$\begin{cases}A+B=1\\-(3A+2B)=1\end{cases}$$

解得 $A=-3,B=4$，所以

$$\int\frac{x+1}{x^2-5x+6}\mathrm{d}x=\int\left(\frac{-3}{x-2}+\frac{4}{x-3}\right)\mathrm{d}x$$

$$=-3\ln|x-2|+4\ln|x-3|+C$$

例 2　求 $\displaystyle\int\frac{1}{x(x-1)^2}\mathrm{d}x$.

解　设 $\dfrac{1}{x(x-1)^2}=\dfrac{A}{x}+\dfrac{B}{(x-1)^2}+\dfrac{C}{x-1}$，其中 A,B,C 为常数，则

$$1=A(x-1)^2+Bx+Cx(x-1)$$

采用赋值法，令 $x=0$，则 $A=1$；令 $x=1$，则 $B=1$；令 $x=2$，由 $1=A+2B+2C$，则 $C=-1$. 所以

$$\int\frac{1}{x(x-1)^2}\mathrm{d}x=\int\left(\frac{1}{x}+\frac{1}{(x-1)^2}+\frac{-1}{x-1}\right)\mathrm{d}x$$

$$=\ln|x|-\frac{1}{x-1}-\ln|x-1|+C$$

注 本题可采用待定系数法求解系数 A,B,C(如本节例 1),但采用赋值法求解更简单一些.

例 3 求 $\displaystyle\int \frac{1}{x(x^2+1)}\mathrm{d}x$.

解 设 $\displaystyle\frac{1}{x(x^2+1)} = \frac{A}{x} + \frac{Bx+C}{x^2+1}$,其中 A,B,C 为常数,则

$$1 = A(x^2+1) + (Bx+C)x = (A+B)x^2 + Cx + A$$

由待定系数法可得

$$\begin{cases} A+B=0 \\ C=0 \\ A=1 \end{cases}, \quad \text{解得} \quad \begin{cases} A=1 \\ B=-1 \\ C=0 \end{cases}$$

所以

$$\int \frac{1}{x(x^2+1)}\mathrm{d}x = \int \left(\frac{1}{x} + \frac{-x}{x^2+1} \right)\mathrm{d}x$$

$$= \ln|x| - \frac{1}{2}\ln|x^2+1| + C$$

例 4 求 $\displaystyle\int \frac{x-2}{x^2+2x+2}\mathrm{d}x$.

解 因为 $p^2-4q=-4<0$,所以 x^2+2x+2 在实数范围内不能分解因式,因此采用凑微分法计算.

$$\int \frac{x-2}{x^2+2x+2}\mathrm{d}x = \frac{1}{2}\int \frac{2x+2-6}{x^2+2x+2}\mathrm{d}x$$

$$= \frac{1}{2}\int \frac{2x+2}{x^2+2x+2}\mathrm{d}x - \int \frac{3}{x^2+2x+2}\mathrm{d}x$$

$$= \frac{1}{2}\int \frac{1}{x^2+2x+2}\mathrm{d}(x^2+2x+2) - 3\int \frac{1}{(x+1)^2+1}\mathrm{d}x$$

$$= \frac{1}{2}\ln|x^2+2x+2| - 3\int \frac{1}{(x+1)^2+1}\mathrm{d}(x+1)$$

$$= \frac{1}{2}\ln(x^2+2x+2) - 3\arctan(x+1) + C$$

例 5 求 $\displaystyle\int \frac{2x^3+2x^2+5x+5}{x^4+5x^2+4}\mathrm{d}x$.

解
$$\int \frac{2x^3+2x^2+5x+5}{x^4+5x^2+4}\mathrm{d}x = \int \frac{2x^3+5x}{x^4+5x^2+4}\mathrm{d}x + \int \frac{2x^2+5}{x^4+5x^2+4}\mathrm{d}x$$

$$= \frac{1}{2}\int \frac{\mathrm{d}(x^4+5x^2+4)}{x^4+5x^2+4} + \int \frac{x^2+1+x^2+4}{(x^2+1)(x^2+4)}\mathrm{d}x$$

$$= \frac{1}{2}\ln|x^4+5x^2+4| + \int \frac{1}{x^2+4}\mathrm{d}x + \int \frac{1}{x^2+1}\mathrm{d}x$$

$$= \frac{1}{2}\ln|x^4+5x^2+4| + \frac{1}{2}\arctan \frac{x}{2} + \arctan x + C$$

　　例 5 亦可采用有理函数的不定积分法,但明显计算比较复杂. 由此可知,有理函数的不定积分的方法虽然普遍适用,但具体积分时应灵活选用方法简化运算.

4.5.2　三角函数有理式的积分

　　除了以上有理函数外,还有部分积分也可化为有理函数进行积分.

　　例 6　求 $\displaystyle\int \frac{1}{3+5\cos x}\mathrm{d}x$.

　　解　由于 $\cos x=\dfrac{1-\tan^2 \dfrac{x}{2}}{1+\tan^2 \dfrac{x}{2}}$,令 $u=\tan \dfrac{x}{2}(-\pi<x<\pi)$,则

$$x=2\arctan u,\quad \mathrm{d}x=\frac{2}{1+u^2}\mathrm{d}u$$

所以

$$\int \frac{1}{3+5\cos x}\mathrm{d}x=\int \frac{1}{3+5\left(\dfrac{1-u^2}{1+u^2}\right)}\cdot \frac{2}{1+u^2}\mathrm{d}u=\int \frac{1}{4-u^2}\mathrm{d}u$$

利用 4.3 节末给出的积分公式(21)得

$$\int \frac{1}{3+5\cos x}\mathrm{d}x=\frac{1}{4}\ln \left|\frac{2+u}{2-u}\right|+C=\frac{1}{4}\ln \left|\frac{2+\tan \dfrac{x}{2}}{2-\tan \dfrac{x}{2}}\right|+C$$

　　例 7　求 $\displaystyle\int \frac{1+\sin x}{\sin x(1+\cos x)}\mathrm{d}x$.

　　解　由于

$$\sin x=\frac{2\tan \dfrac{x}{2}}{1+\tan^2 \dfrac{x}{2}},\quad \cos x=\frac{1-\tan^2 \dfrac{x}{2}}{1+\tan^2 \dfrac{x}{2}}$$

令 $u=\tan \dfrac{x}{2}(-\pi<x<\pi)$,则

$$\sin x=\frac{2u}{1+u^2},\quad \cos x=\frac{1-u^2}{1+u^2}$$

而 $x=2\arctan u,\mathrm{d}x=\dfrac{2}{1+u^2}\mathrm{d}u$. 所以

$$\int \frac{1+\sin x}{\sin x(1+\cos x)}\mathrm{d}x=\int \frac{1+\dfrac{2u}{1+u^2}}{\dfrac{2u}{1+u^2}\left(1+\dfrac{1-u^2}{1+u^2}\right)}\cdot \frac{2}{1+u^2}\mathrm{d}u$$

$$= \frac{1}{2} \int \left(u + 2 + \frac{1}{u} \right) \mathrm{d}u$$

$$= \frac{1}{2} \left(\frac{u^2}{2} + 2u + \ln |u| \right) + C$$

$$= \frac{1}{4} \tan^2 \frac{x}{2} + \tan \frac{x}{2} + \frac{1}{2} \ln \left| \tan \frac{x}{2} \right| + C$$

对于三角函数有理式的积分,作代换 $u = \tan \frac{x}{2}$,总可以将积分化为有理函数的积分,通常将这个代换称为**万能代换**.万能代换虽然从理论上讲彻底解决了三角函数的不定积分问题,但是它的计算量很大,不简便.因此,在其他方法不能计算三角函数的不定积分的情况下,才考虑万能代换.

例 8 求 $\displaystyle\int \frac{1}{5 + 4\cos 2x} \mathrm{d}x$.

解
$$\int \frac{1}{5 + 4\cos 2x} \mathrm{d}x = \int \frac{1}{5 + 4(2\cos^2 x - 1)} \mathrm{d}x$$

$$= \int \frac{1}{8\cos^2 x + 1} \mathrm{d}x$$

$$= \int \frac{\sec^2 x}{8 + \sec^2 x} \mathrm{d}x$$

$$= \int \frac{1}{9 + \tan^2 x} \mathrm{d}(\tan x)$$

利用 4.3 节末给出的积分公式(19)得

$$\int \frac{1}{5 + 4\cos 2x} \mathrm{d}x = \frac{1}{3} \arctan \left(\frac{1}{3} \tan x \right) + C$$

另外,除了三角函数外还有比较简单的无理函数也可化为有理函数进行积分,此种方法在 4.3 节已经做过介绍,在此就不再赘述了.

在本章结束之前,我们还要指出:

(1) 在计算不定积分时,除了本章介绍的方法外还有其他方法,比如利用积分表计算不定积分.例如 $\displaystyle\int \frac{1}{5 - 4\cos x} \mathrm{d}x$ 可利用附录 B 中积分表公式(105)得到其结果为 $\dfrac{2}{3} \arctan \left(3\tan \dfrac{x}{2} \right) + C$.在实际应用中查表法使用更多,但只有掌握了前面的基本积分方法才能灵活使用积分表.

(2) 初等函数在其定义区间上原函数是一定存在的,但原函数不一定都是初等函数,即不定积分是否存在与不定积分能否用初等函数表示不是一个概念.例如

$$\int e^{-x^2} \mathrm{d}x, \quad \int \frac{\sin x}{x} \mathrm{d}x, \quad \int \frac{1}{\ln x} \mathrm{d}x, \quad \int \frac{1}{\sqrt{1 + x^4}} \mathrm{d}x$$

等不定积分中被积函数的原函数就不是初等函数.

习题 4-5

求下列不定积分：

(1) $\displaystyle\int \frac{x^3}{x+3}\mathrm{d}x$；

(2) $\displaystyle\int \frac{2x+3}{x^2+3x-10}\mathrm{d}x$；

(3) $\displaystyle\int \frac{x+1}{(x-1)^3}\mathrm{d}x$；

(4) $\displaystyle\int \frac{x}{(x+2)(x+3)^2}\mathrm{d}x$；

(5) $\displaystyle\int \frac{x}{(x+1)(x+2)(x+3)}\mathrm{d}x$；

(6) $\displaystyle\int \frac{x^2+1}{(x+1)^2(x-1)}\mathrm{d}x$；

(7) $\displaystyle\int \frac{1}{(x^2+1)(x^2+x+1)}\mathrm{d}x$；

(8) $\displaystyle\int \frac{(x+1)^2}{(x^2+1)^2}\mathrm{d}x$；

(9) $\displaystyle\int \frac{-x^2-2}{(x^2+x+1)^2}\mathrm{d}x$；

(10) $\displaystyle\int \frac{1}{2+\sin x}\mathrm{d}x$．

总复习题四

1. 求下列不定积分：

(1) $\displaystyle\int \frac{1}{\mathrm{e}^x-\mathrm{e}^{-x}}\mathrm{d}x$；

(2) $\displaystyle\int \frac{x}{(1-x)^3}\mathrm{d}x$；

(3) $\displaystyle\int \frac{x^2}{a^6-x^6}\mathrm{d}x\,(a\text{ 为常数且 }a>0)$；

(4) $\displaystyle\int \frac{1+\cos x}{x+\sin x}\mathrm{d}x$

(5) $\displaystyle\int \frac{\ln\ln x}{x}\mathrm{d}x$；

(6) $\displaystyle\int \frac{2^x\cdot 3^x}{9^x-4^x}\mathrm{d}x$；

(7) $\displaystyle\int \frac{\cot x}{1+\sin x}\mathrm{d}x$；

(8) $\displaystyle\int \frac{1}{\sqrt{x(1+x)}}\mathrm{d}x$；

(9) $\displaystyle\int \frac{1}{x(2+x^{10})}\mathrm{d}x$；

(10) $\displaystyle\int \frac{7\cos x-3\sin x}{5\cos x+2\sin x}\mathrm{d}x$；

(11) $\displaystyle\int \frac{1}{x^4\sqrt{1+x^2}}\mathrm{d}x$；

(12) $\displaystyle\int \sqrt{x}\sin\sqrt{x}\,\mathrm{d}x$；

(13) $\displaystyle\int \sqrt{1+\sin x}\,\mathrm{d}x$；

(14) $\displaystyle\int \arctan\sqrt{x}\,\mathrm{d}x$；

(15) $\displaystyle\int \frac{x^3}{(1+x^8)^2}\mathrm{d}x$；

(16) $\displaystyle\int \frac{x^{11}}{x^8+3x^4+2}\mathrm{d}x$；

(17) $\displaystyle\int \frac{1-x^8}{x(1+x^8)}\mathrm{d}x$；

(18) $\displaystyle\int \frac{\sqrt[3]{x}}{x\left(\sqrt{x}+\sqrt[3]{x}\right)}\mathrm{d}x$；

(19) $\displaystyle\int \frac{\ln x}{(1+x^2)^{\frac{3}{2}}}\mathrm{d}x$；

(20) $\displaystyle\int \frac{1}{(1+\mathrm{e}^x)^2}\mathrm{d}x$；

(21) $\int \ln (x + \sqrt{1 + x^2}) \, dx$;

(22) $\int x \tan x \sec^4 x \, dx$;

(23) $\int \sqrt{1 - x^2} \arcsin x \, dx$;

(24) $\int e^{\sin x} \dfrac{x \cos^3 x - \sin x}{\cos^2 x} \, dx$;

(25) $\int \ln^2 (x + \sqrt{1 + x^2}) \, dx$;

(26) $\int \dfrac{x}{(x^2 + 1)(x^2 + 4)} \, dx$;

(27) $\int \dfrac{\sin x}{1 + \sin x} \, dx$;

(28) $\int \dfrac{x}{1 + \cos x} \, dx$;

(29) $\int \dfrac{\sin x \cos x}{\sin x + \cos x} \, dx$;

(30) $\int \dfrac{1}{(2 + \cos x) \sin x} \, dx$;

(31) $\int \dfrac{e^x (1 + \sin x)}{1 + \cos x} \, dx$;

(32) $\int \cos x \cos 2x \cos 3x \, dx$.

2. 设 $\int x f(x) \, dx = \arcsin x + C$，求 $\int \dfrac{1}{f(x)} \, dx$.

3. 设 $f(x^2 - 1) = \ln \dfrac{x^2}{x^2 - 2}$，且 $f[\varphi(x)] = \ln x$，求 $\int \varphi(x) \, dx$.

4. 求不定积分 $\int \left[\dfrac{f(x)}{f'(x)} - \dfrac{f^2(x) f''(x)}{(f'(x))^3} \right] dx$.

5. 试证 $\int \dfrac{1 + x}{x(1 + x e^x)} \, dx = \int \dfrac{1}{u(1 + u)} \, du$，并求 $\int \dfrac{1 + x}{x(1 + x e^x)} \, dx$.

第 5 章 定 积 分

　　积分学中的两大基本问题是不定积分和定积分,其中求不定积分是求被积函数的原函数的全体,是求导的逆运算,而本章将介绍的定积分与不定积分是有区别的.本章先从几何学和力学中的两个问题出发,引出定积分的概念,然后讨论它的性质和计算方法,关于定积分的应用将在第 6 章讨论.

5.1　定积分的概念与性质

5.1.1　引 例

1. 曲边梯形的面积

　　假设 $y=f(x)$ 在闭区间 $[a,b]$ 上非负、连续. 由曲线 $y=f(x)$,直线 $x=a,x=b$ 以及 x 轴所围成的平面图形(如图 5.1.1 所示),称为**曲边梯形**,其中曲线 $y=f(x)$ 称为曲边.

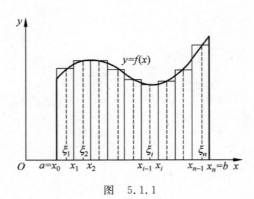

图　5.1.1

　　我们知道

$$矩形面积=底\times高$$

而计算曲边梯形面积的困难在于,其在底边上的各点处的高 $f(x)$ 在区间 $[a,b]$ 上是不同的. 但是 $y=f(x)$ 在区间 $[a,b]$ 上是连续的,当底边上的区间变化量很小的时候,高度的变化也很小,近似于不变.利用这一性质和面积的"可加性"(整个图形的面积等于各个部分图形面积之和),可以把整个曲边梯形分割成若干小曲边梯形,每个小曲边梯形的面积用小矩形面积来近似,所有小矩形面积之和就是整个曲边梯形面积的一个近似值.容易知道区间$[a,b]$划分越细(小曲边梯形的底边越小),误差越小,当把区间$[a,b]$无限细分,使得每个小区间长度趋于零时,所有小矩形面积之和与整个曲边梯形面积的误差就趋于零,即小矩形面积之和的极限就是曲边梯形的面积.由此,给出了计算曲边梯形面积的方法.

分割　在$[a,b]$内任意插入$n-1$个分点

$$a = x_0 < x_1 < x_2 < \cdots < x_{n-1} < x_n = b$$

将$[a,b]$分割成n个小区间

$$[x_0, x_1], [x_1, x_2], \cdots, [x_{n-1}, x_n]$$

记每个小区间的长度为

$$\Delta x_i = x_i - x_{i-1}, \quad i = 1, 2, \cdots, n$$

并在每个分点x_i处作平行于y轴的直线$x = x_i (i = 1, 2, \cdots, n)$,把曲边梯形分割成$n$个小曲边梯形.

取近似　在每个小区间$[x_{i-1}, x_i]$内任取一点ξ_i,以$f(\xi_i)$为高,Δx_i为底作小矩形,近似替代第i个小曲边梯形,于是第i个小曲边梯形的面积为

$$S_i \approx f(\xi_i) \cdot \Delta x_i, \quad i = 1, 2, \cdots, n$$

作和　将这样得到的n个小曲边梯形的面积之和作为所求曲边梯形的面积S的近似值,得出

$$S \approx f(\xi_1) \cdot \Delta x_1 + f(\xi_2) \cdot \Delta x_2 + \cdots + f(\xi_n) \cdot \Delta x_n$$

$$= \sum_{i=1}^{n} f(\xi_i) \cdot \Delta x_i$$

求极限　为了保证所有小区间的长度都无限缩小,我们要求小区间的最大长度趋于零,记$\lambda = \max\{\Delta x_1, \Delta x_2, \cdots, \Delta x_n\}$,则上述条件可以表示为$\lambda \to 0$.当$\lambda \to 0$时,取上述和式的极限,则可将其极限作为曲边梯形面积S的精确值(极限的结果与插入的分点x_i和任意点ξ_i的选取无关).那么曲边梯形的面积为

$$S = \lim_{\lambda \to 0} \sum_{i=1}^{n} f(\xi_i) \cdot \Delta x_i$$

2. 变力所做的功

假设一质点受连续变化的变力$F(x)$的作用,沿着x轴由点a移动到点b,并假设力$F(x)$处处平行于x轴(如图5.1.2所示).此时变力$F(x)$对质点所做的功W怎样计算?

在物理学中,如果力F为常数,则它对质点所做的功为

$$W = F \cdot (b - a)$$

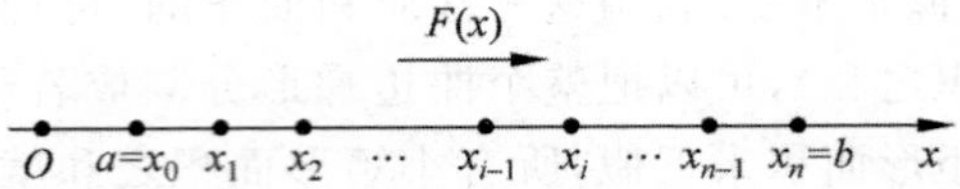

$$F(x) \longrightarrow$$

$$O \quad a{=}x_0 \quad x_1 \quad x_2 \quad \cdots \quad x_{i-1} \quad x_i \quad \cdots x_{n-1} \quad x_n{=}b \quad x$$

图　5.1.2

而上述问题的关键是力 $F(x)$ 为变力,它连续依赖于质点所在位置的坐标 x,即 $F(x)$ 为闭区间 $[a,b]$ 上的连续函数.因此,在很小的一段位移区间上,力的变化就很小,近似于常力,我们采用类似于曲边梯形面积的计算方法,步骤如下:

分割　在闭区间 $[a,b]$ 内任意插入 $n-1$ 个分点

$$a = x_0 < x_1 < x_2 < \cdots < x_{n-1} < x_n = b$$

将 $[a,b]$ 分割成个小区间

$$[x_0,x_1],[x_1,x_2],\cdots,[x_{n-1},x_n]$$

记每个小区间的长度为

$$\Delta x_i = x_i - x_{i-1}, \quad i = 1,2,\cdots,n$$

取近似　在每个小区间 $[x_{i-1},x_i]$ 内任取一点 ξ_i,作乘积

$$W_i \approx F(\xi_i) \cdot \Delta x_i, \quad i = 1,2,\cdots,n$$

作和　将 n 个区间上的 $W_i(i=1,2,\cdots,n)$ 作和

$$W \approx F(\xi_1) \cdot \Delta x_1 + F(\xi_2) \cdot \Delta x_2 + \cdots + F(\xi_n) \cdot \Delta x_n$$

$$= \sum_{i=1}^{n} F(\xi_i) \cdot \Delta x_i$$

求极限　为了保证所有小区间的长度都无限缩小,我们要求小区间的最大长度趋于零,记 $\lambda = \max\{\Delta x_1,\Delta x_2,\cdots,\Delta x_n\}$,则上述条件可以表示为 $\lambda \to 0$. 当 $\lambda \to 0$ 时,取上述和式的极限,则可将其极限作为变力做功 W 的精确值(极限的结果与插入的分点 x_i 和任意点 ξ_i 的选取无关).那么变力做功为

$$W = \lim_{\lambda \to 0} \sum_{i=1}^{n} F(\xi_i) \cdot \Delta x_i$$

5.1.2　定积分的概念

前面两个引例,一个是几何学中计算曲边梯形的面积,另一个是物理学中求变力所做功的问题.虽然问题的实际背景不同,但是最终都归结为求一个特殊的和式极限问题.在很多实际问题中有许多类似的数学问题,我们将这类问题的共同本质与特性加以概括,就得到了下述定积分的定义.

定义 5.1.1　假设函数 $y = f(x)$ 在闭区间 $[a,b]$ 上有界,在 $[a,b]$ 内任意插入 $n-1$ 个分点

$$a = x_0 < x_1 < x_2 < \cdots < x_{n-1} < x_n = b$$

将 $[a,b]$ 分割成 n 个小区间
$$[x_0,x_1],[x_1,x_2],\cdots,[x_{n-1},x_n]$$

记每个小区间的长度为
$$\Delta x_i = x_i - x_{i-1}, \quad i = 1,2,\cdots,n$$

在每个小区间 $[x_{i-1},x_i]$ 内任取一点 ξ_i，作乘积
$$f(\xi_i)\cdot\Delta x_i, \quad i=1,2,\cdots,n$$

并作和
$$S_n = \sum_{i=1}^{n} f(\xi_i)\cdot\Delta x_i$$

记 $\lambda = \max\{\Delta x_1,\Delta x_2,\cdots,\Delta x_n\}$，如果不论 $[a,b]$ 怎样分割，不论 ξ_i 在 $[x_{i-1},x_i]$ 内怎样取得，只要当 $\lambda\to 0$ 时，和 S_n 总趋于确定的极限 I，那么称这个极限 I 为函数 $y=f(x)$ 在区间 $[a,b]$ 上的定积分（简称积分）．记作 $\int_a^b f(x)\mathrm{d}x$，即
$$\int_a^b f(x)\mathrm{d}x = I = \lim_{\lambda\to 0}\sum_{i=1}^{n}f(\xi_i)\cdot\Delta x_i$$

其中 $f(x)$ 称为**被积函数**，$f(x)\mathrm{d}x$ 称为**被积表达式**，x 称为**积分变量**，a 称为**积分下限**，b 称为**积分上限**，$[a,b]$ 称为**积分区间**．

关于定积分，我们作以下几点说明：

注1 如果 $\lim\limits_{\lambda\to 0}\sum\limits_{i=1}^{n}f(\xi_i)\cdot\Delta x_i$ 存在，则称函数 $y=f(x)$ 在区间 $[a,b]$ 上**可积**，否则**不可积**．

注2 和式 $\sum\limits_{i=1}^{n}f(\xi_i)\cdot\Delta x_i$ 通常称为 $f(x)$ 的**积分和**（或黎曼和）．当积分和的极限存在时，其极限只与被积函数 $f(x)$ 和积分区间 $[a,b]$ 有关，而与积分变量用什么字母表示无关，即
$$\int_a^b f(x)\mathrm{d}x = \int_a^b f(t)\mathrm{d}t = \int_a^b f(u)\mathrm{d}u$$

关于定积分，还有一个重要的问题：函数 $f(x)$ 在区间 $[a,b]$ 上满足怎样的条件，才能使得 $f(x)$ 在区间 $[a,b]$ 上一定可积？这个问题本书不做深入讨论，只给出下面的定理．

定理 5.1.1 若函数 $y=f(x)$ 在闭区间 $[a,b]$ 上连续，则 $f(x)$ 在 $[a,b]$ 上可积．

定理 5.1.2 若函数 $y=f(x)$ 在闭区间 $[a,b]$ 上有界，且只有有限个间断点，则 $f(x)$ 在 $[a,b]$ 上可积．

根据定积分定义，本节的两个引例可以简洁地表述如下：

（1）由曲线 $y=f(x)(f(x)\geqslant 0)$，直线 $x=a$，$x=b$ 以及 x 轴所围成的曲边梯形的面积 S 等于函数 $y=f(x)$ 在区间 $[a,b]$ 上的定积分，即
$$S = \int_a^b f(x)\mathrm{d}x$$

（2）在变力 $F(x)$ 的作用下，质点沿着 x 轴由点 a 移动到点 b，变力 $F(x)$ 所做的功 W 等于函数 $F(x)$ 在区间 $[a,b]$ 上的定积分，即

$$W = \int_a^b F(x)\mathrm{d}x$$

几何意义　我们已经知道，当函数 $y = f(x)$ 在闭区间 $[a,b]$ 上连续且 $f(x) \geqslant 0$ 时，$\int_a^b f(x)\mathrm{d}x$ 在几何上表示由曲线 $y = f(x)$，直线 $x = a$，$x = b$ 以及 x 轴所围成的曲边梯形的面积.

当 $f(x) \leqslant 0$ 时，作函数 $f(x)$ 关于 x 轴的对称函数 $-f(x)$，则 $-f(x) \geqslant 0$，而对称图形的面积相同，所以曲边梯形的面积为

$$S = \int_a^b [-f(x)]\mathrm{d}x$$

即 $\int_a^b f(x)\mathrm{d}x$ 在几何上表示由曲线 $y = f(x)$，直线 $x = a$，$x = b$ 以及 x 轴所围成的曲边梯形的面积的负值.

如果函数 $y = f(x)$ 在闭区间 $[a,b]$ 上既取得正值又取得负值时（图 5.1.3），函数 $f(x)$ 的图形某些部分在 x 轴的上方，而其他部分在 x 轴的下方，此时 $\int_a^b f(x)\mathrm{d}x$ 在几何上表示 x 轴上方图形的面积减去 x 轴下方图形的面积所得之差.

而由曲线 $y = f(x)$，直线 $x = a$，$x = b$ 以及 x 轴所围成的曲边梯形的面积为

$$S = \int_a^b |f(x)|\,\mathrm{d}x$$

例 1　利用定积分的几何意义计算定积分 $\int_0^2 \sqrt{4-x^2}\,\mathrm{d}x$.

解　由定积分的几何意义可知，定积分 $\int_0^2 \sqrt{4-x^2}\,\mathrm{d}x$ 表示的是由曲线 $y = \sqrt{4-x^2}$，直线 $x = 0$，$x = 2$ 以及 x 轴所围成的曲边梯形的面积，如图 5.1.4 所示，即圆心在原点，半径为 2 的圆的面积的 $\dfrac{1}{4}$，则

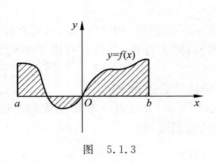

图　5.1.3

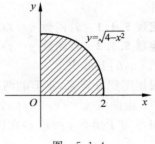

图　5.1.4

$$\int_0^2 \sqrt{4-x^2}\,\mathrm{d}x = \frac{1}{4}\pi \cdot 2^2 = \pi$$

例 2 利用定义计算定积分 $\int_0^1 x^2 \mathrm{d}x$.

解 由于定积分与 $[0,1]$ 的分法以及点 ξ_i 的取法无关,因此为了便于计算,一般都选取特殊的分割和特殊的点 ξ_i. 不妨对 $[0,1]$ 进行 n 等分,这样每个小区间 $[x_{i-1},x_i]$ 的长度为 $\Delta x_i = \dfrac{1}{n}(i=1,2,\cdots,n)$,并取 $\xi_i = \dfrac{i}{n}(i=1,2,\cdots,n)$,则

$$\begin{aligned}
\int_0^1 x^2 \mathrm{d}x &= \lim_{\lambda \to 0}\sum_{i=1}^n f(\xi_i)\cdot\Delta x_i = \lim_{n\to\infty}\sum_{i=1}^n \left(\frac{i}{n}\right)^2 \cdot \frac{1}{n} = \lim_{n\to\infty}\frac{1}{n^3}\cdot\sum_{i=1}^n i^2 \\
&= \lim_{n\to\infty}\frac{1}{n^3}\cdot\frac{1}{6}n(n+1)(2n+1) \\
&= \lim_{n\to\infty}\frac{1}{6}\left(1+\frac{1}{n}\right)\left(2+\frac{1}{n}\right) \\
&= \frac{1}{3}
\end{aligned}$$

*5.1.3 定积分的近似计算

从本节例 2 的计算过程中可以看出,对于 $\forall n\in \mathbf{N}^+$,积分和

$$\sum_{i=1}^n f(\xi_i)\cdot\Delta x_i = \frac{1}{6}\left(1+\frac{1}{n}\right)\left(2+\frac{1}{n}\right)$$

都是定积分 $\int_0^1 x^2 \mathrm{d}x$ 的近似值. 当 n 取不同的自然数时,可以得到定积分 $\int_0^1 x^2 \mathrm{d}x$ 不同精确度的近似值. 一般地,n 取值越大,精确程度越高. 当 $n \to \infty$ 时,就得到了定积分 $\int_0^1 x^2 \mathrm{d}x$ 的精确值.

下面针对一般情形,讨论定积分的近似计算问题. 假设函数 $y=f(x)$ 在闭区间 $[a,b]$ 上连续,这时定积分 $\int_a^b f(x)\mathrm{d}x$ 就存在. 类似例 2 的算法,对闭区间 $[a,b]$ 进行 n 等分,即用分点

$$a = x_0 < x_1 < x_2 < \cdots < x_{n-1} < x_n = b$$

将闭区间 $[a,b]$ 分割成 n 个长度相同的小区间,每个小区间的长度为

$$\Delta x = \frac{b-a}{n}$$

在第 i 个小区间 $[x_{i-1},x_i]$ 上,取 $\xi_i = x_{i-1}(i=1,2,\cdots,n)$,于是

$$\int_a^b f(x)\mathrm{d}x = \lim_{n\to\infty}\frac{b-a}{n}\sum_{i=1}^n f(x_{i-1})$$

从而对于 $\forall n\in \mathbf{N}^+$,都有

$$\int_a^b f(x)\,\mathrm{d}x \approx \frac{b-a}{n} \sum_{i=1}^n f(x_{i-1})$$

令 $f(x_i) = y_i (i=0,1,2,\cdots,n-1)$，上式可以写作

$$\int_a^b f(x)\,\mathrm{d}x \approx \frac{b-a}{n}(y_0 + y_1 + \cdots + y_{n-1}) \tag{5.1.1}$$

如果取 $\xi_i = x_i$，则可以得到近似公式

$$\int_a^b f(x)\,\mathrm{d}x \approx \frac{b-a}{n}(y_1 + y_2 + \cdots + y_n) \tag{5.1.2}$$

上述求定积分近似值的方法称为**矩形法**，其中公式(5.1.1)和公式(5.1.2)称作**矩形法公式**.

矩形法的几何意义：如图 5.1.5 所示，在每个小区间 $[x_{i-1}, x_i](i=1,2,\cdots,n)$ 上用小矩形的面积作为小曲边梯形面积的近似值. 整体上用台阶形的面积（即 n 个小矩形的面积之和）作为曲边梯形面积的近似值.

常用的求定积分近似值的方法还有梯形法和抛物线法（又称辛普森（Simpson）法），在此不再详细叙述.

随着计算机应用的普及，定积分的近似计

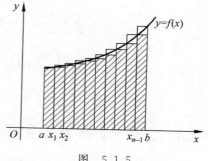

图 5.1.5

算变得更为方便，现在已经有很多成形的数学软件可用于定积分的近似计算.

5.1.4 定积分的性质

为了便于计算和应用定积分，作以下补充规定：

(1) $\int_a^a f(x)\,\mathrm{d}x = 0$；

(2) $\int_a^b f(x)\,\mathrm{d}x = -\int_b^a f(x)\,\mathrm{d}x$.

性质 1 $\int_a^b [f(x) + g(x)]\,\mathrm{d}x = \int_a^b f(x)\,\mathrm{d}x + \int_a^b g(x)\,\mathrm{d}x$.

证
$$\int_a^b [f(x) + g(x)]\,\mathrm{d}x = \lim_{\lambda \to 0} \sum_{i=1}^n [f(\xi_i) + g(\xi_i)] \cdot \Delta x_i$$
$$= \lim_{\lambda \to 0} \sum_{i=1}^n [f(\xi_i) \cdot \Delta x_i + g(\xi_i) \cdot \Delta x_i]$$
$$= \lim_{\lambda \to 0} \sum_{i=1}^n f(\xi_i) \cdot \Delta x_i + \lim_{\lambda \to 0} \sum_{i=1}^n g(\xi_i) \cdot \Delta x_i$$
$$= \int_a^b f(x)\,\mathrm{d}x + \int_a^b g(x)\,\mathrm{d}x$$

同理可得

$$\int_a^b [f(x) - g(x)] dx = \int_a^b f(x) dx - \int_a^b g(x) dx$$

注 此性质可以推广到有限多个函数的情形.

性质 2 $\int_a^b kf(x) dx = k \int_a^b f(x) dx$（$k$ 是常数）.

性质 1 和性质 2 统称为定积分的线性性质,即

$$\int_a^b [kf(x) + \lambda g(x)] dx = k \int_a^b f(x) dx + \lambda \int_a^b g(x) dx$$

性质 3 $\int_a^b 1 dx = b - a$.

性质 2 和性质 3 的证明请读者自己完成.

性质 4（积分区间的有限可加性）

$$\int_a^b f(x) dx = \int_a^c f(x) dx + \int_c^b f(x) dx$$

证 先证 $a < c < b$ 的情形.

因为函数 $f(x)$ 在 $[a,b]$ 上可积,所以不论 $[a,b]$ 怎样分割,积分和的极限总是不变的. 因此在分区间时,将 c 作为一个分点,那么 $[a,b]$ 上的积分和等于 $[a,c]$ 和 $[c,b]$ 上的积分之和,即

$$\sum_{[a,b]} f(\xi_i) \cdot \Delta x_i = \sum_{[a,c]} f(\xi_i) \cdot \Delta x_i + \sum_{[c,b]} f(\xi_i) \cdot \Delta x_i$$

令 $\lambda \to 0$,并取极限得

$$\int_a^b f(x) dx = \int_a^c f(x) dx + \int_c^b f(x) dx$$

再证 $a < b < c$ 的情形.

由上述证明可知

$$\int_a^c f(x) dx = \int_a^b f(x) dx + \int_b^c f(x) dx$$

所以

$$\int_a^b f(x) dx = \int_a^c f(x) dx - \int_b^c f(x) dx$$

$$= \int_a^c f(x) dx + \int_c^b f(x) dx$$

同理可证 $c < a < b$ 的情形. 所以无论 a, b, c 相对位置如何,所证等式总成立.

例 3 已知 $f(x) = \begin{cases} \sqrt{4 - x^2}, & 0 \leqslant x \leqslant 2 \\ 1, & -2 \leqslant x < 0 \end{cases}$,计算定积分 $\int_{-2}^2 f(x) dx$.

解 由积分区间的有限可加性得

$$\int_{-2}^2 f(x) dx = \int_{-2}^0 f(x) dx + \int_0^2 f(x) dx$$

$$= \int_{-2}^{0} 1 \mathrm{d}x + \int_{0}^{2} \sqrt{4 - x^2} \, \mathrm{d}x$$

$$= 2 + \pi$$

性质 5（保号性）　若在 $[a,b]$ 上，$f(x) \geqslant 0$，则

$$\int_{a}^{b} f(x) \mathrm{d}x \geqslant 0$$

证　由于在 $[a,b]$ 上，$f(x) \geqslant 0$，则

$$f(\xi_i) \geqslant 0, \quad i = 1, 2, \cdots, n$$

又

$$\Delta x_i = x_i - x_{i-1} \geqslant 0, \quad i = 1, 2, \cdots, n$$

那么

$$\sum_{i=1}^{n} f(\xi_i) \cdot \Delta x_i \geqslant 0$$

令 $\lambda = \max\{\Delta x_1, \Delta x_2, \cdots, \Delta x_n\}$ 且 $\lambda \rightarrow 0$，由极限的局部保号性可得

$$\int_{a}^{b} f(x) \mathrm{d}x = \lim_{\lambda \to 0} \sum_{i=1}^{n} f(\xi_i) \cdot \Delta x \geqslant 0$$

推论 1　如果在 $[a,b]$ 上，$f(x) \leqslant g(x)$，则

$$\int_{a}^{b} f(x) \mathrm{d}x \leqslant \int_{a}^{b} g(x) \mathrm{d}x$$

推论 2　$\left| \int_{a}^{b} f(x) \mathrm{d}x \right| \leqslant \int_{a}^{b} |f(x)| \, \mathrm{d}x \quad (a < b)$.

例 4　利用定积分的性质，比较定积分的大小：$\int_{0}^{1} x \mathrm{d}x$，$\int_{0}^{1} \ln(1+x) \mathrm{d}x$.

解　取 $f(x) = x - \ln(1+x)$，$x \in [0,1]$. 由于

$$f'(x) = 1 - \frac{1}{1+x} = \frac{x}{1+x} \geqslant 0$$

则函数 $f(x)$ 在 $x \in [0,1]$ 时单调递增，所以

$$f(x) \geqslant f(0) = 0$$

即

$$x \geqslant \ln(1+x)$$

由保号性可得

$$\int_{0}^{1} x \mathrm{d}x \geqslant \int_{0}^{1} \ln(1+x) \mathrm{d}x$$

性质 6（估值定理）　假设 M, m 是函数 $y = f(x)$ 在 $[a,b]$ 上的最大值和最小值，则

$$m(b-a) \leqslant \int_{a}^{b} f(x) \mathrm{d}x \leqslant M(b-a)$$

证　由于 $m \leqslant f(x) \leqslant M$，由性质 5 的推论 1 知

$$\int_a^b m\,\mathrm{d}x \leqslant \int_a^b f(x)\,\mathrm{d}x \leqslant \int_a^b M\,\mathrm{d}x$$

又由性质2和性质3得

$$m(b-a) \leqslant \int_a^b f(x)\,\mathrm{d}x \leqslant M(b-a)$$

例5 估计定积分 $\int_1^4 (x^2+1)\,\mathrm{d}x$ 的值.

解 由于被积函数 $f(x)=x^2+1$ 在积分区间 $[1,4]$ 上单调增加,则

$$m = 1^2+1 = 2,\quad M = 4^2+1 = 17$$

由性质6可得

$$2\times(4-1) \leqslant \int_1^4 (x^2+1)\,\mathrm{d}x \leqslant 17\times(4-1)$$

即

$$6 \leqslant \int_1^4 (x^2+1)\,\mathrm{d}x \leqslant 51$$

性质7(积分中值定理) 若函数 $y=f(x)$ 在闭区间 $[a,b]$ 上连续,则 $\exists\,\xi\in[a,b]$,使得

$$\int_a^b f(x)\,\mathrm{d}x = f(\xi)(b-a)$$

这个公式称为**积分中值公式**.

证 由性质6可得

$$m(b-a) \leqslant \int_a^b f(x)\,\mathrm{d}x \leqslant M(b-a)$$

则

$$m \leqslant \frac{\int_a^b f(x)\,\mathrm{d}x}{b-a} \leqslant M$$

根据闭区间上连续函数的介值定理可得, $\exists\,\xi\in[a,b]$,使得

$$f(\xi) = \frac{\int_a^b f(x)\,\mathrm{d}x}{b-a}$$

即

$$\int_a^b f(x)\,\mathrm{d}x = f(\xi)(b-a)$$

在几何上,若函数 $y=f(x)$ 在闭区间 $[a,b]$ 上连续、非负,则 $\exists\,\xi\in[a,b]$,使得以闭区间 $[a,b]$ 为底,以曲线 $y=f(x)$ 为曲边的曲边梯形的面积等同于同一底边,而高为 $f(\xi)$ 的矩形的面积,如图5.1.6所示.

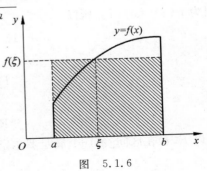

图 5.1.6

按积分中值公式所得

$$f(\xi) = \frac{\int_a^b f(x) \, \mathrm{d}x}{b - a}$$

称为函数 $f(x)$ 在区间 $[a,b]$ 上的平均值.

例 6 假设 $f(x)$ 在区间 $[0,1]$ 上可导且 $f(1) = 2\int_0^{\frac{1}{2}} xf(x)\mathrm{d}x$. 证明：$\exists \xi \in (0,1)$，使得

$$f'(\xi) = -\frac{f(\xi)}{\xi}$$

分析 要证 $f'(\xi) = -\dfrac{f(\xi)}{\xi}$ 即要证 $\xi f'(\xi) + f(\xi) = 0$. 容易想到该题可以使用微分中值定理进行证明，首先需要构造辅助函数 $F(x)$. 所以设 $F'(x) = xf'(x) + f(x)$，则

$$
\begin{aligned}
F(x) &= \int [xf'(x) + f(x)]\mathrm{d}x \\
&= \int x\mathrm{d}[f(x)] + \int f(x)\mathrm{d}x \\
&= xf(x) - \int f(x)\mathrm{d}x + \int f(x)\mathrm{d}x \\
&= xf(x) + C
\end{aligned}
$$

证 令 $F(x) = xf(x)$，因为 $f(x)$ 在区间 $[0,1]$ 上可导，所以 $f(x)$ 在区间 $[0,1]$ 上连续. 故 $F(x)$ 在区间 $[0,1]$ 上连续，在开区间 $(0,1)$ 内可导. 又因为

$$f(1) = 2\int_0^{\frac{1}{2}} xf(x)\mathrm{d}x$$

由积分中值定理可得，$\exists \eta \in \left[0, \dfrac{1}{2}\right]$，使得

$$2\int_0^{\frac{1}{2}} xf(x)\mathrm{d}x = 2\eta f(\eta)\left(\frac{1}{2} - 0\right) = \eta f(\eta)$$

因为 $F(x) = xf(x)$，所以

$$F(1) = f(1) = \eta f(\eta)$$

又

$$F(\eta) = \eta f(\eta)$$

故

$$F(1) = F(\eta)$$

所以 $F(x)$ 在区间 $[\eta,1]$ 上满足罗尔定理，故 $\exists \xi \in (\eta,1) \subset (0,1)$，使得

$$F'(\xi) = 0$$

即

$$f'(\xi) = -\frac{f(\xi)}{\xi}$$

习题 5-1

1. 假设一质点作变速直线运动,其速度 $v(t)$ 是关于时间 t 的一元连续函数,试用定积分表示质点在时间段 $[T_1, T_2]$ 内所经过的路程,并试写出计算过程.

*2. 利用定积分的定义计算下列积分:

(1) $\displaystyle\int_0^1 x \, dx$;
(2) $\displaystyle\int_0^1 x^3 \, dx$.

3. 利用定积分的几何意义计算下列定积分:

(1) $\displaystyle\int_0^1 x \, dx$;
(2) $\displaystyle\int_{-\pi}^{\pi} \sin x \, dx$;

(3) $\displaystyle\int_{-2}^{-1} x \, dx$;
(4) $\displaystyle\int_0^3 \sqrt{9 - x^2} \, dx$.

4. 根据定积分的性质,比较下列各对定积分的大小:

(1) $\displaystyle\int_0^1 x \, dx, \int_0^1 \ln(1 + x) \, dx$;
(2) $\displaystyle\int_1^2 e^x \, dx, \int_1^2 e \cdot x \, dx$;

(3) $\displaystyle\int_3^4 \ln x \, dx, \int_3^4 \ln^2 x \, dx$;
(4) $\displaystyle\int_0^{\frac{\pi}{2}} x \, dx, \int_0^{\frac{\pi}{2}} \sin x \, dx$.

5. 假设函数 $y = f(x)$ 在闭区间 $[a, b]$ 上连续,且 $f(x)$ 不恒为零,证明 $\displaystyle\int_a^b (f(x))^2 \, dx > 0$.

6. 估计下列定积分的值:

(1) $\displaystyle\int_{\frac{\pi}{4}}^{\frac{\pi}{2}} \frac{\sin x}{x} \, dx$;
(2) $\displaystyle\int_0^1 e^{x^2} \, dx$;

(3) $\displaystyle\int_1^4 (x^2 + x) \, dx$;
(4) $\displaystyle\int_0^1 \frac{1}{\sqrt{4 - x^2 + x^3}} \, dx$.

7. 证明定积分的性质:

(1) 如果在 $[a, b]$ 上,$f(x) \leqslant g(x)$,则 $\displaystyle\int_a^b f(x) \, dx \leqslant \int_a^b g(x) \, dx$;

(2) $\left| \displaystyle\int_a^b f(x) \, dx \right| \leqslant \int_a^b |f(x)| \, dx$;

(3) $\displaystyle\int_a^b 1 \, dx = b - a$.

5.2　微积分基本公式

在 5.1 节中,我们给出了利用定积分的定义和几何意义来计算定积分的两个例题.从这两个例题中可以看出,利用定积分的几何意义只能计算表示规则图形面积的定积分,而运用定积分的定义也仅能计算被积函数比较简单的定积分,而且计算过程还比较复杂.如果表示的图形不规则或被积函数比较复杂,那么利用定积分的定义和几何意义计算就困难了.因此,我们必须寻求新的计算定积分的方法.

下面从物理学中变速直线运动的位置函数与速度函数的关系出发,寻找计算定积分的新方法.

5.2.1　引　例

假设物体作变速直线运动,其瞬时速度 $v(t)$ 是关于时间 t 的连续函数(为了讨论方便,可以假设 $v(t) \geqslant 0$).在时刻 t ,物体所在的位置为 $s(t)$.求物体在时间段 $[T_1, T_2]$ 内所经过的路程.

一方面,根据定积分的定义,可以知道物体在时间段 $[T_1, T_2]$ 内所经过的路程可以用瞬时速度 $v(t)$ 在 $[T_1, T_2]$ 上的定积分

$$\int_{T_1}^{T_2} v(t) \mathrm{d}t$$

来表示.

另一方面,已知物体在时刻 t 所在的位置函数为 $s(t)$,那么由物理学的知识可知这段路程也可以用位置函数 $s(t)$ 在时间段 $[T_1, T_2]$ 上的增量

$$s(T_2) - s(T_1)$$

来表示.

由于同一物体在同一时间段内所经过的路程相同,则有

$$\int_{T_1}^{T_2} v(t) \mathrm{d}t = s(T_2) - s(T_1)$$

由 2.1 节引例可知 $s'(t) = v(t)$,故位置函数 $s(t)$ 是速度函数 $v(t)$ 的原函数,所以上述关系式可以看做是速度函数 $v(t)$ 在闭区间 $[T_1, T_2]$ 上的定积分等于 $v(t)$ 的一个原函数 $s(t)$ 在闭区间 $[T_1, T_2]$ 上的增量

$$s(T_2) - s(T_1)$$

但是从这个特殊问题中得出的结论是否具有普遍性呢?即假设函数 $f(x)$ 在闭区间 $[a, b]$ 上连续,且 $F'(x) = f(x)$,关系式

$$\int_a^b f(x) \mathrm{d}x = F(b) - F(a)$$

是否成立呢?

5.2.2 变限积分函数及其导数

假设函数 $f(x)$ 在闭区间 $[a,b]$ 上可积,对于 $\forall x \in [a,b]$,我们来考察函数 $f(x)$ 在闭区间 $[a,x]$ 上的定积分

$$\int_a^x f(x)\mathrm{d}x$$

由于上式字母 x 既表示定积分上限,又表示积分变量,而定积分的结果与积分变量用什么字母表示无关,所以为了防止混淆,可以将积分变量用其他字母表示,比如用字母 t. 则上述积分可以改写为

$$\int_a^x f(t)\mathrm{d}t$$

由于变量 x 在闭区间 $[a,b]$ 上任意取值,则对于区间 $[a,b]$ 中的每个取定的数值 x,定积分 $\int_a^x f(t)\mathrm{d}t$ 都有唯一的一个数值与之对应,所以它在区间 $[a,b]$ 上定义了一个函数,记作 $\Phi(x)$,即

$$\Phi(x) = \int_a^x f(t)\mathrm{d}t, x \in [a,b]$$

由于上述定积分中上限 x 是区间 $[a,b]$ 上的变量,所以称 $\Phi(x)$ 为**变上限积分函数**(或**积分上限函数**).

同理,可以定义**变下限积分函数**

$$\Psi(x) = \int_x^b f(t)\mathrm{d}t$$

由 5.1 节定积分的性质可知

$$\Psi(x) = \int_x^b f(t)\mathrm{d}t = -\int_b^x f(t)\mathrm{d}t$$

可以化为变上限积分函数,因此在后面的讨论中,我们只讲述变上限积分函数的有关知识.

定理 5.2.1 如果函数 $f(x)$ 在闭区间 $[a,b]$ 上可积,则变上限积分函数

$$\Phi(x) = \int_a^x f(t)\mathrm{d}t$$

在区间 $[a,b]$ 上连续.

定理 5.2.2 如果函数 $f(x)$ 在闭区间 $[a,b]$ 上连续,则变上限积分函数

$$\Phi(x) = \int_a^x f(t)\mathrm{d}t$$

在区间 $[a,b]$ 上可导. 并且

$$\Phi'(x) = \left[\int_a^x f(t)\mathrm{d}t\right]' = f(x)$$

证 对于 $\forall x \in (a,b)$,假设变量 x 有增量 Δx,且使 $x + \Delta x \in (a,b)$,则 $\Phi(x)$ 的

增量为

$$\Delta\Phi(x) = \Phi(x + \Delta x) - \Phi(x)$$

$$= \int_a^{x+\Delta x} f(t)\mathrm{d}t - \int_a^x f(t)\mathrm{d}t$$

$$= \int_a^{x+\Delta x} f(t)\mathrm{d}t + \int_x^a f(t)\mathrm{d}t$$

$$= \int_x^{x+\Delta x} f(t)\mathrm{d}t$$

由于函数 $f(x)$ 在闭区间 $[a,b]$ 上连续，$x, x+\Delta x \in (a,b)$，所以 $f(x)$ 在变量 x 与 $x+\Delta x$ 之间连续，由积分中值定理可知，存在 ξ 介于 x 与 $x+\Delta x$ 之间，使得

$$\Delta\Phi(x) = \int_x^{x+\Delta x} f(t)\mathrm{d}t = f(\xi) \cdot \Delta x$$

由于函数 $f(x)$ 在 x 处连续，当 $\Delta x \to 0$ 时，$\xi \to x$. 因此

$$\Phi'(x) = \lim_{\Delta x \to 0} \frac{\Delta\Phi(x)}{\Delta x} = \lim_{\Delta x \to 0} \frac{f(\xi) \cdot \Delta x}{\Delta x} = \lim_{\xi \to x} f(\xi) = f(x)$$

如果 $x=a$，取 $\Delta x > 0$，则同理可证

$$\Phi'_+(a) = f(a)$$

如果 $x=b$，取 $\Delta x < 0$，则同理可证

$$\Phi'_-(b) = f(b)$$

综上所述，$\Phi'(x) = \left[\int_a^x f(t)\mathrm{d}t \right]' = f(x)$，结论得证.

上述定理揭示了导数与定积分这两个定义完全不相干的概念之间的内在联系，因而又称为**微积分基本定理**. 同时，该定理给出了变上限积分函数导数的求法. 下面举例说明.

例 1　求下列函数的导数：

（1）$\int_0^x \cos(t^2)\mathrm{d}t$；（2）$\int_0^{x^2} \sin t\mathrm{d}t$；（3）$\int_x^0 \mathrm{e}^{2t}\mathrm{d}t$；（4）$\int_{x^3}^{x^2} \mathrm{e}^{t^2}\mathrm{d}t$.

解　（1）$\left(\int_0^x \cos(t^2)\mathrm{d}t \right)' = \cos(x^2)$.

（2）这里 $\int_0^{x^2} \sin t\mathrm{d}t$ 是关于 x^2 的函数，因而是关于 x 的复合函数，所以令 $u = x^2$，则

$$\Phi(u) = \int_0^u \sin t\mathrm{d}t$$

由复合函数的求导法则知

$$\left(\int_0^{x^2} \sin t\mathrm{d}t \right)' = \frac{\mathrm{d}}{\mathrm{d}u}\left(\int_0^u \sin t\mathrm{d}t \right) \cdot \frac{\mathrm{d}u}{\mathrm{d}x} = \sin u \cdot 2x = 2x \cdot \sin(x^2)$$

（3）由于 $\int_x^0 \mathrm{e}^{2t}\mathrm{d}t = -\int_0^x \mathrm{e}^{2t}\mathrm{d}t$，则

$$\left(\int_x^0 e^{2t} dt\right)' = \left(-\int_0^x e^{2t} dt\right)' = -e^{2x}$$

（4）因为

$$\int_{x^3}^{x^2} e^{t^2} dt = \int_{x^3}^0 e^{t^2} dt + \int_0^{x^2} e^{t^2} dt$$

其中

$$\int_{x^3}^0 e^{t^2} dt = -\int_0^{x^3} e^{t^2} dt$$

而 $\int_0^{x^3} e^{t^2} dt$ 是关于 x^3 的函数,因而是关于 x 的复合函数,所以令 $u = x^3$,则

$$\Phi(u) = -\int_0^u e^{t^2} dt$$

由复合函数的求导法则,有

$$\left(\int_{x^3}^0 e^{t^2} dt\right)' = \frac{d}{du}\left(-\int_0^u e^{t^2} dt\right) \cdot \frac{du}{dx}$$

$$= -e^{u^2} \cdot 3x^2$$

$$= -3x^2 \cdot e^{x^6}$$

类似可求

$$\left(\int_0^{x^2} e^{t^2} dt\right)' = 2x e^{(x^2)^2} = 2x e^{x^4}$$

于是

$$\left(\int_{x^3}^{x^2} e^{t^2} dt\right)' = \left(\int_{x^3}^0 e^{t^2} dt + \int_0^{x^2} e^{t^2} dt\right)'$$

$$= \left(\int_{x^3}^0 e^{t^2} dt\right)' + \left(\int_0^{x^2} e^{t^2} dt\right)'$$

$$= 2x e^{x^4} - 3x^2 e^{x^6}$$

通过以上做法可以总结出如下公式:

$$\left(\int_{v(x)}^{u(x)} f(t) dt\right)' = f(u(x)) \cdot u'(x) - f(v(x)) \cdot v'(x)$$

例 2 求 $\lim\limits_{x \to 0} \dfrac{\int_1^{\cos x} e^{t^2} dt}{x^2}$.

解 这是 $\dfrac{0}{0}$ 型极限,应用洛必达法则可得

$$\lim_{x \to 0} \frac{\int_1^{\cos x} e^{t^2} dt}{x^2} = \lim_{x \to 0} \frac{e^{\cos^2 x} \cdot (-\sin x)}{2x} = \lim_{x \to 0} \frac{e^{\cos^2 x} \cdot (-x)}{2x}$$

$$= \lim_{x \to 0} \frac{-e^{\cos^2 x}}{2} = -\frac{e}{2}$$

例 3　当 x 为何值时，函数 $I(x) = \int_0^x t\mathrm{e}^{-t^2}\,\mathrm{d}t$ 有极值？

解　由于

$$I'(x) = \left(\int_0^x t\mathrm{e}^{-t^2}\,\mathrm{d}t\right)' = x\mathrm{e}^{-x^2}$$

令 $I'(x)=0$，求得驻点 $x=0$，函数没有导数不存在的点. 又因为

$$I''(x) = \mathrm{e}^{-x^2} + x\mathrm{e}^{-x^2}(-2x) = (1-2x^2)\mathrm{e}^{-x^2}$$

当 $x=0$ 时，$I''(0)=1>0$. 所以由极值的第二充分条件可知，当 $x=0$ 时，函数 $I(x)$ 有极小值 $I(0)=0$.

由定理 5.2.2 可得 $\Phi'(x) = f(x)$，结合原函数的定义可知，变上限积分函数 $\Phi(x)$ 是函数 $f(x)$ 的一个原函数. 因此，我们可以得到如下定理.

定理 5.2.3（原函数存在定理）　如果函数 $f(x)$ 在闭区间 $[a,b]$ 上连续，则变上限积分函数

$$\Phi(x) = \int_a^x f(t)\,\mathrm{d}t$$

就是函数 $f(x)$ 在闭区间 $[a,b]$ 上的一个原函数.

这个定理一方面肯定了连续函数一定存在原函数，另一方面也揭示了原函数与定积分的联系. 因此，我们可以通过原函数来计算定积分，进而得到定积分的计算公式.

5.2.3　微积分基本公式及应用

定理 5.2.4　假设函数 $F(x)$ 是连续函数 $f(x)$ 在闭区间 $[a,b]$ 上的一个原函数，则

$$\int_a^b f(x)\,\mathrm{d}x = F(x)\Big|_a^b = F(b) - F(a)$$

这个公式称为**微积分基本公式**，也称为**牛顿-莱布尼茨公式**. 这个公式是由英国物理学家牛顿和德国数学家莱布尼茨在 17 世纪通过不同方法发现的，由此巧妙地开辟了求解定积分的新途径.

证　因为 $F(x)$ 是 $f(x)$ 在闭区间 $[a,b]$ 上的一个原函数，而由定理 5.2.3 可知，变上限积分函数

$$\Phi(x) = \int_a^x f(t)\,\mathrm{d}t$$

也是函数 $f(x)$ 在区间 $[a,b]$ 上的一个原函数，于是

$$F'(x) = \Phi'(x) = f(x)$$

所以

$$\Phi(x) - F(x) = C$$

故对于 $\forall x \in [a,b]$，总有

$$\int_a^x f(t)\mathrm{d}t = F(x) + C$$

在上式中,令 $x=a$,可以得到

$$C = -F(a)$$

即

$$\int_a^x f(t)\mathrm{d}t = F(x) - F(a)$$

又令 $x=b$,可以得到

$$\int_a^b f(t)\mathrm{d}t = F(b) - F(a)$$

由于定积分的结果与变量无关,所以

$$\int_a^b f(x)\mathrm{d}x = F(b) - F(a)$$

类似可证,当 $a>b$ 时,该公式依然成立.

为了方便起见,将 $F(b)-F(a)$ 记为 $F(x)\Big|_a^b$,即

$$\int_a^b f(x)\mathrm{d}x = F(x)\Big|_a^b$$

这个公式进一步揭示了定积分与被积函数的原函数之间的关系,它表明:一个连续函数在区间 $[a,b]$ 上的定积分等于它的任一原函数在区间 $[a,b]$ 上的增量,从而简化了运算.

下面举几个利用上述公式计算定积分的例题:

例 4 计算定积分 $\int_0^1 x^2\,\mathrm{d}x$.

解 由于 $\dfrac{x^3}{3}$ 是 x^2 的一个原函数,由微积分基本公式得

$$\int_0^1 x^2\,\mathrm{d}x = \left[\frac{x^3}{3}\right]\Big|_0^1 = \frac{1^3}{3} - \frac{0^3}{3} = \frac{1}{3}$$

例 5 利用定积分的定义求极限

$$\lim_{n\to\infty}\left(\frac{n}{n^2+1^2} + \frac{n}{n^2+2^2} + \cdots + \frac{n}{n^2+n^2}\right)$$

解 因为

$$\frac{n}{n^2+1^2} + \frac{n}{n^2+2^2} + \cdots + \frac{n}{n^2+n^2} = \sum_{i=1}^n \frac{1}{1+\left(\dfrac{i}{n}\right)^2}\cdot\frac{1}{n}$$

这相当于将闭区间 $[0,1]$ 进行 n 等分,其分点为

$$x_i = \frac{i}{n}, \quad i = 1,2,\cdots,n$$

这样每个小区间 $[x_{i-1},x_i]$ 的长度为

$$\Delta x_i = \frac{1}{n}, \quad i = 1, 2, \cdots, n$$

并取

$$\xi_i = \frac{i}{n}, \quad i = 1, 2, \cdots, n .$$

则

$$\lim_{n \to \infty} \left(\frac{n}{n^2 + 1^2} + \frac{n}{n^2 + 2^2} + \cdots + \frac{n}{n^2 + n^2} \right) = \lim_{\lambda \to 0} \sum_{i=1}^{n} \frac{1}{1 + \xi_i^2} \cdot \Delta x_i$$

而

$$\lim_{\lambda \to 0} \sum_{i=1}^{n} \frac{1}{1 + \xi_i^2} \cdot \Delta x_i = \int_0^1 \frac{1}{1 + x^2} \mathrm{d}x = \arctan x \Big|_0^1 = \frac{\pi}{4}$$

所以

$$\lim_{n \to \infty} \left(\frac{n}{n^2 + 1^2} + \frac{n}{n^2 + 2^2} + \cdots + \frac{n}{n^2 + n^2} \right) = \frac{\pi}{4}$$

例 6　计算 $\int_{\frac{1}{e}}^{e} |\ln x| \, \mathrm{d}x$.

解　由于 $|\ln x| = 0$，解得 $x = 1$，于是可以将区间 $\left[\frac{1}{e}, e\right]$ 分成两个子区间 $\left[\frac{1}{e}, 1\right]$ 和 $[1, e]$.

当 $\frac{1}{e} \leqslant x \leqslant 1$ 时，$\ln x \leqslant 0$，$|\ln x| = -\ln x$；当 $1 < x \leqslant e$ 时，$\ln x > 0$，$|\ln x| = \ln x$. 因此

$$|\ln x| = \begin{cases} -\ln x, & \frac{1}{e} \leqslant x \leqslant 1 \\ \ln x, & 1 < x \leqslant e \end{cases}$$

所以

$$\int_{\frac{1}{e}}^{e} |\ln x| \, \mathrm{d}x = \int_{\frac{1}{e}}^{1} (-\ln x) \mathrm{d}x + \int_1^e \ln x \, \mathrm{d}x$$

又由不定积分的分部积分法可得

$$\int \ln x \, \mathrm{d}x = x \ln x - \int x \, \mathrm{d}\ln x = x \ln x - \int x \cdot \frac{1}{x} \mathrm{d}x$$
$$= x \ln x - x + C$$

故由微积分基本公式可得

$$\int_{\frac{1}{e}}^{e} |\ln x| \, \mathrm{d}x = -\left[x \ln x - x \right] \Big|_{\frac{1}{e}}^{1} + (x \ln x - x) \Big|_1^e$$

$$= 2 - \frac{2}{e}$$

例 7 假设 $f(x) = \begin{cases} \mathrm{e}^{-x}, & 0 \leqslant x \leqslant 1 \\ 2x, & 1 < x \leqslant 2 \end{cases}$，求变上限积分函数 $\Phi(x) = \int_0^x f(t)\mathrm{d}t$ 在区间 $[0,2]$ 上的表达式.

解 由不定积分的换元积分法知

$$\int \mathrm{e}^{-x}\mathrm{d}x = -\int \mathrm{e}^{-x}\mathrm{d}(-x) = -\mathrm{e}^{-x} + C$$

由于函数 $f(x)$ 在区间 $[0,2]$ 上是分段函数，所以求 $\Phi(x) = \int_0^x f(t)\mathrm{d}t$ 在区间 $[0,2]$ 上的表达式时也要分段考虑，于是当 $0 \leqslant x \leqslant 1$ 时，有

$$\Phi(x) = \int_0^x f(t)\mathrm{d}t = \int_0^x \mathrm{e}^{-t}\mathrm{d}t = -\mathrm{e}^{-t}\big|_0^x = 1 - \mathrm{e}^{-x}$$

当 $1 < x \leqslant 2$ 时，有

$$\begin{aligned}
\Phi(x) &= \int_0^x f(t)\mathrm{d}t = \int_0^1 f(t)\mathrm{d}t + \int_1^x f(t)\mathrm{d}t \\
&= \int_0^1 \mathrm{e}^{-t}\mathrm{d}t + \int_1^x 2t\mathrm{d}t = -\mathrm{e}^{-t}\big|_0^1 + t^2\big|_1^x \\
&= x^2 - \mathrm{e}^{-1}
\end{aligned}$$

综上所述，有

$$\Phi(x) = \begin{cases} 1 - \mathrm{e}^{-x}, & 0 \leqslant x \leqslant 1 \\ x^2 - \mathrm{e}^{-1}, & 1 < x \leqslant 2 \end{cases}$$

习题 5-2

1. 求下列函数的导数：

(1) $\int_1^x \sin(\mathrm{e}^t)\mathrm{d}t$；

(2) $\int_{x^2}^{x^3} \ln t\mathrm{d}t$；

(3) $\int_{\cos x}^{\sin x} \sin(\pi t^2)\mathrm{d}t$；

(4) $\int_{x^2}^1 \dfrac{1}{1+t^2}\mathrm{d}t$.

2. 求由 $\int_0^x \mathrm{e}^{2t}\mathrm{d}t + \int_0^y \sin t\mathrm{d}t = 0$ 所确定的隐函数对 x 的导数 $\dfrac{\mathrm{d}y}{\mathrm{d}x}$.

3. 求由参数方程 $x = \int_0^u \sin 2t\mathrm{d}t, y = \int_0^u \cos t\mathrm{d}t$ 所确定的函数对 x 的导数 $\dfrac{\mathrm{d}y}{\mathrm{d}x}$.

4. 假设 $f(x)$ 在区间 $[a,b]$ 上连续，$F(x) = \int_a^x f(t)(x-t)\mathrm{d}t$. 证明：对于 $\forall x \in [a,b]$ 总存在 $F''(x) = f(x)$.

5. 计算下列定积分：

(1) $\int_0^2 (3x^2 - 2x + 1)\mathrm{d}x$；

(2) $\int_1^2 \dfrac{1}{x^2 \cdot \sqrt{x}}\mathrm{d}x$；

(3) $\displaystyle\int_4^9 (\sqrt{x}+1)(\sqrt{x^3}-1)\mathrm{d}x$；

(4) $\displaystyle\int_0^1 \frac{1}{1+x^2}\mathrm{d}x$；

(5) $\displaystyle\int_0^1 2^x \mathrm{e}^x \mathrm{d}x$；

(6) $\displaystyle\int_0^\pi 2\cos^2\frac{x}{2}\mathrm{d}x$；

(7) $\displaystyle\int_0^1 \frac{3x^4+x^2}{x^2+1}\mathrm{d}x$；

(8) $\displaystyle\int_0^{\frac{\pi}{2}} \frac{\cos 2x}{\cos x+\sin x}\mathrm{d}x$；

(9) $\displaystyle\int_0^\pi |\cos x|\,\mathrm{d}x$；

(10) $\displaystyle\int_0^2 \sqrt{1-2x+x^2}\,\mathrm{d}x$.

6. 计算下列极限：

(1) $\displaystyle\lim_{x\to 0} \frac{\displaystyle\int_0^x \sin t\,\mathrm{d}t}{x^2}$；

(2) $\displaystyle\lim_{x\to 0} \frac{\left(\displaystyle\int_0^x \mathrm{e}^{t^2}\,\mathrm{d}t\right)^2}{\displaystyle\int_0^x t\mathrm{e}^{2t^2}\,\mathrm{d}t}$；

(3) $\displaystyle\lim_{x\to 0} \frac{\displaystyle\int_0^x x\mathrm{e}^t\,\mathrm{d}t}{\sin x^2}$；

(4) $\displaystyle\lim_{x\to 1} \frac{\ln x}{\displaystyle\int_1^x \mathrm{e}^t\,\mathrm{d}t}$.

7. 假设 $F(x)=\displaystyle\int_0^x \frac{\sin t}{t}\mathrm{d}t$，求 $F'(0)$.

*8. 用定积分的定义计算下列极限：

(1) $\displaystyle\lim_{n\to\infty}\left(\frac{1}{n+1}+\frac{1}{n+2}+\cdots+\frac{1}{n+n}\right)$；

(2) $\displaystyle\lim_{n\to\infty}\frac{1}{n}\left(\sin\frac{\pi}{n}+\sin\frac{2\pi}{n}+\cdots+\sin\frac{n\pi}{n}\right)$.

5.3　定积分的换元法和分部积分法

通过微积分基本公式的学习，我们知道，计算定积分 $\displaystyle\int_a^b f(x)\mathrm{d}x$ 的问题就是把它转化为求被积函数 $f(x)$ 的原函数 $F(x)$ 在闭区间 $[a,b]$ 上的增量问题. 因此，在一定条件下，可以利用不定积分的换元积分法和分部积分法来计算定积分. 本节将具体讨论定积分的这两种计算方法，请读者注意它们与不定积分的积分法之间的差异.

5.3.1　定积分的换元积分法

定理 5.3.1　假设函数 $f(x)$ 在闭区间 $[a,b]$ 上连续，函数 $x=\varphi(t)$ 满足

(1) $\varphi(\alpha)=a, \varphi(\beta)=b$；

(2) 函数 $x=\varphi(t)$ 在区间 $[\alpha,\beta]$（或 $[\beta,\alpha]$）上具有连续的导数，且其值域 $R_\varphi=[a,b]$，

则

$$\int_a^b f(x)\mathrm{d}x = \int_\alpha^\beta f(\varphi(t)) \cdot \varphi'(t)\mathrm{d}t$$

上式称为**定积分的换元积分公式**.

证 由于函数 $f(x)$ 在闭区间 $[a,b]$ 上连续,则 $f(x)$ 在闭区间 $[a,b]$ 上可积,且其原函数存在.假设 $F(x)$ 为函数 $f(x)$ 的一个原函数,即

$$F'(x) = f(x)$$

由复合函数的求导法则可得

$$\frac{\mathrm{d}}{\mathrm{d}x}F(\varphi(t)) = F'(\varphi(t)) \cdot \varphi'(t) = f(\varphi(t)) \cdot \varphi'(t)$$

所以 $F(\varphi(t))$ 是函数 $f(\varphi(t)) \cdot \varphi'(t)$ 的一个原函数,由微积分基本公式可知

$$\int_\alpha^\beta f(\varphi(t)) \cdot \varphi'(t)\mathrm{d}t = F(\varphi(t))\Big|_\alpha^\beta = F(\varphi(\beta)) - F(\varphi(\alpha))$$

因为 $\varphi(\alpha) = a, \varphi(\beta) = b$,所以

$$\int_\alpha^\beta f(\varphi(t)) \cdot \varphi'(t)\mathrm{d}t = F(b) - F(a) = \int_a^b f(x)\mathrm{d}x$$

注 1 类似于不定积分,$\int_a^b f(x)\mathrm{d}x$ 中的 $\mathrm{d}x$ 本来是整个定积分记号中不可分割的一部分,但 $\mathrm{d}x$ 也可当作变量 x 的微分来对待.

注 2 令 $x = \varphi(t)$,将定积分中的积分变量 x 转换成新变量 t 时,相应地,积分限也要换成新变量 t 的积分限,且上限对上限,下限对下限,即**换元就换限**.

注 3 不同于不定积分,定积分的结果是一个确定的常数.因此在用换元积分法计算定积分时,求出 $f(\varphi(t)) \cdot \varphi'(t)$ 的一个原函数 $F(\varphi(t))$ 后,不必再把 $\varphi(t)$ 变换成原积分变量 x 的函数,只需直接计算 $F(\varphi(t))$ 在新变量 t 的积分限上的增量即可.

下面举例来说明.

例 1 $\int_0^1 \sqrt{1-x^2}\,\mathrm{d}x$.

解 令 $x = \sin t$,则 $\mathrm{d}x = \cos t\mathrm{d}t$,且当 $x = 0$ 时,$t = 0$;当 $x = 1$ 时,$t = \dfrac{\pi}{2}$. 所以

$$\int_0^1 \sqrt{1-x^2}\,\mathrm{d}x = \int_0^{\frac{\pi}{2}} \cos^2 t\mathrm{d}t = \frac{1}{2}\int_0^{\frac{\pi}{2}}(1+\cos 2t)\mathrm{d}t$$

$$= \frac{1}{2}\left(t + \frac{1}{2}\sin 2t\right)\Big|_0^{\frac{\pi}{2}} = \frac{\pi}{4}$$

例 2 $\int_0^{\frac{\pi}{2}} \sin^5 x \cdot \cos x\mathrm{d}x$.

解 令 $t = \sin x$,则 $\mathrm{d}t = \cos x\mathrm{d}x$,且当 $x = 0$ 时,$t = 0$;当 $x = \dfrac{\pi}{2}$ 时,$t = 1$. 所以

$$\int_0^{\frac{\pi}{2}} \sin^5 x \cdot \cos x\mathrm{d}x = \int_0^1 t^5 \mathrm{d}t = \frac{t^6}{6}\Big|_0^1 = \frac{1}{6}$$

例 3　$\int_0^1 \dfrac{1}{1+\sqrt{1-x}}\mathrm{d}x$.

解　令 $t=1+\sqrt{1-x}$，则 $x=1-(t-1)^2$，$\mathrm{d}x=-2(t-1)\mathrm{d}t$，且当 $x=0$ 时，$t=2$；当 $x=1$ 时，$t=1$，所以

$$\int_0^1 \frac{1}{1+\sqrt{1-x}}\mathrm{d}x = -2\int_2^1 \frac{t-1}{t}\mathrm{d}t = 2\int_1^2 \frac{t-1}{t}\mathrm{d}t$$

$$= 2\int_1^2 \left(1-\frac{1}{t}\right)\mathrm{d}t = 2(t-\ln|t|)\Big|_1^2$$

$$= 2(1-\ln 2)$$

注　我们作变量替换后，利用"上限对上限，下限对下限"的要求，得到了一个下限比上限大的定积分，这是允许出现的. 另外，该例子令 $t=\sqrt{1-x}$ 同样可以计算.

例 4　若函数 $f(x)$ 在闭区间 $[-a,a]$ 上连续，证明：

(1) 如果函数 $f(x)$ 为偶函数，则 $\int_{-a}^a f(x)\mathrm{d}x = 2\int_0^a f(x)\mathrm{d}x$；

(2) 如果函数 $f(x)$ 为奇函数，则 $\int_{-a}^a f(x)\mathrm{d}x = 0$.

证　由定积分的积分区间有限可加性可得

$$\int_{-a}^a f(x)\mathrm{d}x = \int_{-a}^0 f(x)\mathrm{d}x + \int_0^a f(x)\mathrm{d}x$$

对积分 $\int_{-a}^0 f(x)\mathrm{d}x$，令 $x=-t$, 则

$$\int_{-a}^0 f(x)\mathrm{d}x = -\int_a^0 f(-t)\mathrm{d}t = \int_0^a f(-t)\mathrm{d}t$$

由于定积分的结果与变量无关，所以

$$\int_{-a}^0 f(x)\mathrm{d}x = \int_0^a f(-x)\mathrm{d}x$$

于是

$$\int_{-a}^a f(x)\mathrm{d}x = \int_0^a f(-x)\mathrm{d}x + \int_0^a f(x)\mathrm{d}x$$

$$= \int_0^a [f(-x)+f(x)]\mathrm{d}x$$

(1) 如果函数 $f(x)$ 为偶函数，则

$$f(-x)+f(x) = 2f(x)$$

所以

$$\int_{-a}^a f(x)\mathrm{d}x = 2\int_0^a f(x)\mathrm{d}x$$

(2) 如果函数 $f(x)$ 为奇函数，则

$$f(-x)+f(x) = 0$$

所以

$$\int_{-a}^{a} f(x)\,\mathrm{d}x = 0$$

注 该例子的结论常被用于简化计算偶函数、奇函数在对称于原点的区间上的定积分.

例 5 如果 $f(x)$ 在区间 $[0,1]$ 上连续,证明:

(1) $\displaystyle\int_{0}^{\frac{\pi}{2}} f(\sin x)\,\mathrm{d}x = \int_{0}^{\frac{\pi}{2}} f(\cos x)\,\mathrm{d}x$;

(2) $\displaystyle\int_{0}^{\pi} x f(\sin x)\,\mathrm{d}x = \frac{\pi}{2}\int_{0}^{\pi} f(\sin x)\,\mathrm{d}x$.

证 (1) 令 $x = \dfrac{\pi}{2} - t$,则 $\mathrm{d}x = -\mathrm{d}t$,且当 $x=0$ 时,$t=\dfrac{\pi}{2}$;当 $x=\dfrac{\pi}{2}$ 时,$t=0$.

所以

$$\int_{0}^{\frac{\pi}{2}} f(\sin x)\,\mathrm{d}x = -\int_{\frac{\pi}{2}}^{0} f\left(\sin\left(\frac{\pi}{2} - t\right)\right)\mathrm{d}t$$

$$= \int_{0}^{\frac{\pi}{2}} f(\cos t)\,\mathrm{d}t = \int_{0}^{\frac{\pi}{2}} f(\cos x)\,\mathrm{d}x$$

(2) 令 $x = \pi - t$,则 $\mathrm{d}x = -\mathrm{d}t$,且当 $x=0$ 时,$t=\pi$;当 $x=\pi$ 时,$t=0$. 所以

$$\int_{0}^{\pi} x f(\sin x)\,\mathrm{d}x = -\int_{\pi}^{0} (\pi - t) f(\sin(\pi - t))\,\mathrm{d}t$$

$$= \int_{0}^{\pi} (\pi - t) f(\sin t)\,\mathrm{d}t$$

$$= \pi\int_{0}^{\pi} f(\sin t)\,\mathrm{d}t - \int_{0}^{\pi} t f(\sin t)\,\mathrm{d}t$$

$$= \pi\int_{0}^{\pi} f(\sin x)\,\mathrm{d}x - \int_{0}^{\pi} x f(\sin x)\,\mathrm{d}x$$

所以

$$\int_{0}^{\pi} x f(\sin x)\,\mathrm{d}x = \frac{\pi}{2}\int_{0}^{\pi} f(\sin x)\,\mathrm{d}x$$

5.3.2 定积分的分部积分法

根据不定积分的分部积分法,有

$$\int_{a}^{b} u(x) \cdot v'(x)\,\mathrm{d}x = \left[\left[\int u(x) \cdot v'(x)\,\mathrm{d}x\right]\right]\Big|_{a}^{b}$$

$$= \left[u(x) \cdot v(x) - \int u'(x) \cdot v(x)\,\mathrm{d}x\right]\Big|_{a}^{b}$$

$$= u(x)v(x)\Big|_{a}^{b} - \int_{a}^{b} u'(x) \cdot v(x)\,\mathrm{d}x$$

即

$$\int_a^b uv'\,\mathrm{d}x = uv\,\Big|_a^b - \int_a^b u'v\,\mathrm{d}x \qquad\qquad (5.3.1)$$

简记为

$$\int_a^b u\,\mathrm{d}v = uv\,\Big|_a^b - \int_a^b v\,\mathrm{d}u \qquad\qquad (5.3.2)$$

(5.3.1)式和(5.3.2)式都称为**定积分的分部积分公式**. 该公式也可以遵循不定积分的分部积分法中的"反对幂指三"原则.

例 6　$\displaystyle\int_0^1 x\mathrm{e}^x\,\mathrm{d}x$.

解　$\displaystyle\int_0^1 x\mathrm{e}^x\,\mathrm{d}x = \int_0^1 x\mathrm{d}\mathrm{e}^x = x\mathrm{e}^x\,\Big|_0^1 - \int_0^1 \mathrm{e}^x\,\mathrm{d}x = \mathrm{e} - \mathrm{e}^x\,\Big|_0^1 = \mathrm{e} - (\mathrm{e}-1) = 1$

例 7　$\displaystyle\int_1^{\mathrm{e}} \cos(\ln x)\,\mathrm{d}x$.

解　$\displaystyle\int_1^{\mathrm{e}} \cos(\ln x)\,\mathrm{d}x = x\cos(\ln x)\,\Big|_1^{\mathrm{e}} - \int_1^{\mathrm{e}} x\mathrm{d}\cos(\ln x)$

$$= \mathrm{e}\cos 1 - 1 + \int_1^{\mathrm{e}} \sin(\ln x)\,\mathrm{d}x$$

$$= \mathrm{e}\cos 1 - 1 + (x\sin(\ln x))\,\Big|_1^{\mathrm{e}} - \int_1^{\mathrm{e}} x\mathrm{d}\sin(\ln x)$$

$$= \mathrm{e}\cos 1 - 1 + \mathrm{e}\sin 1 - \int_1^{\mathrm{e}} \cos(\ln x)\,\mathrm{d}x$$

即

$$2\int_1^{\mathrm{e}} \cos(\ln x)\,\mathrm{d}x = \mathrm{e}(\cos 1 - \sin 1) - 1$$

解得

$$\int_1^{\mathrm{e}} \cos(\ln x)\,\mathrm{d}x = \frac{\mathrm{e}}{2}(\cos 1 - \sin 1) - \frac{1}{2}$$

例 8　计算定积分 $\displaystyle\int_{\frac{1}{2}}^1 \mathrm{e}^{\sqrt{2x-1}}\,\mathrm{d}x$.

解　令 $t = \sqrt{2x-1}$，则 $x = \dfrac{1+t^2}{2}$，$\mathrm{d}x = t\mathrm{d}t$，且当 $x = \dfrac{1}{2}$ 时，$t = 0$；当 $x = 1$ 时，$t = 1$.
所以

$$\int_{\frac{1}{2}}^1 \mathrm{e}^{\sqrt{2x-1}}\,\mathrm{d}x = \int_0^1 \mathrm{e}^t t\,\mathrm{d}t = \int_0^1 t\mathrm{d}\mathrm{e}^t$$

$$= t\mathrm{e}^t\,\Big|_0^1 - \int_0^1 \mathrm{e}^t\,\mathrm{d}t = \mathrm{e} - \mathrm{e}^t\,\Big|_0^1$$

$$= \mathrm{e} - (\mathrm{e}-1) = 1$$

例 9　证明定积分公式(见附录 B 中积分表公式(147))：

$$I_n = \int_0^{\frac{\pi}{2}} \sin^n x \, \mathrm{d}x \left(= \int_0^{\frac{\pi}{2}} \cos^n x \, \mathrm{d}x \right)$$

$$= \begin{cases} \dfrac{n-1}{n} \cdot \dfrac{n-3}{n-2} \cdot \cdots \cdot \dfrac{3}{4} \cdot \dfrac{1}{2} \cdot \dfrac{\pi}{2}, & n \text{ 为正偶数} \\[3mm] \dfrac{n-1}{n} \cdot \dfrac{n-3}{n-2} \cdot \cdots \cdot \dfrac{4}{5} \cdot \dfrac{2}{3}, & n \text{ 为大于 } 1 \text{ 的正奇数} \end{cases}$$

证
$$I_n = -\int_0^{\frac{\pi}{2}} \sin^{n-1} x \, \mathrm{d}(\cos x)$$

$$= \left(-\cos x \sin^{n-1} x \right) \Big|_0^{\frac{\pi}{2}} + (n-1) \int_0^{\frac{\pi}{2}} \sin^{n-2} x \cos^2 x \, \mathrm{d}x$$

上式右边第一项等于零,将第二项里的 $\cos^2 x$ 写成 $1 - \sin^2 x$,并把积分分成两个,得

$$I_n = (n-1) \int_0^{\frac{\pi}{2}} \sin^{n-2} x \, \mathrm{d}x - (n-1) \int_0^{\frac{\pi}{2}} \sin^n x \, \mathrm{d}x$$

$$= (n-1) I_{n-2} - (n-1) I_n$$

由此可得

$$I_n = \frac{n-1}{n} I_{n-2}$$

这个等式称为积分 I_n 关于下标的递推公式.

于是

$$I_{2m} = \frac{2m-1}{2m} \cdot \frac{2m-3}{2m-2} \cdot \cdots \cdot \frac{5}{6} \cdot \frac{3}{4} \cdot \frac{1}{2} I_0$$

$$I_{2m+1} = \frac{2m}{2m+1} \cdot \frac{2m-2}{2m-1} \cdot \cdots \cdot \frac{6}{7} \cdot \frac{4}{5} \cdot \frac{2}{3} I_1, \quad m = 1, 2, \cdots$$

而

$$I_0 = \int_0^{\frac{\pi}{2}} \mathrm{d}x = \frac{\pi}{2}, \quad I_1 = \int_0^{\frac{\pi}{2}} \sin x \, \mathrm{d}x = 1$$

因此

$$I_{2m} = \frac{2m-1}{2m} \cdot \frac{2m-3}{2m-2} \cdot \cdots \cdot \frac{5}{6} \cdot \frac{3}{4} \cdot \frac{1}{2} \cdot \frac{\pi}{2}$$

$$I_{2m+1} = \frac{2m}{2m+1} \cdot \frac{2m-2}{2m-1} \cdot \cdots \cdot \frac{6}{7} \cdot \frac{4}{5} \cdot \frac{2}{3}, \quad m = 1, 2, \cdots$$

至于定积分 $\int_0^{\frac{\pi}{2}} \sin^n x \, \mathrm{d}x = \int_0^{\frac{\pi}{2}} \cos^n x \, \mathrm{d}x$,由本节例 5(1) 即得.

习题 5-3

1. 计算下列定积分:

(1) $\int_0^1 (3 - 2x)^3 \, \mathrm{d}x$;

(2) $\int_0^1 \mathrm{e}^{5t} \, \mathrm{d}t$;

(3) $\displaystyle\int_0^{\frac{\pi}{2}} \cos x \sin^3 x \, \mathrm{d}x$;　　　　　　　(4) $\displaystyle\int_{\frac{\pi}{4}}^{\frac{\pi}{2}} \sin^2 x \, \mathrm{d}x$;

(5) $\displaystyle\int_0^2 \frac{x+1}{x^2+2x+3} \, \mathrm{d}x$;　　　　　　(6) $\displaystyle\int_1^3 \frac{1}{\sqrt{x-1}} \, \mathrm{d}x$;

(7) $\displaystyle\int_0^a \frac{x}{\sqrt{a^2-x^2}} \, \mathrm{d}x \, (a>0$ 且 a 为常数$)$;　　(8) $\displaystyle\int_1^{\sqrt{3}} \frac{\mathrm{d}x}{x^2\sqrt{1+x^2}}$;

(9) $\displaystyle\int_{-\pi}^{\pi} x^4 \sin x \, \mathrm{d}x$;　　　　　　(10) $\displaystyle\int_{-\frac{\pi}{2}}^{\frac{\pi}{2}} 4\cos^4 \theta \, \mathrm{d}\theta$;

(11) $\displaystyle\int_{-\frac{1}{2}}^{\frac{1}{2}} \frac{x+(\arcsin x)^2}{\sqrt{1-x^2}} \, \mathrm{d}x$;　　(12) $\displaystyle\int_1^4 \frac{(\ln x)^2}{x} \, \mathrm{d}x$;

(13) $\displaystyle\int_{-\frac{\pi}{2}}^{\frac{\pi}{2}} \cos x \cos 2x \, \mathrm{d}x$;　　　　(14) $\displaystyle\int_0^{2\pi} |\sin(x+1)| \, \mathrm{d}x$.

2. 假设 $f''(x)$ 在区间 $[0,1]$ 上连续, 且 $f(0)=1, f(2)=3, f'(2)=5$, 求 $\displaystyle\int_0^1 x f''(2x) \, \mathrm{d}x$.

3. 假设 $f(x)$ 在 $[a,b]$ 上连续, 证明: $\displaystyle\int_a^b f(x) \, \mathrm{d}x = \int_a^b f(a+b-x) \, \mathrm{d}x$.

4. 证明: $\displaystyle\int_0^1 x^m (1-x)^n \, \mathrm{d}x = \int_0^1 (1-x)^m x^n \, \mathrm{d}x \, (m, n \in \mathbf{N})$.

5. 假设 $f(x)$ 是连续的周期函数, 周期为 T, 证明:

(1) $\displaystyle\int_a^{a+T} f(x) \, \mathrm{d}x = \int_0^T f(x) \, \mathrm{d}x$;

(2) $\displaystyle\int_a^{a+nT} f(x) \, \mathrm{d}x = n \int_0^T f(x) \, \mathrm{d}x \, (n \in \mathbf{N})$.

6. 计算下列定积分:

(1) $\displaystyle\int_0^1 x \mathrm{e}^{-x} \, \mathrm{d}x$;　　　　　　(2) $\displaystyle\int_1^{\mathrm{e}} x \ln x \, \mathrm{d}x$;

(3) $\displaystyle\int_0^1 \arcsin x \, \mathrm{d}x$;　　　　　(4) $\displaystyle\int_0^{\frac{\pi}{4}} \frac{x}{\cos^2 x} \, \mathrm{d}x$;

(5) $\displaystyle\int_1^{\mathrm{e}} \sin(\ln x) \, \mathrm{d}x$;　　　　(6) $\displaystyle\int_0^{\frac{\pi}{2}} \mathrm{e}^x \sin 2x \, \mathrm{d}x$;

(7) $\displaystyle\int_0^1 \ln(x+\sqrt{1+x^2}) \, \mathrm{d}x$;　　(8) $\displaystyle\int_0^1 \mathrm{e}^{\sqrt{x}} \, \mathrm{d}x$.

5.4　反常积分

我们在前面几节讨论定积分时有两个最基本的约束条件: 积分区间的有限性和被积函数的有界性. 但是在很多实际问题中, 积分区间和被积函数常常不满足上述条件. 因此, 在定积分的计算中, 我们还需要讨论无穷区间上的积分和无界函数的积分. 这两类积分通称为**反常积分**或**广义积分**. 相应地, 前面的定积分则称为**正常积分**或**常义积分**.

5.4.1 无穷限的反常积分

定义 5.4.1 设函数 $y = f(x)$ 在区间 $[a, +\infty)$ 上有定义, 且对于 $\forall u > a$, $f(x)$ 在有限区间 $[a, u]$ 上可积, 如果极限

$$\lim_{u \to +\infty} \int_a^u f(x) \mathrm{d}x$$

存在, 则称此极限为函数 $y = f(x)$ 在 $[a, +\infty)$ 上的**无穷限反常积分**(简称**无穷积分**), 记作 $\int_a^{+\infty} f(x)\mathrm{d}x$, 即

$$\int_a^{+\infty} f(x)\mathrm{d}x = \lim_{u \to +\infty} \int_a^u f(x)\mathrm{d}x$$

并称**无穷积分** $\int_a^{+\infty} f(x)\mathrm{d}x$ **收敛**. 反之, 若极限不存在, 称无穷积分 $\int_a^{+\infty} f(x)\mathrm{d}x$ 发散.

类似地, 可定义函数 $y = f(x)$ 在 $(-\infty, b]$ 上的无穷积分

$$\int_{-\infty}^b f(x)\mathrm{d}x = \lim_{u \to -\infty} \int_u^b f(x)\mathrm{d}x$$

对于函数 $y = f(x)$ 在 $(-\infty, +\infty)$ 上的无穷积分, 可用前面两种无穷积分来定义

$$\int_{-\infty}^{+\infty} f(x)\mathrm{d}x = \int_{-\infty}^a f(x)\mathrm{d}x + \int_a^{+\infty} f(x)\mathrm{d}x$$

其中 a 为任意实数(一般地, 取 $a = 0$), 当且仅当等式右边的两个无穷积分都收敛时, 积分 $\int_{-\infty}^{+\infty} f(x)\mathrm{d}x$ 才收敛. 否则, 称积分 $\int_{-\infty}^{+\infty} f(x)\mathrm{d}x$ 发散.

为了方便, 记 $F(+\infty) = \lim_{x \to +\infty} F(x)$, $F(-\infty) = \lim_{x \to -\infty} F(x)$, 则无穷积分的计算可仿照微积分基本公式的形式, 得到如下定理:

定理 5.4.1 设 $F(x)$ 是函数 $y = f(x)$ 在 $[a, +\infty)$ 上的一个原函数, 若 $\lim_{x \to +\infty} F(x)$ 存在, 则无穷积分

$$\int_a^{+\infty} f(x)\mathrm{d}x = F(x)\Big|_a^{+\infty} = \lim_{x \to +\infty} F(x) - F(a)$$

若 $\lim_{x \to +\infty} F(x)$ 不存在, 则无穷积分 $\int_a^{+\infty} f(x)\mathrm{d}x$ 发散.

类似地, 设 $F(x)$ 是函数 $y = f(x)$ 在 $(-\infty, b]$ 上的一个原函数, 若 $\lim_{x \to -\infty} F(x)$ 存在, 则无穷积分

$$\int_{-\infty}^b f(x)\mathrm{d}x = F(x)\Big|_{-\infty}^b = F(b) - \lim_{x \to -\infty} F(x)$$

若 $\lim_{x \to -\infty} F(x)$ 不存在, 则无穷积分 $\int_{-\infty}^b f(x)\mathrm{d}x$ 发散.

设 $F(x)$ 是函数 $y=f(x)$ 在 $(-\infty,+\infty)$ 上的一个原函数,若 $\lim\limits_{x\to+\infty}F(x)$ 和 $\lim\limits_{x\to-\infty}F(x)$ 都存在,则无穷积分

$$\int_{-\infty}^{+\infty}f(x)\mathrm{d}x = F(x)\Big|_{-\infty}^{+\infty} = \lim_{x\to+\infty}F(x) - \lim_{x\to-\infty}F(x)$$

若 $\lim\limits_{x\to+\infty}F(x)$ 和 $\lim\limits_{x\to-\infty}F(x)$ 中至少有一个不存在,则无穷积分 $\int_{-\infty}^{+\infty}f(x)\mathrm{d}x$ 发散.

例 1　计算无穷积分 $\int_{1}^{+\infty}\dfrac{1}{1+x^2}\mathrm{d}x$.

解　对于任意的 $u>1$,有

$$\int_{1}^{u}\dfrac{1}{1+x^2}\mathrm{d}x = \arctan x\Big|_{1}^{u} = \arctan u - \arctan 1 = \arctan u - \dfrac{\pi}{4}$$

所以

$$\int_{1}^{+\infty}\dfrac{1}{1+x^2}\mathrm{d}x = \lim_{u\to+\infty}\left(\arctan u - \dfrac{\pi}{4}\right) = \dfrac{\pi}{2} - \dfrac{\pi}{4} = \dfrac{\pi}{4}$$

在运算比较熟练之后,上述过程也可简写成

$$\int_{1}^{+\infty}\dfrac{1}{1+x^2}\mathrm{d}x = \arctan x\Big|_{1}^{+\infty} = \lim_{x\to+\infty}\arctan x - \dfrac{\pi}{4} = \dfrac{\pi}{2} - \dfrac{\pi}{4} = \dfrac{\pi}{4}$$

例 2　讨论无穷积分 $\int_{1}^{+\infty}\dfrac{1}{x^p}\mathrm{d}x$ 的收敛性.

解　对于任意的 $u>1$,当 $p>1$ 时,有

$$\begin{aligned}\int_{1}^{+\infty}\dfrac{1}{x^p}\mathrm{d}x &= \lim_{u\to+\infty}\int_{1}^{u}\dfrac{1}{x^p}\mathrm{d}x = \lim_{u\to+\infty}\dfrac{1}{1-p}x^{1-p}\Big|_{1}^{u}\\ &= \lim_{u\to+\infty}\dfrac{1}{1-p}(u^{1-p}-1)\\ &= \dfrac{1}{p-1}\end{aligned}$$

当 $p=1$ 时,有

$$\begin{aligned}\int_{1}^{+\infty}\dfrac{1}{x}\mathrm{d}x &= \lim_{u\to+\infty}\int_{1}^{u}\dfrac{1}{x}\mathrm{d}x = \lim_{u\to+\infty}\ln|x|\Big|_{1}^{u}\\ &= \lim_{u\to+\infty}\ln|u|\\ &= +\infty\end{aligned}$$

当 $p<1$ 时,有

$$\begin{aligned}\int_{1}^{+\infty}\dfrac{1}{x^p}\mathrm{d}x &= \lim_{u\to+\infty}\int_{1}^{u}\dfrac{1}{x^p}\mathrm{d}x = \lim_{u\to+\infty}\dfrac{1}{1-p}x^{1-p}\Big|_{1}^{u}\\ &= \lim_{u\to+\infty}\dfrac{1}{1-p}(u^{1-p}-1)\\ &= +\infty\end{aligned}$$

综上所述,有

$$\int_1^{+\infty} \frac{1}{x^p}\mathrm{d}x = \begin{cases} \dfrac{1}{p-1}, & p>1 \\[2mm] +\infty, & p \le 1 \end{cases}$$

因此,当 $p>1$ 时,该无穷积分收敛,其值为 $\dfrac{1}{p-1}$;当 $p\le 1$ 时,该无穷积分发散.

例 3 讨论无穷积分 $\displaystyle\int_{-\infty}^{+\infty} \frac{x}{\sqrt{1+x^2}}\mathrm{d}x$ 的收敛性.

解 由于

$$\int \frac{x}{\sqrt{1+x^2}}\mathrm{d}x = \frac{1}{2}\int (1+x^2)^{-\frac{1}{2}}\mathrm{d}(1+x^2) = \sqrt{1+x^2} + C$$

那么 $\sqrt{1+x^2}$ 就是被积函数 $f(x) = \dfrac{x}{\sqrt{1+x^2}}$ 在区间 $(-\infty, +\infty)$ 上的一个原函数. 又因为 $\displaystyle\lim_{x\to+\infty}\sqrt{1+x^2}$ 与 $\displaystyle\lim_{x\to-\infty}\sqrt{1+x^2}$ 均不存在,所以由定理 5.4.1 可知,无穷积分 $\displaystyle\int_{-\infty}^{+\infty} \frac{x}{\sqrt{1+x^2}}\mathrm{d}x$ 发散.

5.4.2 无界函数的反常积分

现在我们把定积分推广到被积函数为无界函数的情形.

如果函数 $f(x)$ 在点 a 的任一邻域内无界,那么点 a 称为函数 $f(x)$ 的**瑕点**.

定义 5.4.2 设函数 $y=f(x)$ 在区间 $(a,b]$ 上有定义,且在点 a 的任一右邻域内无界,但对于 $\forall \varepsilon > a$,$f(x)$ 在内闭区间 $[\varepsilon, b]\subset(a,b]$ 上有界且可积. 如果极限

$$\lim_{\varepsilon\to a^+}\int_\varepsilon^b f(x)\mathrm{d}x$$

存在,则称此极限为**无界函数 $f(x)$ 在 $(a,b]$ 上的反常积分**,简称**瑕积分**. 仍记作 $\displaystyle\int_a^b f(x)\mathrm{d}x$,即

$$\int_a^b f(x)\mathrm{d}x = \lim_{\varepsilon\to a^+}\int_\varepsilon^b f(x)\mathrm{d}x$$

并称**瑕积分 $\displaystyle\int_a^b f(x)\mathrm{d}x$ 收敛**. 反之,若极限不存在,称**瑕积分 $\displaystyle\int_a^b f(x)\mathrm{d}x$ 发散**.

类似地,**可定义函数 $y=f(x)$ 在 $[a,b)$ 上的瑕积分**(其中 b 为瑕点)

$$\int_a^b f(x)\mathrm{d}x = \lim_{\varepsilon\to b^-}\int_a^\varepsilon f(x)\mathrm{d}x$$

对于**函数 $y=f(x)$ 在 (a,b) 上的瑕积分**(a,b 都是瑕点),可用前面两种瑕积分来定义

$$\int_a^b f(x)\mathrm{d}x = \int_a^c f(x)\mathrm{d}x + \int_c^b f(x)\mathrm{d}x$$

其中 c 为 (a,b) 内任意实数,当且仅当等式右边的两个瑕积分都收敛时,积分 $\int_a^b f(x)\mathrm{d}x$ 才收敛.否则,称瑕积分 $\int_a^b f(x)\mathrm{d}x$ 发散.

如果函数 $f(x)$ 在任意的 $[a,c]$ 和 $(c,b]$ 上都满足上述条件,但函数 $f(x)$ 在点 c 的任一邻域内无界,即瑕点 $c\in(a,b)$,则定义瑕积分

$$\int_a^b f(x)\mathrm{d}x = \int_a^c f(x)\mathrm{d}x + \int_c^b f(x)\mathrm{d}x$$

$$= \lim_{u\to c^-}\int_a^u f(x)\mathrm{d}x + \lim_{\varepsilon\to c^+}\int_\varepsilon^b f(x)\mathrm{d}x$$

当且仅当上式右边两个瑕积分都收敛时,左边的瑕积分才收敛.

为了方便,记 $F(a^+)=\lim\limits_{x\to a^+}F(x)$,则无穷积分的计算也可仿照微积分基本公式的形式,得到如下定理:

定理 5.4.2　设 $F(x)$ 是函数 $y=f(x)$ 在 $(a,b]$ 上的一个原函数,a 为瑕点.若 $\lim\limits_{x\to a^+}F(x)$ 存在,则瑕积分

$$\int_a^b f(x)\mathrm{d}x = F(x)\Big|_a^b = F(b) - \lim_{x\to a^+}F(x)$$

若 $\lim\limits_{x\to a^+}F(x)$ 不存在,则瑕积分 $\int_a^b f(x)\mathrm{d}x$ 发散.

对于其他几种瑕积分也有类似的计算公式,这里不再详细叙述.

例 4　计算瑕积分 $\int_0^1 \dfrac{1}{\sqrt{1-x^2}}\mathrm{d}x$.

解　因为

$$\lim_{x\to 1^-}\frac{1}{\sqrt{1-x^2}}=+\infty$$

所以点 $x=1$ 是瑕点,于是对于 $\forall\,\varepsilon<1$,有

$$\int_0^\varepsilon \frac{1}{\sqrt{1-x^2}}\mathrm{d}x = \arcsin x\Big|_0^\varepsilon = \arcsin\varepsilon$$

所以

$$\int_0^1 \frac{1}{\sqrt{1-x^2}}\mathrm{d}x = \lim_{\varepsilon\to 1^-}\arcsin\varepsilon = \arcsin 1 = \frac{\pi}{2}$$

在运算比较熟练之后,上述过程也可写成

$$\int_0^1 \frac{1}{\sqrt{1-x^2}}\mathrm{d}x = \arcsin x\Big|_0^1 = \lim_{x\to 1^-}\arcsin x - 0 = \frac{\pi}{2}$$

例 5　判断瑕积分 $\int_0^2 \dfrac{1}{(1-x)^2}\mathrm{d}x$ 的收敛性.

解　被积函数 $\dfrac{1}{(1-x)^2}$ 在积分区间 $[0,2]$ 上除点 $x=1$ 外连续,且在点 $x=1$ 的任

一邻域内无界. 于是

$$\int_0^2 \frac{1}{(1-x)^2}\mathrm{d}x = \int_0^1 \frac{1}{(1-x)^2}\mathrm{d}x + \int_1^2 \frac{1}{(1-x)^2}\mathrm{d}x$$

因为

$$\int_0^1 \frac{1}{(1-x)^2}\mathrm{d}x = -\int_0^1 \frac{1}{(1-x)^2}\mathrm{d}(1-x)$$

$$= \frac{1}{1-x}\Big|_0^1 = \lim_{x\to 1^-}\frac{1}{1-x} - 1 = +\infty$$

即瑕积分 $\displaystyle\int_0^1 \frac{1}{(1-x)^2}\mathrm{d}x$ 发散，所以瑕积分 $\displaystyle\int_0^2 \frac{1}{(1-x)^2}\mathrm{d}x$ 发散.

例 6　讨论瑕积分 $\displaystyle\int_0^1 \frac{1}{x^q}\mathrm{d}x\,(q>0)$ 的收敛性.

解　当 $q>0$ 时，因为 $\displaystyle\lim_{x\to 0}\frac{1}{x^q}=\infty$，所以 $x=0$ 是被积函数的无穷间断点，故 $x=0$ 是瑕点.

当 $0<q<1$ 时，有

$$\int_0^1 \frac{1}{x^q}\mathrm{d}x = \frac{1}{1-q}x^{1-q}\Big|_0^1 = \frac{1}{1-q}$$

因此当 $0<q<1$ 时，瑕积分 $\displaystyle\int_0^1 \frac{1}{x^q}\mathrm{d}x$ 收敛；

当 $q=1$ 时，有

$$\int_0^1 \frac{1}{x}\mathrm{d}x = \ln|x|\,\Big|_0^1 = \lim_{x\to 0^+}(0-\ln x) = +\infty$$

因此当 $q=1$ 时，瑕积分 $\displaystyle\int_0^1 \frac{1}{x^q}\mathrm{d}x$ 发散；

当 $q>1$ 时，有

$$\int_0^1 \frac{1}{x^q}\mathrm{d}x = \frac{1}{1-q}x^{1-q}\Big|_0^1 = \lim_{x\to 0^+}\frac{1}{1-q}\Big(1-\frac{1}{x^{q-1}}\Big) = +\infty$$

因此当 $q>1$ 时，瑕积分 $\displaystyle\int_0^1 \frac{1}{x^q}\mathrm{d}x$ 发散.

综上所述，当 $0<q<1$ 时，瑕积分收敛，其值为 $\dfrac{1}{1-q}$；当 $q\geqslant 1$ 时，瑕积分发散.

例 7　计算瑕积分 $\displaystyle\int_{-1}^2 \frac{1}{x^2-x-2}\mathrm{d}x$.

解　由于 $\displaystyle\lim_{x\to(-1)^+}\frac{1}{x^2-x-2}=-\infty$，$\displaystyle\lim_{x\to 2^-}\frac{1}{x^2-x-2}=+\infty$，所以 $x=-1,x=2$ 均是被积函数的无穷间断点，故 $x=-1,x=2$ 都是瑕点. 又因为

$$\int \frac{1}{x^2-x-2}dx = \int \frac{1}{(x+1)(x-2)}dx = \frac{1}{3}\int\left(\frac{1}{x-2}-\frac{1}{x+1}\right)dx$$

$$= \frac{1}{3}\ln\left|\frac{x-2}{x+1}\right|+C$$

在区间 $[-1,2]$ 上取定一点 $x=1$，则

$$\int_{-1}^{2}\frac{1}{x^2-x-2}dx = \int_{-1}^{1}\frac{1}{x^2-x-2}dx + \int_{1}^{2}\frac{1}{x^2-x-2}dx$$

由于

$$\int_{-1}^{1}\frac{1}{x^2-x-2}dx = \frac{1}{3}\ln\left|\frac{x-2}{x+1}\right|\Bigg|_{-1}^{1}$$

$$= \lim_{x\to(-1)^+}\frac{1}{3}\left(\ln\frac{1}{2}-\ln\left|\frac{x-2}{x+1}\right|\right) = -\infty$$

即瑕积分 $\int_{-1}^{1}\frac{1}{x^2-x-2}dx$ 发散，所以 $\int_{-1}^{2}\frac{1}{x^2-x-2}dx$ 发散.

习题 5-4

1. 判断下列各反常积分的收敛性，如果收敛，计算反常积分的值：

(1) $\int_{-\infty}^{+\infty}\frac{1}{1+x^2}dx$；

(2) $\int_{1}^{+\infty}\frac{1}{x^2\sqrt{x}}dx$；

(3) $\int_{-\infty}^{+\infty}xe^{-x^2}dx$；

(4) $\int_{0}^{+\infty}e^{\sqrt{x}}dx$；

(5) $\int_{-\infty}^{0}\frac{1}{\sqrt{1+x^2}}dx$；

(6) $\int_{e}^{+\infty}\frac{1}{x\ln x}dx$；

(7) $\int_{0}^{1}\frac{1}{1-x^2}dx$；

(8) $\int_{0}^{1}\frac{x}{\sqrt{1-x^2}}dx$；

(9) $\int_{0}^{1}\frac{1}{\sqrt{x-x^2}}dx$；

(10) $\int_{0}^{2}\frac{1}{x^2-5x+4}dx$.

2. 求由曲线 $y=e^{-x}$ 与 x 轴、y 轴所围成的位于第一象限的图形的面积.

总复习题五

1. 填空题：

(1) 函数 $y=f(x)$ 在 $[a,b]$ 上有界是 $f(x)$ 在 $[a,b]$ 上可积的_____条件，而 $f(x)$ 在 $[a,b]$ 上连续是 $f(x)$ 在 $[a,b]$ 上可积的_____条件；

(2) 函数 $f(x)$ 在 $[a,b]$ 上有定义且 $|f(x)|$ 在 $[a,b]$ 上可积，此时积分 $\int_{a}^{b}f(x)dx$ _____存在；

(3) 假设 $f(x)$ 为连续函数,且 $F(x) = \int_{\frac{1}{x}}^{\ln x} f(t)\mathrm{d}t$,则 $F'(x) =$ _____;

(4) 假设函数 $f(x) = \int_{-1}^{x} \sqrt{1 - \mathrm{e}^t}\mathrm{d}t$,则 $y = f(x)$ 的反函数 $x = f^{-1}(y)$ 在 $y = 0$ 处的导数 $\dfrac{\mathrm{d}x}{\mathrm{d}y}\Big|_{y=0} =$ _____.

2. 计算下列定积分:

(1) $\displaystyle\int_0^\pi x^2 \mid \cos x \mid \mathrm{d}x$;

(2) $\displaystyle\int_0^1 \dfrac{\mathrm{d}x}{x + \sqrt{1 - x^2}}$;

(3) $\displaystyle\int_0^{\frac{\pi}{2}} \dfrac{\sin x\cos x}{1 + \sin^4 x}\mathrm{d}x$;

(4) $\displaystyle\int_0^\pi \sin x\sin 2x\sin 3x\,\mathrm{d}x$;

(5) $\displaystyle\int_0^{\frac{\pi}{2}} \dfrac{x + \sin x}{1 + \cos x}\mathrm{d}x$;

(6) $\displaystyle\int_0^1 \dfrac{\mathrm{d}x}{(1 + \mathrm{e}^x)^2}$;

(7) $\displaystyle\int_0^x \max\{t^3, t^2, 1\}\mathrm{d}t$;

(8) $\displaystyle\int_{\frac{1}{2}}^{\frac{3}{2}} \dfrac{1}{\sqrt{\mid x - x^2 \mid}}\mathrm{d}x$;

(9) $\displaystyle\int_0^{+\infty} \dfrac{1}{\mathrm{e}^{x+1} + \mathrm{e}^{3-x}}\mathrm{d}x$;

(10) $\displaystyle\int_0^{\frac{\pi}{4}} \ln(1 + \tan x)\mathrm{d}x$;

(11) $\displaystyle\int_1^{+\infty} \dfrac{\ln x}{(1 + x)^2}\mathrm{d}x$;

(12) $\displaystyle\int_0^{\frac{\pi}{2}} \ln\sin x\,\mathrm{d}x$.

3. 求下列极限:

(1) $\displaystyle\lim_{x \to a} \dfrac{x}{x - a}\int_a^x f(t)\mathrm{d}t$,其中 $f(x)$ 连续;

(2) $\displaystyle\lim_{x \to 0} \dfrac{x}{\mathrm{e}^{x^2} - 1}\int_0^x \mathrm{e}^{t^2}\mathrm{d}t$;

*(3) $\displaystyle\lim_{n \to \infty} \dfrac{1}{n}\sum_{i=1}^n \sqrt{1 + \dfrac{i}{n}}$;

*(4) $\displaystyle\lim_{n \to \infty} \dfrac{1^p + 2^p + \cdots + n^p}{n^{p+1}}$ $(p > 0)$;

(5) $\displaystyle\lim_{x \to +\infty} \dfrac{\int_0^x (\arctan t)^2\mathrm{d}t}{\sqrt{1 + x^2}}$;

(6) $\displaystyle\lim_{x \to 0^+} \dfrac{\int_0^{x^2} t^{\frac{3}{2}}\mathrm{d}t}{\int_0^x t(t - \sin t)\mathrm{d}t}$.

4. 假设 $f(x) = \begin{cases} x\mathrm{e}^{x^2}, & -\dfrac{1}{2} \leqslant x < \dfrac{1}{2} \\ -1, & x \geqslant \dfrac{1}{2} \end{cases}$,计算 $\displaystyle\int_{\frac{1}{2}}^2 f(x - 1)\mathrm{d}x$.

5. 计算 $\displaystyle\int_0^1 \dfrac{f(x)}{\sqrt{x}}\mathrm{d}x$,其中 $f(x) = \displaystyle\int_1^x \dfrac{\ln(t + 1)}{t}\mathrm{d}t$.

6. 假设函数 $f(x) = \begin{cases} \sin x, & 0 \leqslant x < \pi \\ 2, & \pi \leqslant x \leqslant 2\pi \end{cases}$,$F(x) = \displaystyle\int_0^x f(t)\mathrm{d}t$,试判断函数 $F(x)$ 在点 $x = \pi$ 处是否连续,是否可导.

*7. 假设函数 $f(x) = \begin{cases} \dfrac{1}{(x-1)^{\alpha-1}}, & 1 < x < \mathrm{e} \\[2mm] \dfrac{1}{x\ln^{\alpha+1}x}, & x \geqslant \mathrm{e} \end{cases}$，要使得反常积分 $\displaystyle\int_1^{+\infty} f(x)\mathrm{d}x$ 收

敛,则应当怎样选取数 α?

8. 设 $f(x)$ 为连续函数,证明

$$\int_0^x f(t)(x-t)\mathrm{d}t = \int_0^x \left(\int_0^u f(u)\mathrm{d}u \right)\mathrm{d}t$$

9. 设 n 为正整数,证明

$$\int_0^\pi \sin^n x\,\mathrm{d}x = 2\int_0^{\frac{\pi}{2}} \sin^n x\,\mathrm{d}x$$

并计算定积分 $\displaystyle\int_0^\pi \sin^3 x\,\mathrm{d}x$.

*10. 假设 $f(x)$ 在区间 $[a,b]$ 上连续,且 $f(x)>0$,令

$$F(x) = \int_a^x f(t)\mathrm{d}t + \int_b^x \frac{\mathrm{d}t}{f(t)}, \quad x \in [a,b]$$

证明:(1) $F'(x)\geqslant 2$;(2) 方程 $F(x)=0$ 在区间 (a,b) 内有且只有一个根.

*11. 假设 $f(x)$ 在区间 $[a,b]$ 上连续,$g(x)$ 在区间 $[a,b]$ 上连续且不变号,证明 $\exists \xi\in[a,b]$,使得

$$\int_a^b f(x)g(x)\mathrm{d}x = f(\xi)\int_a^b g(x)\mathrm{d}x$$

12. 假设 $f(x)$ 在区间 $[a,b]$ 上连续,且 $f(x)>0$,证明

$$\int_a^b f(x)\mathrm{d}x \cdot \int_a^b \frac{1}{f(x)}\mathrm{d}x \geqslant (b-a)^2$$

13. 假设 $f(x)$ 在区间 $[a,b]$ 是连续的增函数,令

$$F(x) = \begin{cases} \dfrac{1}{x-a}\displaystyle\int_a^x f(t)\mathrm{d}t, & x \in (a,b] \\[2mm] f(a), & x = a \end{cases}$$

证明 $F(x)$ 为 $[a,b]$ 上的增函数.

第6章 定积分的应用

在第5章中,我们介绍了定积分的概念、性质及其计算方法.本章中我们将应用前面学过的定积分理论来分析和解决一些几何、物理、经济等方面的问题,在本章中不仅推导出了一些几何量、物理量和经济量的计算公式,更为重要的是介绍了用定积分解决实际问题的基本思想和方法——元素法.

6.1 定积分的元素法

定积分中的所有应用问题,一般总可以采用"分割,取近似,作和,求极限"四个步骤把所求量转化为定积分的形式.为了说明这种方法,我们首先来回顾一下第5章讨论过的求曲边梯形的面积问题.

假设曲线 $y=f(x)$ 在闭区间 $[a,b]$ 上非负、连续.求由曲线 $y=f(x)$,直线 $x=a$,$x=b$ 以及 x 轴所围成的曲边梯形的面积 S.

分割 在 $[a,b]$ 内任意插入 $n-1$ 个分点

$$a = x_0 < x_1 < x_2 < \cdots < x_{n-1} < x_n = b$$

将 $[a,b]$ 分割成 n 个小区间,记每个小区间的长度为

$$\Delta x_i = x_i - x_{i-1}, \quad i = 1,2,\cdots,n$$

相应地,把曲边梯形分割成 n 个小曲边梯形,第 i 个小曲边梯形的面积记为

$$\Delta S_i, \quad i = 1,2,\cdots,n$$

取近似 在每个小区间 $[x_{i-1},x_i]$ 内任取一点 ξ_i,以 $f(\xi_i)$ 为高,Δx_i 为底作小矩形,近似替代第 i 个小曲边梯形.于是第 i 个小曲边梯形的面积

$$\Delta S_i \approx f(\xi_i) \cdot \Delta x_i, \quad i = 1,2,\cdots,n$$

作和 将这样得到的 n 个小曲边梯形的面积之和作为所求曲边梯形的面积 S 的近似值,得出

$$S = \sum_{i=1}^{n} \Delta S_i \approx \sum_{i=1}^{n} f(\xi_i) \cdot \Delta x_i$$

求极限　曲边梯形的面积

$$S = \lim_{\lambda \to 0} \sum_{i=1}^{n} f(\xi_i) \cdot \Delta x_i = \int_a^b f(x) \mathrm{d}x$$

其中 $\lambda = \max \{\Delta x_1, \Delta x_2, \cdots, \Delta x_n\}$.

观察上述过程,我们发现其中最关键的是第二步,在这一步中确定了第 i 个小曲边梯形的面积 ΔS_i 的近似值,其中 ΔS_i 就是所求曲边梯形面积在第 i 个小区间 $[x_{i-1}, x_i]$ 上的部分量,而所求总量等于各部分量之和(即 $S \approx \sum_{i=1}^{n} \Delta S_i$),这一性质称为所求总量对于区间 $[a, b]$ 具有**可加性**. 在实际应用中,为了简便起见,省略下标 i,用 ΔS 表示任一小区间 $[x, x + \mathrm{d}x]$ 上的小曲边梯形的面积,则所求面积

$$S \approx \sum \Delta S$$

取 $[x, x + \mathrm{d}x]$ 的左端点 x 为 ξ,以 x 处的函数值 $f(x)$ 为高、$\mathrm{d}x$ 为底的小矩形的面积 $f(x)\mathrm{d}x$ 作为 ΔS 的近似值(如图 6.1.1 阴影部分所示),即

$$\Delta S \approx f(x) \mathrm{d}x$$

上式右边 $f(x)\mathrm{d}x$ 称为**面积元素**,记作 $\mathrm{d}S = f(x)\mathrm{d}x$. 则

$$S \approx \sum f(x) \mathrm{d}x$$

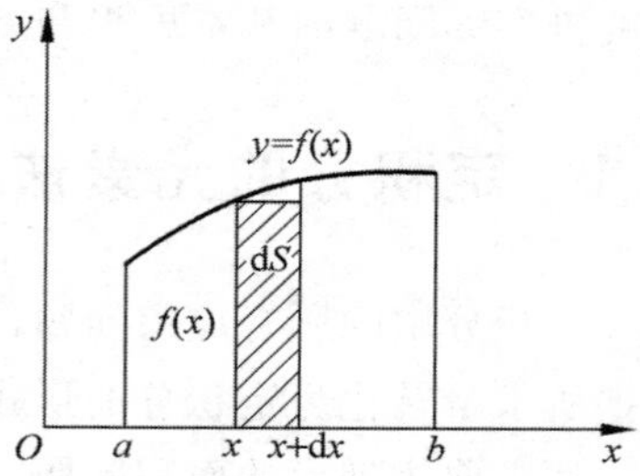

因此

图　6.1.1

$$S = \lim \sum f(x) \mathrm{d}x = \int_a^b f(x) \mathrm{d}x$$

一般情况下,如果实际问题中所求量符合下述条件:

(1) 所求量 S 是与一个变量 x 的变化区间 $[a, b]$ 有关的量;

(2) 所求量 S 对于区间 $[a, b]$ 具有可加性,即如果把区间 $[a, b]$ 分割成许多部分区间,S 相应的分割成许多部分量,而 S 等于所有部分量的和;

(3) 如果部分量 $\Delta S_i \approx f(\xi_i) \cdot \Delta x_i (i = 1, 2, \cdots, n)$,那么就可以用定积分的形式来表达所求量 S.

一般地,写出这个量 S 的积分表达式的步骤如下:

(1) 选取适当的积分变量如 x 为积分变量,并确定其积分区间 $[a, b]$;

(2) 任取在 $[a, b]$ 的任意一个小区间 $[x, x + \mathrm{d}x]$,并求出相应于这个小区间的部分量的近似值

$$\mathrm{d}S = f(x) \mathrm{d}x$$

(3) 写出所求量 S 的积分表达式

$$S = \int_a^b f(x) \mathrm{d}x$$

这种方法就叫做**元素法**.下面几节中将运用这种方法来讨论几何、物理和经济中的某些问题.

6.2 定积分在几何上的应用

6.2.1 平面图形的面积

1. 直角坐标情形

根据定积分的几何意义,如果函数 $y=f(x)$ 在闭区间 $[a,b]$ 上连续,当 $f(x) \geqslant 0$ 时,由曲线 $y=f(x)$,直线 $x=a,x=b$ 以及 x 轴所围成的曲边梯形的面积为

$$S = \int_a^b f(x)\,\mathrm{d}x$$

当 $f(x)$ 不是非负时,则由曲线 $y=f(x)$,直线 $x=a,x=b$ 以及 x 轴所围成的曲边梯形的面积为

$$S = \int_a^b |f(x)|\,\mathrm{d}x$$

将上述结论进行推广,可以得到以下性质:

性质 1 由两条在区间 $[a,b]$ 上连续的曲线 $y=f(x)$ 与 $y=g(x)$ 以及直线 $x=a$,$x=b$ 所围成的平面图形(如图 6.2.1 所示),其面积为

$$S = \int_a^b |f(x)-g(x)|\,\mathrm{d}x$$

性质 2 由两条在区间 $[c,d]$ 上连续的曲线 $x=\varphi(y)$ 与 $x=\psi(y)$ 以及直线 $y=c$,$y=d$ 所围成的平面图形(如图 6.2.2 所示),其面积为

$$S = \int_c^d |\varphi(y)-\psi(y)|\,\mathrm{d}y$$

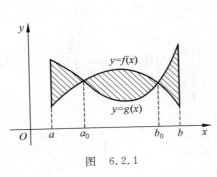

图 6.2.1

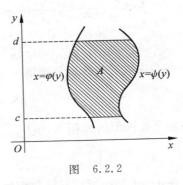

图 6.2.2

由此可知,应用定积分不但可以计算曲边梯形的面积,还可以计算一些比较复杂的平面图形的面积.

例 1　求由抛物线 $y^2=x,y=x^2$ 所围成的平面图形的面积.

解　平面图形如图 6.2.3 所示.先求出两条抛物线的交点,通过求解方程组

$$\begin{cases} y^2=x \\ y=x^2 \end{cases}$$

得交点为 $(0,0),(1,1)$,从而知道平面图形在直线 $x=0$ 与 $x=1$ 之间.

选 x 为积分变量,则 x 的变化区间为 $[0,1]$,所以其区间内任一小区间 $[x,x+\mathrm{d}x]$ 对应的窄条面积近似于小矩形,故 $\Delta S\approx(\sqrt{x}-x^2)\mathrm{d}x$,所以

$$\mathrm{d}S = (\sqrt{x} - x^2)\mathrm{d}x$$

于是所求面积为

$$S = \int_0^1(\sqrt{x} - x^2)\mathrm{d}x = \left(\frac{2}{3}x^{\frac{3}{2}} - \frac{1}{3}x^3\right)\Big|_0^1 = \frac{1}{3}$$

注　该题也可以直接利用性质 1 进行计算.

例 2　求由抛物线 $y^2=2x$ 与直线 $y=x-4$ 所围成的平面图形面积.

解　平面图形如图 6.2.4 所示.先求出抛物线与直线的交点,通过求解方程组

$$\begin{cases} y^2=2x \\ y=x-4 \end{cases}$$

得到交点为 $(2,-2),(8,4)$,从而知道平面图形在直线 $y=-2$ 与 $y=4$ 之间.

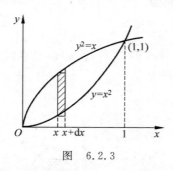

图　6.2.3

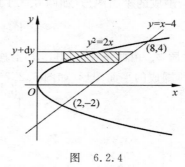

图　6.2.4

现在选取适当的积分变量 y,在区间 $[-2,4]$ 上的任意一个小区间 $[y,y+\mathrm{d}y]$ 上

$$\mathrm{d}S = \left(y + 4 - \frac{1}{2}y^2\right)\mathrm{d}y$$

则所求平面图形的面积为

$$S = \int_{-2}^4\left(y + 4 - \frac{1}{2}y^2\right)\mathrm{d}y = \left(\frac{1}{2}y^2 + 4y - \frac{1}{6}y^3\right)\Big|_{-2}^4 = 18$$

注 1　本题也可以直接利用性质 2 进行计算.

注 2　在本例中,如果选取积分变量为 x,容易发现在 $x=2$ 左、右两侧的窄条的高分别近似为 $\sqrt{2x}-(-\sqrt{2x})$,$\sqrt{2x}-(x-4)$,所以计算时须把左、右两部分面积分

别计算出来,然后再相加,明显后者的计算较为复杂.

由此例可知,选择适当的积分变量可以简化计算.

2. 极坐标情形

对于某些平面图形,用极坐标来计算其面积会比较简单.

假设曲线 $\rho = \rho(\theta)$ 在 $[\alpha, \beta]$ 上连续、非负,求由曲线 $\rho = \rho(\theta)$ 以及射线 $\theta = \alpha, \theta = \beta$ 所围成的**曲边扇形**的面积(如图 6.2.5 所示).

利用定积分的元素法,选取极角 θ 为积分变量,其变化区间为 $[\alpha, \beta]$. 则对应于任意一小区间 $[\theta, \theta + \mathrm{d}\theta]$ 的小曲边扇形面积可以近似用半径为 $\rho = \rho(\theta)$、中心角为 $\mathrm{d}\theta$ 的扇形的面积来代替,而扇形的面积公式为 $S = \dfrac{1}{2}R^2\theta$,所以曲边扇形的面积元素为

$$\mathrm{d}S = \frac{1}{2}\rho^2(\theta)\mathrm{d}\theta$$

则所求曲边扇形的面积为

$$S = \int_\alpha^\beta \frac{1}{2}\rho^2(\theta)\mathrm{d}\theta$$

类似于直角坐标情形,也可以将该公式进行推广,这里就不再赘述了.

例 3 求阿基米德螺线 $\rho = a\theta(a>0)$ 上相应于 $0 \leqslant \theta \leqslant 2\pi$ 的一段弧与极轴所围成的图形的面积.

解 如图 6.2.6 所示.由曲边扇形的面积公式可知

$$S = \int_\alpha^\beta \frac{1}{2}\rho^2(\theta)\mathrm{d}\theta = \int_0^{2\pi} \frac{1}{2}(a\theta)^2\mathrm{d}\theta$$

$$= \frac{a^2}{2} \cdot \frac{\theta^3}{3}\bigg|_0^{2\pi} = \frac{4}{3}a^2\pi^3$$

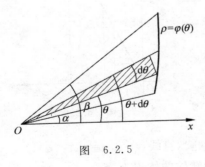

图 6.2.5

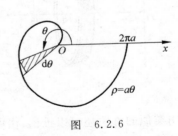

图 6.2.6

6.2.2 体积

1. 旋转体的体积

由平面图形绕着其所在平面内的一条直线旋转一周所形成的立体图形,称为**旋**

转体,这条直线称为**旋转轴**.例如圆柱、圆锥、圆台以及球体均可以看成旋转体.

假设曲线 $y=f(x)$ 在闭区间 $[a,b]$ 上连续,下面计算由曲线 $y=f(x)$,直线 $x=a$,$x=b$ 以及 x 轴所围成的曲边梯形绕 x 轴旋转一周所形成的旋转体的体积.

取 x 为积分变量,其变化区间为 $[a,b]$.对应于 $[a,b]$ 上的任意一个小区间 $[x,x+\mathrm{d}x]$ 的小曲边梯形绕 x 轴旋转一周而成的小旋转体的体积可以近似地用底半径为 $f(x)$、高为 $\mathrm{d}x$ 的小圆柱体的体积代替(如图 6.2.7 所示),则体积元素为

$$\mathrm{d}V = \pi f^2(x)\mathrm{d}x$$

于是所求旋转体的体积为

$$V = \int_a^b \pi f^2(x)\mathrm{d}x$$

例 4 求由直线 $y=\dfrac{r}{h}x$,$x=h$ 以及 x 轴所围成的平面图形绕 x 轴旋转一周形成的圆锥体的体积.

解 画出平面图形,如图 6.2.8 所示.

选取 x 为积分变量,其变化区间为 $[0,h]$,则所求圆锥体的体积为

$$V = \int_a^b \pi f^2(x)\mathrm{d}x = \int_0^h \pi\left(\frac{r}{h}x\right)^2\mathrm{d}x$$

$$= \frac{\pi r^2}{3h^2}x^3 \bigg|_0^h = \frac{\pi r^2 h}{3}$$

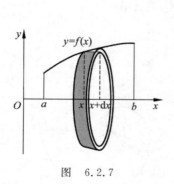

图 6.2.7

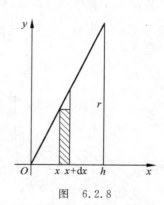

图 6.2.8

用类似的方法还可以推出:由曲线 $x=\varphi(y)$,直线 $y=c$,$y=d(c<d)$ 以及 y 轴所围成的曲边梯形绕 y 轴旋转一周所形成的旋转体的体积为

$$V = \int_c^d \pi\varphi^2(y)\mathrm{d}y$$

例 5 求由曲线 $y^2=x$,直线 $y=2$ 以及 y 轴所围成的曲边梯形绕 y 轴旋转一周所形成的旋转体的体积.

解 画出平面图形,如图 6.2.9 所示.

选取 y 为积分变量,其变化区间为$[0,2]$,则旋转体的体积为

$$V = \int_c^d \pi \varphi^2(y) \mathrm{d}y = \int_0^2 \pi (y^2)^2 \mathrm{d}y$$

$$= \frac{\pi}{5} y^5 \Big|_0^2 = \frac{32\pi}{5}$$

2. 已知平行截面面积的立体体积

求立体体积的过程中,如果知道该立体上垂直于一定轴的各个截面的面积,那么该立体的体积也可以用截面面积的定积分来计算.

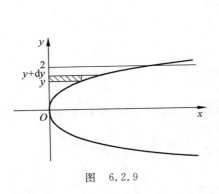

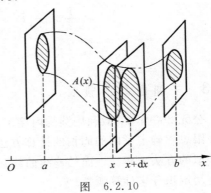

图 6.2.9

图 6.2.10

如图 6.2.10 所示,选取 x 轴为定轴,假设该立体介于过点 $x=a$,$x=b$ 且垂直于 x 轴的两个平面之间. 以 $A(x)$ 表示过点 x 且垂直于 x 轴的平行截面面积,并假设 $A(x)$ 在区间$[a,b]$上连续. 此时取 x 为积分变量,其变化区间为$[a,b]$,则立体对应于 $[a,b]$ 上的任意一个小区间$[x,x+\mathrm{d}x]$的薄片体积可以近似地用底面积为 $A(x)$、高为 $\mathrm{d}x$ 的小柱体的体积代替,即体积元素

$$\mathrm{d}V = A(x)\mathrm{d}x$$

则得到所求立体的体积为

$$V = \int_a^b A(x)\mathrm{d}x$$

例 6 一平面经过半径为 R 的圆柱体的底圆圆心,并与底面交成角 α(如图 6.2.11 所示). 计算该平面截圆柱体所得立体的体积.

解 取平面与圆柱体的底面交线为 x 轴,底面上过圆心,且垂直于 x 轴的直线为 y 轴.那么圆柱体底圆的方程为

$$x^2 + y^2 = R^2$$

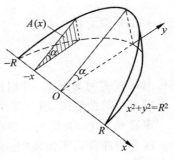

图 6.2.11

立体中过 x 轴上的任意一点 x 且垂直于 x 轴的截面是个直角三角形,它的两条直角边的长度分别为 y 以及 $y\tan\alpha$,即

$$\sqrt{R^2-x^2} \quad 及 \quad \sqrt{R^2-x^2}\tan\alpha$$

因而截面面积为

$$A(x)=\frac{1}{2}(R^2-x^2)\tan\alpha$$

于是所求立体的体积为

$$V=\int_a^b A(x)\mathrm{d}x=\int_{-R}^R \frac{1}{2}(R^2-x^2)\tan\alpha\mathrm{d}x$$
$$=\frac{1}{2}\tan\alpha\left(R^2 x-\frac{1}{3}x^3\right)\Big|_{-R}^R$$
$$=\frac{2}{3}R^3\tan\alpha$$

6.2.3　平面曲线的弧长

公元 263 年,刘徽利用圆的内接正多边形边数无限增多时,周长就越逼近圆周长的极限思想确定了圆的周长的计算方法.现在我们用类似的方法来建立平面的连续曲线弧长的概念,并应用定积分来计算弧长.

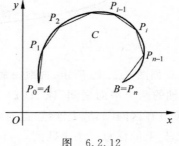

图　6.2.12

假设平面曲线 C 是一条以 A,B 为端点的弧,如图 6.2.12 所示,在 C 上从端点 A 到 B 依次取分点

$$A=P_0,P_1,P_2,\cdots,P_{n-1},\quad P_n=B$$

它们成为对弧 C 的一个分割,记为 T.用线段依次连接 T 中每相邻的两点,得到 C 的 n 条弦 $\overline{P_{i-1}P_i}$($i=1,2,\cdots,n$),这 n 条弦又构成了 C 的一条内接折线.则折线的长度为

$$L(T)=\sum_{i=1}^n |\overline{P_{i-1}P_i}|$$

记 $\lambda=\max\limits_{1\leqslant i\leqslant n}|\overline{P_{i-1}P_i}|$,如果

$$\lim_{\lambda\to 0}\sum_{i=1}^n |\overline{P_{i-1}P_i}|=s$$

则称曲线 C 是**可求长的**,并把极限 s 称为曲线 C 的**弧长**.

对光滑的曲线弧,有如下结论:

定理 6.2.1　光滑的曲线弧是可求长的.

这个定理我们不加证明.由于光滑的曲线弧是可求长的,故可以用定积分的元素法来计算弧长.

1. 直角坐标情形

假设曲线弧 C 的方程为

$$y = f(x), \quad a \leqslant x \leqslant b$$

其在 $[a,b]$ 上具有连续的一阶导数,即曲线弧是光滑的曲线.求弧 C 的长度 s(如图 6.2.13 所示).

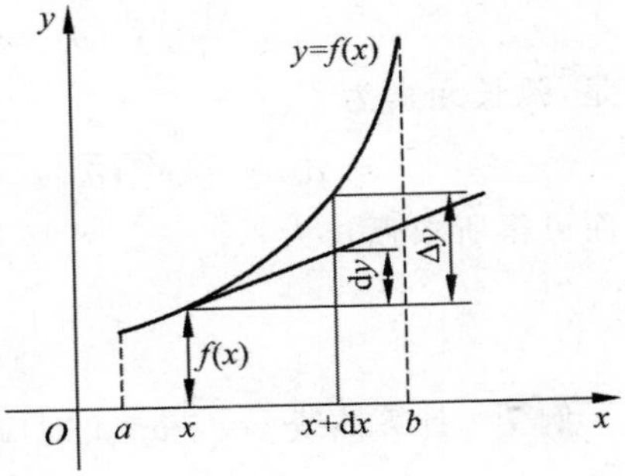

取 x 为积分变量,其变化区间为 $[a,b]$,在区间 $[a,b]$ 上任意取一小区间 $[x, x+\mathrm{d}x]$,则曲线 C 对应于这个小区间上的一段弧长 Δs 可以近似地用对应的弦的长度 $\sqrt{(\Delta x)^2 + (\Delta y)^2}$ 来代替,又因为

$$\Delta x = \mathrm{d}x, \quad \Delta y \approx \mathrm{d}y$$

所以弧长元素为

图 6.2.13

$$\mathrm{d}s = \sqrt{(\mathrm{d}x)^2 + (\mathrm{d}y)^2} = \sqrt{1 + \left(\frac{\mathrm{d}y}{\mathrm{d}x}\right)^2}\,\mathrm{d}x = \sqrt{1 + y'^2}\,\mathrm{d}x$$

在区间 $[a,b]$ 上作定积分,就可以得到所求弧长为

$$s = \int_a^b \sqrt{1 + y'^2}\,\mathrm{d}x$$

2. 参数方程情形

如果曲线弧 C 的方程为参数方程

$$\begin{cases} x = \varphi(t) \\ y = \psi(t) \end{cases}, \quad \alpha \leqslant t \leqslant \beta$$

其中 $\varphi(t), \psi(t)$ 在 $[\alpha,\beta]$ 上具有连续的导数,且 $\varphi'(t), \psi'(t)$ 不同时为零,则弧长元素为

$$\begin{aligned} \mathrm{d}s &= \sqrt{(\mathrm{d}x)^2 + (\mathrm{d}y)^2} \\ &= \sqrt{\varphi'^2(t)(\mathrm{d}t)^2 + \psi'^2(t)(\mathrm{d}t)^2} \\ &= \sqrt{\varphi'^2(t) + \psi'^2(t)}\,\mathrm{d}t \end{aligned}$$

于是所求弧长为

$$s = \int_\alpha^\beta \sqrt{(\varphi'(t))^2 + (\psi'(t))^2}\,\mathrm{d}t$$

3. 极坐标情形

如果曲线弧 C 的方程为极坐标方程

$$\rho = \rho(\theta), \quad \alpha \leqslant \theta \leqslant \beta$$

其中 $\rho(\theta)$ 在区间 $[\alpha,\beta]$ 上具有连续的导数,由直角坐标与极坐标的转化关系可得

$$\begin{cases} x = \rho(\theta)\cos\theta \\ y = \rho(\theta)\sin\theta \end{cases} \quad (\alpha \leqslant \theta \leqslant \beta)$$

则

$$\begin{cases} x'(\theta) = \rho'(\theta)\cos\theta - \rho(\theta)\sin\theta \\ y'(\theta) = \rho'(\theta)\sin\theta + \rho(\theta)\cos\theta \end{cases}$$

于是,弧长元素为

$$\mathrm{d}s = \sqrt{x'^2(\theta) + y'^2(\theta)}\,\mathrm{d}\theta = \sqrt{\rho^2(\theta) + \rho'^2(\theta)}\,\mathrm{d}\theta$$

从而可得所求弧长为

$$s = \int_\alpha^\beta \sqrt{\rho^2(\theta) + \rho'^2(\theta)}\,\mathrm{d}\theta$$

例 7　计算曲线 $y = \dfrac{2}{3}x^{\frac{3}{2}}$ 上对应于 $1 \leqslant x \leqslant 3$ 的一段弧的长度(如图 6.2.14 所示).

解　因为 $y' = x^{\frac{1}{2}}$,从而弧长元素为

$$\mathrm{d}s = \sqrt{1 + y'^2}\,\mathrm{d}x = \sqrt{1 + (x^{\frac{1}{2}})^2}\,\mathrm{d}x = \sqrt{1 + x}\,\mathrm{d}x$$

因此,所求弧长为

$$s = \int_1^3 \sqrt{1+x}\,\mathrm{d}x = \left[\frac{2}{3}(1+x)^{\frac{3}{2}} \right]\Bigg|_1^3 = \frac{16 - 4\sqrt{2}}{3}$$

例 8　将绕在圆(半径为 a)上的细线放开拉直,使细线与圆周始终相切(如图 6.2.15 所示),细线端点画出的轨迹称做圆的渐伸线,它的方程为

$$x = a(\cos t + t\sin t), \quad y = a(\sin t - t\cos t)$$

计算这条曲线上相应于 $0 \leqslant t \leqslant \pi$ 的一段弧的长度.

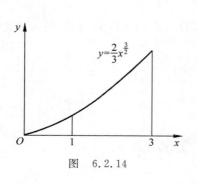

图　6.2.14

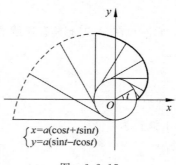

图　6.2.15

解　因为

$$\frac{\mathrm{d}x}{\mathrm{d}t} = a(-\sin t + \sin t + t\cos t) = at\cos t$$

$$\frac{\mathrm{d}y}{\mathrm{d}t} = a(\cos t - \cos t + t\sin t) = at\sin t$$

从而弧长元素为

$$\mathrm{d}s = \sqrt{(at\cos t)^2 + (at\sin t)^2}\,\mathrm{d}t = at\,\mathrm{d}t$$

因此所求弧长为

$$s = \int_0^\pi at\,\mathrm{d}t = \frac{1}{2}at^2\,\Big|_0^\pi = \frac{1}{2}a\pi^2$$

例 9 求对数螺线 $\rho = \mathrm{e}^{a\theta}$（如图 6.2.16 所示）相应于 $0 \leqslant \theta \leqslant \varphi$ 的一段弧长.

解 弧长元素为

$$\mathrm{d}s = \sqrt{(\mathrm{e}^{a\theta})^2 + (a\mathrm{e}^{a\theta})^2}\,\mathrm{d}\theta = \sqrt{1+a^2}\cdot\mathrm{e}^{a\theta}\,\mathrm{d}\theta$$

从而所求弧长为

$$\begin{aligned} s &= \int_0^\varphi \sqrt{1+a^2}\cdot\mathrm{e}^{a\theta}\,\mathrm{d}\theta \\ &= \frac{\sqrt{1+a^2}}{a}\mathrm{e}^{a\theta}\,\Big|_0^\varphi \\ &= \frac{\sqrt{1+a^2}}{a}(\mathrm{e}^{a\varphi}-1) \end{aligned}$$

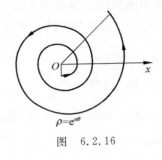

图 6.2.16

习题 6-2

1. 求由抛物线 $y=x^2$ 与 $y=2-x^2$ 所围成的平面图形的面积.

2. 求由曲线 $y=|\sin x|$ 与直线 $x=0, x=2$ 以及 x 轴所围成的图形的面积.

3. 求心形线 $r=a(1+\cos\theta)(a>0)$ 所围成的图形的面积.

4. 抛物线 $y^2=2x$ 把圆面 $x^2+y^2\leqslant 8$ 分成了两部分，求这两部分的面积之比.

5. 求由曲线 $y=\ln x$ 与其过原点的切线以及 x 轴所围成的图形的面积.

6. 证明：椭圆 $\dfrac{x^2}{a^2}+\dfrac{y^2}{b^2}=1$ 所围成的图形的面积为 πab.

7. 求由曲线 $y=\dfrac{x^2}{2}, y=\dfrac{1}{1+x^2}$ 与直线 $x=-\sqrt{3}, x=\sqrt{3}$ 所围成的图形面积.

8. 抛物线 $y=ax^2+bx+c$ 过原点，当 $0\leqslant x\leqslant 1$ 时 $y\geqslant 0$. 又已知该抛物线与 x 轴及直线 $x=1$ 所围成的图形的面积是 $\dfrac{1}{3}$. 试确定 a,b,c，使此图形绕 x 轴旋转一周而成的旋转体的体积 V 最小.

9. 试证明由平面图形 $0\leqslant a\leqslant x\leqslant b, 0\leqslant y\leqslant f(x)$ 绕 y 轴旋转一周所得旋转体的体积公式为

$$V = 2\pi\int_a^b xf(x)\,\mathrm{d}x$$

10. 求 $0\leqslant y\leqslant\sin x, 0\leqslant x\leqslant\pi$ 所示平面图形绕 y 轴旋转一周所形成的旋转体的

体积.

11. 求由抛物线 $y=\sqrt{x}$ 与直线 $y=x$ 所围成的图形绕 x 轴旋转一周所得旋转体的体积.

12. 由曲线 $y=x^3$，直线 $x=2$ 以及 x 轴所围平面图形分别绕 x 轴与 y 旋转，计算所得两个旋转体的体积.

13. 计算由抛物线 $y=x^2$ 与直线 $y=2x+3$ 所围成的平面图形的面积，并计算该平面图形绕 x 轴旋转一周所形成的旋转体的体积.

14. 用积分方法证明以坐标原点为球心，半径为 R 的球体体积为

$$V = \frac{4}{3}\pi R^3$$

15. 计算曲线 $y=\ln x$ 上相应于 $\sqrt{3}\leqslant x \leqslant 2\sqrt{2}$ 的一段弧的长度.

16. 如图 6.2.17 所示，计算曲线 $y=\dfrac{\sqrt{x}}{3}(3-x)$ 上相对于 $1\leqslant x \leqslant 3$ 的一段弧的长度.

17. 求由两个圆柱面 $x^2+y^2=a^2$ 与 $x^2+z^2=a^2$ 所围立体的体积.

18. 求 a,b 的值，使得椭圆 $x=a\cos t, y=b\sin t$ 的周长等于正弦曲线 $y=\sin x$ 在 $0 \leqslant x \leqslant 2\pi$ 上的一段弧长.

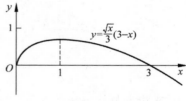

图 6.2.17

19. 试用积分的方法证明圆心在原点、半径为 r 的圆的周长公式为

$$C = 2\pi \cdot r$$

20. 计算曲线 $r=a\theta(a>0)$ 相对于 $0 \leqslant \theta \leqslant 2\pi$ 的一段弧的长度.

6.3 定积分在物理上的应用

定积分在物理学中也有着非常广泛的应用，比如变力沿直线运动所做的功、水压力、引力等，本节将通过介绍一些有代表性的例子来说明定积分在物理学中的应用.

6.3.1 变力沿直线运动所做的功

从物理学知道，如果有一个恒力 F 作用在物体上，使物体做直线运动，且力的方向与物体运动方向一致，那么在物体移动了 s 距离时，力 F 对物体所做的功为

$$W = F \cdot s$$

但是如果物体在运动过程中受到的力是变化的，力对物体所做的功应该如何计算呢？这就是变力对物体做功的问题.

假设有连续变化的力 $F(x)$（变力的方向与物体运动方向一致）作用于物体，使物

体从点 $x=a$ 直线运动到点 $x=b$(如图 6.3.1 所示),求变力 $F(x)$ 所做的功 W.

利用定积分的元素法,选取 x 为积分变量,其变化区间为 $[a,b]$,在 $[a,b]$ 上取任意一个小区间 $[x,x+\mathrm{d}x]$,由于变力 $F(x)$ 在区间 $[a,b]$ 上连续,从而在小区间 $[x,x+\mathrm{d}x]$ 上力的变化很小,可以近似地看做不变,于是对应于区间 $[x,x+\mathrm{d}x]$ 上变力所做的功 ΔW 可以近似地用在点 x 处的力 $F(x)$ 与小区间 $[x,x+\mathrm{d}x]$ 上的位移 $\mathrm{d}x$ 的乘积来代替,即

$$\Delta W \approx F(x)\mathrm{d}x$$

于是功元素

$$\mathrm{d}W = F(x)\mathrm{d}x$$

所以变力沿直线运动对物体所做的功为

$$W = \int_a^b F(x)\mathrm{d}x$$

例 1 由实验已知,弹簧在拉伸过程中,需要的力 F(单位:N)与拉伸的长度 s(单位:cm)成正比,即

$$F = ks \quad (k \text{ 为比例常数})$$

如果把弹簧由原长拉伸 6cm,计算变力所做的功.

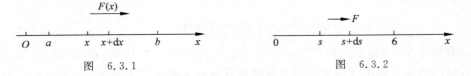

图 6.3.1 图 6.3.2

解 选取坐标系如图 6.3.2 所示.取 s 为积分变量,其变化区间为 $[0,6]$,在区间 $[0,6]$ 上取任意一个小区间 $[s,s+\mathrm{d}s]$,对应于区间 $[s,s+\mathrm{d}s]$ 上变力所做的功的近似值(即功元素)为

$$\mathrm{d}W = ks\,\mathrm{d}s$$

则在弹簧拉伸过程中,变力 F 所做的功为

$$W = \int_0^6 ks\,\mathrm{d}s = \frac{1}{2}ks^2 \Big|_0^6 = 18k(\mathrm{N \cdot cm}) = 0.18k(\mathrm{J})$$

6.3.2 水 压 力

从物理学知道,在水深 h 处物体所受的压强为 $p=\rho gh$,其中 ρ 为水的密度,g 为重力加速度.如果有一个面积为 S 的平板水平放置在水深为 h 处,那么平板一侧所受的水压力为

$$F = p \cdot S$$

但是如果平板垂直放置在水中,由于不同水深处所受的压强 p 不相同,平板一侧所

受的水压力就不能直接用上述方法来计算,那么应该怎样计算呢?

假设有一平面薄板(如图 6.3.3 所示)垂直放在水中.如图所示选取坐标系,薄板的曲边方程为 $y=f(x)$,其中 $f(x)$ 为连续函数,求薄板一侧的水压力 p.

由于水深度相同时压强相同,因此可以把薄板分成许多水平的小横条.选取 x 为积分变量,其变化区间为 $[a,b]$,在 $[a,b]$ 上取任意一个小区间 $[x,x+dx]$,由于侧边 $f(x)$ 在区间 $[a,b]$ 上连续,从而在小区间 $[x,x+dx]$ 上的小横条的面积近似于小矩形的面积 $f(x)dx$,小横条可以近似看成是水平放置在水面下深度为 x 的位置上,于是对应于区间 $[x,x+dx]$ 上小横条一侧所受的水压力的近似值

$$\Delta F \approx \rho g x f(x) dx$$

则压力元素

$$dF = \rho g x f(x) dx$$

所以整个平板一侧所受的水压力为

$$F = \int_a^b \rho g x f(x) dx$$

例 2　有一个闸门形状为等腰梯形的水库,闸门的两条底边各长为 10m 和 6m,高为 20m,较长的底边与水面相齐.计算闸门一侧所受的水压力.

解　如图 6.3.4 所示建立坐标系,容易得到梯形闸门的一腰 AB 的方程为

$$f(x) = 3 - \frac{1}{10}(x-20) = 5 - \frac{x}{10}$$

取 x 为积分变量,其变化区间为 $[0,20]$,在区间 $[0,20]$ 上任取一个小区间 $[x,x+dx]$,闸门对应于该小区间的小横条各处所受到的水的压强近似为 $gx(kN/m^2)$.小横条可以近似看做长度为 $2f(x)$,高度为 dx 的小矩形,于是对应于区间 $[x,x+dx]$ 上小横条一侧所受的水压力的近似值(即压力元素)为

$$dF = gx\left(10 - \frac{x}{5}\right)dx(kN)$$

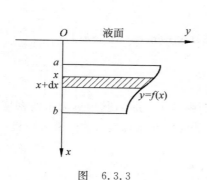

图　6.3.3

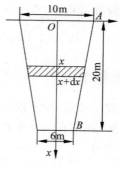

图　6.3.4

于是闸门的一侧所受的水压力为

$$F = \int_0^{20} gx\left(10 - \frac{x}{5}\right)\mathrm{d}x = g\left(5x^2 - \frac{x^3}{15}\right)\Bigg|_0^{20}$$

$$= g\left(2000 - \frac{1600}{3}\right) \approx 14373(\mathrm{kN})$$

6.3.3 引力

由物理学中牛顿的万有引力定律知道,两个质量分别为 m_1 与 m_2,相距为 r 的物体之间的引力为

$$F = \frac{Gm_1m_2}{r^2}$$

其中 G 为万有引力常数.但是如果要计算一细长杆对一个质点的引力,由于细长杆上各点与质点之间的距离是变化的,就不能直接用上述公式计算,那么应该怎么计算呢?

假设有一均匀的细长杆,其长度为 l,质量为 M,在杆的延长线上有一质量为 m 的质点,质点与细长杆的近端点的距离为 d,计算细杆对质点的万有引力.

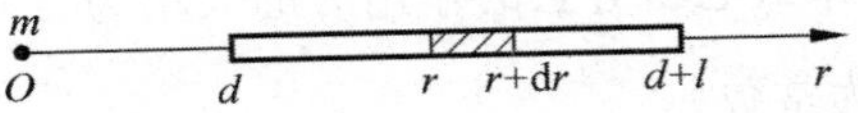

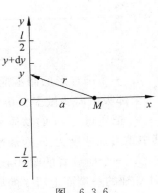

图 6.3.5

如图 6.3.5 所示建立坐标系,取 r 为积分变量,其变化区间为 $[d, d+l]$,在区间 $[d, d+l]$ 上任意取一个小区间 $[r, r+\mathrm{d}r]$,细长杆对应于该小区间上的小细杆的质量为 $\frac{M}{l}\mathrm{d}r$,其对质点的万有引力的近似值(即引力元素)为

$$\Delta F \approx \mathrm{d}F = G\frac{m\frac{M}{l}}{r^2}\mathrm{d}r$$

从而整个细长杆对质点的引力为

$$F = \int_d^{d+l} G\frac{m\frac{M}{l}}{r^2}\mathrm{d}r = \frac{GmM}{d(d+l)}$$

例3 假设有一长度为 l,线密度为 ρ 的均匀细直棒,在其中垂线上距离棒 a 单位处有一个质量为 m 的质点 M,试计算该棒对质点的引力.

解 如图 6.3.6 所示建立坐标系,使棒位于 y 轴上,质点 M 位于 x 轴上,棒的中点为原点 O. 取 y 为积分变量,其变化区间为 $\left[-\frac{l}{2}, \frac{l}{2}\right]$,在区间 $\left[-\frac{l}{2}, \frac{l}{2}\right]$ 上任意取一个小区间 $[y, y+\mathrm{d}y]$,棒对应于区间 $[y, y+\mathrm{d}y]$ 的一小段近似看成质点,其质量为 $\rho\mathrm{d}y$,与质点

图 6.3.6

M 的距离为 $r=\sqrt{a^2+y^2}$. 于是按照两质点间的万有引力计算公式可求出这一小段细棒对质点 M 的引力 ΔF 的近似值(即引力元素)为

$$\Delta F \approx \mathrm{d}F = G\frac{m\rho\,\mathrm{d}y}{a^2+y^2}$$

将引力 ΔF 进行力的分解,分解为水平方向分力 ΔF_x 和垂直方向分力 ΔF_y,则

$$\Delta F_x \approx \mathrm{d}F_x = -G\frac{am\rho\,\mathrm{d}y}{(a^2+y^2)^{\frac{3}{2}}}$$

于是得到引力在水平方向上的分力为

$$F_x = -\int_{-\frac{l}{2}}^{\frac{l}{2}}\frac{Gam\rho}{(a^2+y^2)^{\frac{3}{2}}}\mathrm{d}y = -\frac{2Gm\rho l}{a\sqrt{4a^2+l^2}}$$

由对称性可知,引力在垂直方向上的分力 $F_y=0$.

习题 6-3

1. 如图 6.3.7 所示,把一个带电荷量 $+q$ 的点电荷放在 r 轴上坐标原点 O 处,它产生一个电场,这个电场对周围的电荷有作用力. 由物理学知道,如果有一个单位正电荷放在这个电场中距离原点 O 为 r 的地方,那么电场对它的作用力的大小为

$$F = k\frac{q}{r^2} \quad (k \text{ 为常数})$$

当这个单位正电荷在电场中从 $r=a$ 处沿着 r 轴移动到 $r=b(a<b)$ 处时,计算电场力 F 对它所做的功.

2. 如图 6.3.8 所示,在底面积为 S 的圆柱形容器中盛有一定量的气体,在等温条件下,由于气体的膨胀,把容器中的一个活塞(面积为 S)从点 a 处推移到点 b 处.计算这一移动过程中气体压力所做的功.

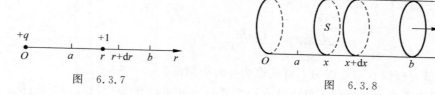

图 6.3.7

图 6.3.8

3. 一个圆柱形的储水桶高为 $5\mathrm{m}$,底圆半径为 $3\mathrm{m}$,桶内盛满了水.试问要把桶内的水全部吸出需要做多少功?

4. 把质量为 m 的物体从地球表面升高到 h 处,试求地球引力对物体所做的功(其中重力加速度为 g,地球半径为 R).

5. 一个横放着的圆柱形水桶,桶内盛有半桶水,设桶的底半径为 r,水的密度为 ρ,计算桶的一端面上所受的压力.

6．有一等腰三角形薄板垂直沉入水中，其底与水面相齐．薄板的高为 h，底为 a．计算薄板一侧所受压力；如果将薄板倒转，使顶点与水面相齐，而底面平行于水面，则水对薄板一侧的压力增加了多少？

7．有一个闸门侧面为长方形，底为 2m，高为 3m，水面超过闸门顶 2m．求闸门上所受的水压力．

8．有一根长为 l、质量为 M 的均匀细杆，另有一质量为 m 的质点 A 和杆在一条直线上，它到杆的近端距离为 a，计算细杆对质点 A 的引力．

6.4　定积分在经济学上的应用

在 2.5 节中，我们已经讨论过，在实际的生产和经营活动中，产品的成本 $C(x)$，销售后的收益 $R(x)$ 以及利润 $P(x)$ 都是关于产品数量 x 的一元函数，它们的导数分别表示边际成本 $M_C(x)$、边际收益 $M_R(x)$ 以及边际利润 $M_P(x)$ 等边际经济量．在本节中，我们将问题反过来考虑：已知边际经济量，求总经济量．利用定积分的元素法，可以得到如下结果：

（1）已知产品的总产量 $x(t)$ 的变化率为

$$\frac{\mathrm{d}x(t)}{\mathrm{d}t} = f(t)$$

则该产品在时间区间 $[T_1, T_2]$ 内的总产量为

$$x = \int_{T_1}^{T_2} f(t)\,\mathrm{d}t = x(t)\Big|_{T_1}^{T_2} = x(T_2) - x(T_1)$$

（2）已知产品的总成本 $C(x)$ 的边际成本为

$$\frac{\mathrm{d}C(x)}{\mathrm{d}x} = M_C(x)$$

则该产品在产量区间 $[a, b]$ 上增加的成本为

$$C = \int_a^b M_C(x)\,\mathrm{d}x = C(x)\Big|_a^b = C(b) - C(a)$$

（3）已知产品的总收益 $R(x)$ 的边际收益为

$$\frac{\mathrm{d}R(x)}{\mathrm{d}x} = M_R(x)$$

则该产品的销售量从 a 个单位上升到 b 个单位时，增加的收益为

$$R = \int_a^b M_R(x)\,\mathrm{d}x = R(x)\Big|_a^b = R(b) - R(a)$$

（4）已知产品的总利润 $P(x)$ 的边际利润为

$$\frac{\mathrm{d}P(x)}{\mathrm{d}x} = M_P(x)$$

则该产品的销售量从 a 个单位上升到 b 个单位时,增加的利润为

$$P = \int_a^b M_P(x) \mathrm{d}x = P(x) \Big|_a^b = P(b) - P(a)$$

例 1　已知某产品总产量的变化率为

$$\frac{\mathrm{d}x}{\mathrm{d}t} = 60 + 12t - 3t^2 \text{(件/天)}$$

求从第 2 天到第 10 天生产的产品总量.

解　所求得产品总量为

$$x = \int_2^{10} (60 + 12t - 3t^2) \mathrm{d}t = (60t + 6t^2 - t^3) \Big|_2^{10} = 64 \text{(件)}$$

例 2　某产品的总成本 $C(x)$(单位:万元)的边际成本为 $M_C(x) = 2$(单位:万元/百台),总收益 $R(x)$(单位:万元)的边际收益 $M_R(x) = 6 - 2x$(单位:万元/百台),其中 x 为产量,固定成本为 2 万元.问:

(1) 产量等于多少时,总利润 $P(x)$ 最大?

(2) 从利润最大时再生产 100 台,总利润增加多少?

解　(1) 求总成本函数:

因为 $M_C(x) = 2$,即 $\dfrac{\mathrm{d}C(x)}{\mathrm{d}x} = 2$,从而

$$C(x) = \int M_C(x) \mathrm{d}x = \int 2 \mathrm{d}x = 2x + C$$

又因为固定成本为 2 万元,即 $C(x)\big|_{x=0} = 2$,可求得 $C = 2$,于是总成本函数为

$$C(x) = 2x + 2$$

求总收益函数:

由于边际收益 $M_R(x) = 6 - 2x$,即 $\dfrac{\mathrm{d}R(x)}{\mathrm{d}x} = 6 - 2x$,则

$$R(x) = \int M_R(x) \mathrm{d}x = \int (6 - 2x) \mathrm{d}x = 6x - x^2 + C$$

又由于 $R(x)\big|_{x=0} = 0$,得到 $C = 0$,于是总收益函数为

$$R(x) = 6x - x^2$$

求总利润函数:

由于 $P(x) = R(x) - C(x)$,从而总利润函数为

$$P(x) = (6x - x^2) - (2x + 2) = 4x - x^2 - 2$$

求最大利润:

由 $P'(x) = 4 - 2x$,令 $P'(x) = 0$,得到 $x = 200$ 台.

因为这是个实际问题,其最大利润是存在的,而且解得的驻点只有一个,从而当 $x = 200$ 台时,利润最大,其利润为 $P(2) = 4 \times 2 - 2^2 - 2 = 2$ 万元.

(2) 从 200 台增加到 300 台时,总利润增加了

$$P = \int_2^3 M_P(x)\,\mathrm{d}x = \int_2^3 (4-2x)\,\mathrm{d}x = -1(万元)$$

即从利润最大时再生产 100 台,总利润减少了 1 万元.

习题 6-4

1. 假设某产品的边际收益为 $M_R = 75(20-\sqrt{x})$,求当该产品的生产从 225 个单位上升到 400 个单位时增加了多少收益.

2. 假设某产品出售 x 台时的边际利润为 $M_P = 12.5 + \dfrac{x}{80}$(单位:元/台),试求:

(1) 出售 40 台时的总利润;

(2) 出售 60 台时,前 30 台的平均利润和后 30 台的平均利润.

3. 生产某产品时,边际成本函数为 $M_C(x) = 150 - \dfrac{x}{5}$,当产量从 200 单位增加到 300 单位时,成本增加了多少?

4. 生产某产品的边际成本是 $M_C(x) = 3x^2 - 14x + 100$,固定成本 $C(0) = 10000$,求生产 x 产品的总成本函数 $C(x)$.

5. 某企业生产 x 吨产品时的边际成本为 $M_C(x) = \dfrac{1}{50}x + 30$(单位:元/吨).且固定成本为 900 元,试求产量为多少时平均成本最低?

总复习题六

1. 计算正弦函数 $y = \sin x\ (x \in [0,\pi])$ 与 x 轴围成的平面图形分别绕 x 轴、y 轴旋转一周所形成的旋转体的体积.

2. 如题 2 图所示,考虑函数 $y = x^2,\ 0 \leqslant x \leqslant 1$. 问:

(1) t 取何值时,题 2 图中阴影部分的面积 S_1 与 S_2 之和 $S = S_1 + S_2$ 最小?

(2) t 取何值时,题 2 图中阴影部分的面积 S_1 与 S_2 之和 $S = S_1 + S_2$ 最大?

3. 过点 $P(1,0)$ 作抛物线 $y = \sqrt{x-2}$ 的切线,该切线与上述抛物线以及 x 轴围成一平面图形,求该平面图形绕 x 轴旋转一周所形成的旋转体的体积.

*4. 已知曲线 $y = a\sqrt{x}\ (a > 0)$ 与曲线 $y = \ln\sqrt{x}$ 在点 (x_0, y_0) 处有公共的切线,求:

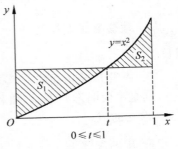

题 2 图

（1）常数 a 及切点 (x_0, y_0)；

（2）两曲线与 x 轴围成的平面图形的面积 S；

（3）两曲线与 x 轴所围成的平面图形绕 x 轴旋转一周所形成的旋转体的体积 V.

5. 求曲线 $y = x^2 - 2x, y = 0, x = 1, x = 3$ 所围成的平面图形的面积 S，并求该图形绕 y 轴旋转一周所形成的旋转体的体积 V.

6. 假设曲线 L 的方程为 $y = \frac{1}{4}x^2 - \frac{1}{2}\ln x (1 \leqslant x \leqslant e)$，求曲线 L 的弧长.

7. 假设生产 x 个产品的边际成本为 $M_c(x) = 2x + 100$，其固定成本为 $C(0) = 1000$，产品单价规定为 500 元. 假设生产出的产品能完全销售，问生产量为多少时利润最大，并求出最大利润.

8. 求抛物线 $y = \frac{1}{2}x^2$ 被圆 $x^2 + y^2 = 3$ 所截下的有限部分的弧长.

*9. 假设有一个圆锥形储水池，深度为 15m，口径为 20m，盛满了水，现在用水泵将水全部吸出，问需要做多少功？

*10. 用铁锤将一铁钉击入木板，假设木板对铁钉的阻力与铁钉击入木板的深度成正比，在打击第一次的时候，将铁钉击入木板 1cm. 如果铁锤每次锤击铁钉所做的功相等，求铁锤锤击铁钉第二次时，铁钉又击入了多少？

*11. 一底为 8cm、高为 6cm 的等腰三角形铁片，垂直地沉没在水中，顶在上、底在下且与水面平行，而顶离水面 3cm，试求铁片每面所受的压力.

*12. 假设有一半径为 R、中心角为 φ 的圆弧形细棒，其线密度为常数 u. 在圆心处有一质量为 m 的质点 M. 试求该细棒对质点 M 的引力.

13. 如题 13 图所示，用积分的方法证明球缺的体积为

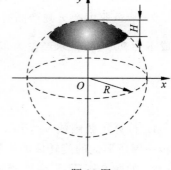

题 13 图

$$V = \pi H^2 \left(R - \frac{H}{3} \right)$$

14. 计算半立方抛物线 $y^2 = \frac{2}{3}(x-1)^3$ 被抛物线 $y^2 = \frac{x}{3}$ 所截得的一段弧的弧长.

15. 假设 D 是由曲线 $y = x^{\frac{1}{3}}$、直线 $x = a (a > 0)$ 以及 x 轴所围成的平面图形，V_x，V_y 分别是平面图形 D 绕 x 轴和 y 轴旋转一周所形成的旋转体的体积. 如果 $V_x = 10V_y$，求 a 的值.

16. 求两椭圆 $\frac{x^2}{a^2} + \frac{y^2}{b^2} = 1$ 与 $\frac{x^2}{b^2} + \frac{y^2}{a^2} = 1 (a > 0, b > 0)$ 所围成的公共部分的面积.

附录 A 预备知识

一、常用初等代数公式

1. 一元二次方程 $ax^2+bx+c=0$

根的判别式 $\Delta=b^2-4ac$.

当 $\Delta>0$ 时,方程有两个相异的实根;

当 $\Delta=0$ 时,方程有两个相等的实根;

当 $\Delta<0$ 时,方程有一对共轭复根.

求根公式为

$$x_{1,2}=\frac{-b\pm\sqrt{b^2-4ac}}{2a}$$

2. 对数的运算性质

(1) 若 $a^y=x$,则 $y=\log_a x$;

(2) $\log_a a=1,\log_a 1=0,\ \ln e=1,\ln 1=0$;

(3) $\log_a(x\cdot y)=\log_a x+\log_a y$;

(4) $\log_a\dfrac{x}{y}=\log_a x-\log_a y$;

(5) $\log_a x^b=b\cdot\log_a x$;

(6) $a^{\log_a x}=x,\mathrm{e}^{\ln x}=x$.

3. 指数的运算性质

(1) $a^m\cdot a^n=a^{m+n}$;

(2) $\dfrac{a^m}{a^n}=a^{m-n}$;

(3) $(a^m)^n=a^{m\cdot n}$;

(4) $(a\cdot b)^m=a^m\cdot b^m$;

(5) $\left(\dfrac{a}{b}\right)^m=\dfrac{a^m}{b^m}$.

4. 常用二项展开及分解公式

(1) $(a+b)^2=a^2+2ab+b^2$;

(2) $(a-b)^2=a^2-2ab+b^2$；

(3) $(a+b)^3=a^3+3a^2b+3ab^2+b^3$；

(4) $(a-b)^3=a^3-3a^2b+3ab^2-b^3$；

(5) $a^2-b^2=(a+b)(a-b)$；

(6) $a^3-b^3=(a-b)(a^2+ab+b^2)$；

(7) $a^3+b^3=(a+b)(a^2-ab+b^2)$；

(8) $a^n-b^n=(a-b)(a^{n-1}+a^{n-2}b+a^{n-3}b^2+\cdots+b^{n-1})$；

(9) $(a+b)^n=C_n^0a^{n-0}b^0+C_n^1a^{n-1}b+C_n^2a^{n-2}b^2+\cdots+C_n^ka^{n-k}b^k+\cdots+C_n^na^{n-n}b^n$，

其中 $C_n^m=\dfrac{n(n-1)(n-2)\cdots(n-m+1)}{m!}$，$C_n^0=1$，$C_n^n=1$.

5. 常用不等式及其运算性质

如果 $a>b$，则有

(1) $a\pm c>b\pm c$；

(2) $ac>bc(c>0)$，$ac<bc(c<0)$；

(3) $\dfrac{a}{c}>\dfrac{b}{c}(c>0)$，$\dfrac{a}{c}<\dfrac{b}{c}(c<0)$；

(4) $a^n>b^n(n>0,a>0,b>0)$，$a^n<b^n(n<0,a>0,b>0)$；

(5) $\sqrt[n]{a}>\sqrt[n]{b}(n$ 为正整数，$a>0,b>0)$；

对于任意给定的实数 a,b，均有

(6) $|a|-|b|\leqslant|a+b|\leqslant|a|+|b|$；

(7) $a^2+b^2\geqslant2ab$.

6. 常用数列公式

(1) 等差数列：$a_n=a_1+(n-1)d$，前 n 项和为

$$s_n=\frac{a_1+a_n}{2}\cdot n$$

(2) 等比数列：$a_n=a_1q^{n-1}$，前 n 项和为

$$s_n=\frac{a_1(1-q^n)}{1-q}$$

(3) 一些常见数列的前 n 项和：

$1+2+\cdots+n=\dfrac{1}{2}n(n+1)$；$2+4+\cdots+2n=n(n+1)$；

$1+3+\cdots+(2n-1)=n^2$；$1^2+2^2+\cdots+n^2=\dfrac{1}{6}n(n+1)(2n+1)$；

$1^2+3^2+\cdots+(2n-1)^2=\dfrac{1}{3}n(4n^2-1)$；

$1\times2+2\times3+\cdots+n(n+1)=\dfrac{1}{3}n(n+1)(n+2)$；

$$\frac{1}{1\times 2}+\frac{1}{2\times 3}+\cdots+\frac{1}{n(n+1)}=1-\frac{1}{n+1}.$$

7. 阶乘

$$n! = n(n-1)(n-2)\cdot\cdots\cdot 2\cdot 1.$$

二、常用基本三角公式

1. 基本公式

$$\sin^2 x+\cos^2 x=1;1+\tan^2 x=\sec^2 x;1+\cot^2 x=\csc^2 x.$$

2. 倍角公式

$$\sin 2x=2\sin x\cos x;$$

$$\cos 2x=\cos^2 x-\sin^2 x=1-2\sin^2 x=2\cos^2 x-1;$$

$$\tan 2x=\frac{2\tan x}{1-\tan^2 x}.$$

3. 半角公式

$$\sin^2 \frac{x}{2}=\frac{1-\cos x}{2};$$

$$\cos^2 \frac{x}{2}=\frac{1+\cos x}{2};$$

$$\tan \frac{x}{2}=\frac{1-\cos x}{\sin x}.$$

4. 加法公式

$$\sin (x\pm y)=\sin x\cos y\pm\cos x\sin y;\cos (x\pm y)=\cos x\cos y\mp\sin x\sin y;$$

$$\tan (x\pm y)=\frac{\tan x\pm\tan y}{1\mp\tan x\tan y}.$$

5. 和差化积公式

$$\sin x+\sin y=2\sin \frac{x+y}{2}\cos \frac{x-y}{2};\sin x-\sin y=2\cos \frac{x+y}{2}\sin \frac{x-y}{2};$$

$$\cos x+\cos y=2\cos \frac{x+y}{2}\cos \frac{x-y}{2};\cos x-\cos y=-2\sin \frac{x+y}{2}\sin \frac{x-y}{2}.$$

6. 积化和差公式

$$\sin x\cos y=\frac{1}{2}\left[\sin (x+y)+\sin (x-y)\right];$$

$$\cos x\sin y=\frac{1}{2}\left[\sin (x+y)-\sin (x-y)\right];$$

$$\cos x\cos y=\frac{1}{2}\left[\cos (x+y)+\cos (x-y)\right];$$

$$\sin x\sin y=-\frac{1}{2}\left[\cos (x+y)-\cos (x-y)\right].$$

三、基本初等函数的定义域、值域、主要性质及图形

类别	表达式	定义域	值域	有界性	奇偶性	单调性	周期性	常见图形
幂函数	$y=x^a$	在$(0,+\infty)$内总有定义，随a而变化	随a而变化	无界		随a而变化		
指数函数	$y=a^x$ ($a>0$, $a\neq1$)	$(-\infty,+\infty)$	$(0,+\infty)$	无界		$a>1$单增, $a<1$单减		
对数函数	$y=\log_a x$ ($a>0$, $a\neq1$)	$(0,+\infty)$	$(-\infty,+\infty)$	无界		$a>1$单增, $a<1$单减		

续表

类别		表达式	定义域	值域	有界性	奇偶性	单调性	周期性	常见图形
三角函数	正弦	$y=\sin x$	$(-\infty,+\infty)$	$[-1,1]$	$\lvert\sin x\rvert\leqslant 1$	奇		$T=2\pi$	
	余弦	$y=\cos x$	$(-\infty,+\infty)$	$[-1,1]$	$\lvert\cos x\rvert\leqslant 1$	偶		$T=2\pi$	
	正切	$y=\tan x$	$x\neq(2n+1)\dfrac{\pi}{2}$, $x\in\mathbf{R},n\in\mathbf{Z}$	$(-\infty,+\infty)$	无界	奇	$x\in\left(-\dfrac{\pi}{2},\dfrac{\pi}{2}\right)$ 单增	$T=\pi$	
	余切	$y=\cot x$	$x\neq n\pi,x\in\mathbf{R},n\in\mathbf{Z}$	$(-\infty,+\infty)$	无界	奇	$x\in(0,\pi)$ 单减	$T=\pi$	
	正割余割	$y=\sec x$ $y=\csc x$	$x\in\left(0,\dfrac{\pi}{2}\right)$	$(-\infty,+\infty)$	无界	偶 奇		$T=2\pi$	
反三角函数	反正弦	$y=\arcsin x$	$[-1,1]$	$\left[-\dfrac{\pi}{2},\dfrac{\pi}{2}\right]$	$\lvert\arcsin x\rvert\leqslant\dfrac{\pi}{2}$	奇	单增		
	反余弦	$y=\arccos x$	$[-1,1]$	$[0,\pi]$	$0\leqslant\arccos x\leqslant\pi$		单减		
	反正切	$y=\arctan x$	$(-\infty,+\infty)$	$\left(-\dfrac{\pi}{2},\dfrac{\pi}{2}\right)$	$\lvert\arctan x\rvert<\dfrac{\pi}{2}$	奇	单增		
	反余切	$y=\text{arccot}\,x$	$(-\infty,+\infty)$	$(0,\pi)$	$0<\arccos x<\pi$		单减		

附录 B　积分表公式

（一）含有 $ax+b$ 的积分（$a\neq0$）

1. $\displaystyle\int\frac{\mathrm{d}x}{ax+b}=\frac{1}{a}\ln\mid ax+b\mid+C$

2. $\displaystyle\int(ax+b)^{\mu}\mathrm{d}x=\frac{1}{a(\mu+1)}(ax+b)^{\mu+1}+C(\mu\neq-1)$

3. $\displaystyle\int\frac{x}{ax+b}\mathrm{d}x=\frac{1}{a^2}(ax+b-b\ln\mid ax+b\mid)+C$

4. $\displaystyle\int\frac{x^2}{ax+b}\mathrm{d}x=\frac{1}{a^3}\left[\frac{1}{2}(ax+b)^2-2b(ax+b)+b^2\ln\mid ax+b\mid\right]+C$

5. $\displaystyle\int\frac{\mathrm{d}x}{x(ax+b)}=-\frac{1}{b}\ln\left|\frac{ax+b}{x}\right|+C$

6. $\displaystyle\int\frac{\mathrm{d}x}{x^2(ax+b)}=-\frac{1}{bx}+\frac{a}{b^2}\ln\left|\frac{ax+b}{x}\right|+C$

7. $\displaystyle\int\frac{x}{(ax+b)^2}\mathrm{d}x=\frac{1}{a^2}\left(\ln\mid ax+b\mid+\frac{b}{ax+b}\right)+C$

8. $\displaystyle\int\frac{x^2}{(ax+b)^2}\mathrm{d}x=\frac{1}{a^3}\left(ax+b-2b\ln\mid ax+b\mid-\frac{b^2}{ax+b}\right)+C$

9. $\displaystyle\int\frac{\mathrm{d}x}{x(ax+b)^2}=\frac{1}{b(ax+b)}-\frac{1}{b^2}\ln\left|\frac{ax+b}{x}\right|+C$

（二）含有 $\sqrt{ax+b}$ 的积分

10. $\displaystyle\int\sqrt{ax+b}\mathrm{d}x=\frac{2}{3a}\sqrt{(ax+b)^3}+C$

11. $\displaystyle\int x\sqrt{ax+b}\mathrm{d}x=\frac{2}{15a^2}(3ax-2b)\sqrt{(ax+b)^3}+C$

12. $\displaystyle\int x^2\sqrt{ax+b}\mathrm{d}x=\frac{2}{105a^3}(15a^2x^2-12abx+8b^2)\sqrt{(ax+b)^3}+C$

13. $\displaystyle\int\frac{x}{\sqrt{ax+b}}\mathrm{d}x=\frac{2}{3a^2}(ax-2b)\sqrt{ax+b}+C$

14. $\displaystyle\int \frac{x^2}{\sqrt{ax+b}}\mathrm{d}x = \frac{2}{15a^3}(3a^2x^2 - 4abx + 8b^2)\sqrt{ax+b} + C$

15. $\displaystyle\int \frac{\mathrm{d}x}{x\sqrt{ax+b}} = \begin{cases} \dfrac{1}{\sqrt{b}}\ln\left|\dfrac{\sqrt{ax+b}-\sqrt{b}}{\sqrt{ax+b}+\sqrt{b}}\right| + C, & b > 0 \\[4mm] \dfrac{2}{\sqrt{-b}}\arctan\sqrt{\dfrac{ax+b}{-b}} + C, & b < 0 \end{cases}$

16. $\displaystyle\int \frac{\mathrm{d}x}{x^2\sqrt{ax+b}} = -\frac{\sqrt{ax+b}}{bx} - \frac{a}{2b}\int \frac{\mathrm{d}x}{x\sqrt{ax+b}}$

17. $\displaystyle\int \frac{\sqrt{ax+b}}{x}\mathrm{d}x = 2\sqrt{ax+b} + b\int \frac{\mathrm{d}x}{x\sqrt{ax+b}}$

18. $\displaystyle\int \frac{\sqrt{ax+b}}{x^2}\mathrm{d}x = -\frac{\sqrt{ax+b}}{x} + \frac{a}{2}\int \frac{\mathrm{d}x}{x\sqrt{ax+b}}$

(三) 含有 $x^2 \pm a^2$ 的积分

19. $\displaystyle\int \frac{\mathrm{d}x}{x^2+a^2} = \frac{1}{a}\arctan\frac{x}{a} + C$

20. $\displaystyle\int \frac{\mathrm{d}x}{(x^2+a^2)^n} = \frac{x}{2(n-1)a^2(x^2+a^2)^{n-1}} + \frac{2n-3}{2(n-1)a^2}\int \frac{\mathrm{d}x}{(x^2+a^2)^{n-1}}$

21. $\displaystyle\int \frac{\mathrm{d}x}{x^2-a^2} = \frac{1}{2a}\ln\left|\frac{x-a}{x+a}\right| + C$

(四) 含有 $ax^2 + b(a > 0)$ 的积分

22. $\displaystyle\int \frac{\mathrm{d}x}{ax^2+b} = \begin{cases} \dfrac{1}{\sqrt{ab}}\arctan\sqrt{\dfrac{a}{b}}x + C, & b > 0 \\[4mm] \dfrac{1}{2\sqrt{-ab}}\ln\left|\dfrac{\sqrt{a}x-\sqrt{-b}}{\sqrt{a}x+\sqrt{-b}}\right| + C, & b < 0 \end{cases}$

23. $\displaystyle\int \frac{x}{ax^2+b}\mathrm{d}x = \frac{1}{2a}\ln|ax^2+b| + C$

24. $\displaystyle\int \frac{x^2}{ax^2+b}\mathrm{d}x = \frac{x}{a} - \frac{b}{a}\int \frac{\mathrm{d}x}{ax^2+b}$

25. $\displaystyle\int \frac{\mathrm{d}x}{x(ax^2+b)} = \frac{1}{2b}\ln\frac{x^2}{|ax^2+b|} + C$

26. $\displaystyle\int \frac{\mathrm{d}x}{x^2(ax^2+b)} = -\frac{1}{bx} - \frac{a}{b}\int \frac{\mathrm{d}x}{ax^2+b}$

27. $\displaystyle\int \frac{\mathrm{d}x}{x^3(ax^2+b)} = \frac{a}{2b^2}\ln\frac{|ax^2+b|}{x^2} - \frac{1}{2bx^2} + C$

28. $\displaystyle\int \frac{\mathrm{d}x}{(ax^2+b)^2} = \frac{x}{2b(ax^2+b)} + \frac{1}{2b}\int \frac{\mathrm{d}x}{ax^2+b}$

（五）含有 $ax^2 + bx + c(a > 0)$ 的积分

29. $\displaystyle\int \frac{\mathrm{d}x}{ax^2 + bx + c} = \begin{cases} \dfrac{2}{\sqrt{4ac - b^2}} \arctan \dfrac{2ax + b}{\sqrt{4ac - b^2}} + C, & b^2 < 4ac \\[3mm] \dfrac{1}{\sqrt{b^2 - 4ac}} \ln \left| \dfrac{2ax + b - \sqrt{b^2 - 4ac}}{2ax + b + \sqrt{b^2 - 4ac}} \right| + C, & b^2 > 4ac \end{cases}$

30. $\displaystyle\int \frac{x}{ax^2 + bx + c} \mathrm{d}x = \frac{1}{2a} \ln | ax^2 + bx + c | - \frac{b}{2a} \int \frac{\mathrm{d}x}{ax^2 + bx + c}$

（六）含有 $\sqrt{x^2 + a^2}(a > 0)$ 的积分

31. $\displaystyle\int \frac{\mathrm{d}x}{\sqrt{x^2 + a^2}} = \operatorname{arsinh} \frac{x}{a} + C_1 = \ln (x + \sqrt{x^2 + a^2}) + C$

32. $\displaystyle\int \frac{\mathrm{d}x}{\sqrt{(x^2 + a^2)^3}}\ \frac{x}{a^2 \ \sqrt{x^2 + a^2}} + C$

33. $\displaystyle\int \frac{x}{\sqrt{x^2 + a^2}} \mathrm{d}x = \sqrt{x^2 + a^2} + C$

34. $\displaystyle\int \frac{x}{\sqrt{(x^2 + a^2)^3}} \mathrm{d}x = - \frac{1}{\sqrt{x^2 + a^2}} + C$

35. $\displaystyle\int \frac{x^2}{\sqrt{x^2 + a^2}} \mathrm{d}x = \frac{x}{2} \sqrt{x^2 + a^2} - \frac{a^2}{2} \ln (x + \sqrt{x^2 + a^2}) + C$

36. $\displaystyle\int \frac{x^2}{\sqrt{(x^2 + a^2)^3}} \mathrm{d}x = - \frac{x}{\sqrt{x^2 + a^2}} + \ln (x + \sqrt{x^2 + a^2}) + C$

37. $\displaystyle\int \frac{\mathrm{d}x}{x \ \sqrt{x^2 + a^2}} = \frac{1}{a} \ln \frac{\sqrt{x^2 + a^2} - a}{| x |} + C$

38. $\displaystyle\int \frac{\mathrm{d}x}{x^2 \ \sqrt{x^2 + a^2}} = - \frac{\sqrt{x^2 + a^2}}{a^2 x} + C$

39. $\displaystyle\int \sqrt{x^2 + a^2} \mathrm{d}x = \frac{x}{2} \sqrt{x^2 + a^2} + \frac{a^2}{2} \ln (x + \sqrt{x^2 + a^2}) + C$

40. $\displaystyle\int \sqrt{(x^2 + a^2)^3} \mathrm{d}x = \frac{x}{8} (2x^2 + 5a^2) \sqrt{x^2 + a^2} + \frac{3}{8} a^4 \ln (x + \sqrt{x^2 + a^2}) + C$

41. $\displaystyle\int x \ \sqrt{x^2 + a^2} \mathrm{d}x = \frac{1}{3} \sqrt{(x^2 + a^2)^3} + C$

42. $\displaystyle\int x^2 \ \sqrt{x^2 + a^2} \mathrm{d}x = \frac{x}{8} (2x^2 + a^2) \sqrt{x^2 + a^2} - \frac{a^4}{8} \ln (x + \sqrt{x^2 + a^2}) + C$

43. $\displaystyle\int \frac{\sqrt{x^2 + a^2}}{x} \mathrm{d}x = \sqrt{x^2 + a^2} + a \ln \frac{\sqrt{x^2 + a^2} - a}{| x |} + C$

44. $\displaystyle\int \frac{\sqrt{x^2 + a^2}}{x^2} \mathrm{d}x = - \frac{\sqrt{x^2 + a^2}}{x} + \ln (x + \sqrt{x^2 + a^2}) + C$

（七）含有 $\sqrt{x^2-a^2}\,(a>0)$ 的积分

45. $\displaystyle\int \frac{\mathrm{d}x}{\sqrt{x^2-a^2}} = \frac{x}{|x|}\mathrm{arcosh}\,\frac{|x|}{a}+C_1 = \ln|x+\sqrt{x^2-a^2}|+C$

46. $\displaystyle\int \frac{\mathrm{d}x}{\sqrt{(x^2-a^2)^3}} = -\frac{x}{a^2\,\sqrt{x^2-a^2}}+C$

47. $\displaystyle\int \frac{x}{\sqrt{x^2-a^2}}\mathrm{d}x = \sqrt{x^2-a^2}+C$

48. $\displaystyle\int \frac{x}{\sqrt{(x^2-a^2)^3}}\mathrm{d}x = -\frac{1}{\sqrt{x^2-a^2}}+C$

49. $\displaystyle\int \frac{x^2}{\sqrt{x^2-a^2}}\mathrm{d}x = \frac{x}{2}\,\sqrt{x^2-a^2}+\frac{a^2}{2}\ln|x+\sqrt{x^2-a^2}|+C$

50. $\displaystyle\int \frac{x^2}{\sqrt{(x^2-a^2)^3}}\mathrm{d}x = -\frac{x}{\sqrt{x^2-a^2}}+\ln|x+\sqrt{x^2-a^2}|+C$

51. $\displaystyle\int \frac{\mathrm{d}x}{x\,\sqrt{x^2-a^2}} = \frac{1}{a}\arccos\frac{a}{|x|}+C$

52. $\displaystyle\int \frac{\mathrm{d}x}{x^2\,\sqrt{x^2-a^2}} = \frac{\sqrt{x^2-a^2}}{a^2 x}+C$

53. $\displaystyle\int \sqrt{x^2-a^2}\,\mathrm{d}x = \frac{x}{2}\,\sqrt{x^2-a^2}-\frac{a^2}{2}\ln|x+\sqrt{x^2-a^2}|+C$

54. $\displaystyle\int \sqrt{(x^2-a^2)^3}\,\mathrm{d}x = \frac{x}{8}(2x^2-5a^2)\,\sqrt{x^2-a^2}+\frac{3}{8}a^4\ln|x+\sqrt{x^2-a^2}|+C$

55. $\displaystyle\int x\,\sqrt{x^2-a^2}\,\mathrm{d}x = \frac{1}{3}\,\sqrt{(x^2-a^2)^3}+C$

56. $\displaystyle\int x^2\,\sqrt{x^2-a^2}\,\mathrm{d}x = \frac{x}{8}(2x^2-a^2)\,\sqrt{x^2-a^2}-\frac{a^4}{8}\ln|x+\sqrt{x^2-a^2}|+C$

57. $\displaystyle\int \frac{\sqrt{x^2-a^2}}{x}\mathrm{d}x = \sqrt{x^2-a^2}-a\mathrm{arccos}\,\frac{a}{|x|}+C$

58. $\displaystyle\int \frac{\sqrt{x^2-a^2}}{x^2}\mathrm{d}x = -\frac{\sqrt{x^2-a^2}}{x}+\ln|x+\sqrt{x^2-a^2}|+C$

（八）含有 $\sqrt{a^2-x^2}\,(a>0)$ 的积分

59. $\displaystyle\int \frac{\mathrm{d}x}{\sqrt{a^2-x^2}} = \arcsin\frac{x}{a}+C$

60. $\displaystyle\int \frac{\mathrm{d}x}{\sqrt{(a^2-x^2)^3}} = \frac{x}{a^2\,\sqrt{a^2-x^2}}+C$

61. $\displaystyle\int \frac{x}{\sqrt{a^2-x^2}}\mathrm{d}x = -\sqrt{a^2-x^2}+C$

62. $\int \dfrac{x}{\sqrt{(a^2-x^2)^3}}\mathrm{d}x = \dfrac{1}{\sqrt{a^2-x^2}}+C$

63. $\int \dfrac{x^2}{\sqrt{a^2-x^2}}\mathrm{d}x = -\dfrac{x}{2}\sqrt{a^2-x^2}+\dfrac{a^2}{2}\arcsin\dfrac{x}{a}+C$

64. $\int \dfrac{x^2}{\sqrt{(a^2-x^2)^3}}\mathrm{d}x = \dfrac{x}{\sqrt{a^2-x^2}}-\arcsin\dfrac{x}{a}+C$

65. $\int \dfrac{\mathrm{d}x}{x\sqrt{a^2-x^2}} = \dfrac{1}{a}\ln\dfrac{a-\sqrt{a^2-x^2}}{|x|}+C$

66. $\int \dfrac{\mathrm{d}x}{x^2\sqrt{a^2-x^2}} = -\dfrac{\sqrt{a^2-x^2}}{a^2 x}+C$

67. $\int \sqrt{a^2-x^2}\,\mathrm{d}x = \dfrac{x}{2}\sqrt{a^2-x^2}+\dfrac{a^2}{2}\arcsin\dfrac{x}{a}+C$

68. $\int \sqrt{(a^2-x^2)^3}\,\mathrm{d}x = \dfrac{x}{8}(5a^2-2x^2)\sqrt{a^2-x^2}+\dfrac{3}{8}a^4\arcsin\dfrac{x}{a}+C$

69. $\int x\sqrt{a^2-x^2}\,\mathrm{d}x = -\dfrac{1}{3}\sqrt{(a^2-x^2)^3}+C$

70. $\int x^2\sqrt{a^2-x^2}\,\mathrm{d}x = \dfrac{x}{8}(2x^2-a^2)\sqrt{a^2-x^2}+\dfrac{a^4}{8}\arcsin\dfrac{x}{a}+C$

71. $\int \dfrac{\sqrt{a^2-x^2}}{x}\mathrm{d}x = \sqrt{a^2-x^2}+a\ln\dfrac{a-\sqrt{a^2-x^2}}{|x|}+C$

72. $\int \dfrac{\sqrt{a^2-x^2}}{x^2}\mathrm{d}x = -\dfrac{\sqrt{a^2-x^2}}{x}-\arcsin\dfrac{x}{a}+C$

（九）含有 $\sqrt{\pm ax^2+bx+c}\,(a>0)$ 的积分

73. $\int \dfrac{\mathrm{d}x}{\sqrt{ax^2+bx+c}} = \dfrac{1}{\sqrt{a}}\ln|2ax+b+2\sqrt{a}\cdot\sqrt{ax^2+bx+c}|+C$

74. $\int \sqrt{ax^2+bx+c}\,\mathrm{d}x = \dfrac{2ax+b}{4a}\sqrt{ax^2+bx+c}+$

$\qquad \dfrac{4ac-b^2}{8\sqrt{a^3}}\ln|2ax+b+2\sqrt{a}\sqrt{ax^2+bx+c}|+C$

75. $\int \dfrac{x}{\sqrt{ax^2+bx+c}}\mathrm{d}x = \dfrac{1}{a}\sqrt{ax^2+bx+c}-$

$\qquad \dfrac{b}{2\sqrt{a^3}}\ln|2ax+b+2\sqrt{a}\sqrt{ax^2+bx+c}|+C$

76. $\int \dfrac{\mathrm{d}x}{\sqrt{c+bx-ax^2}} = -\dfrac{1}{\sqrt{a}}\arcsin\dfrac{2ax-b}{\sqrt{b^2+4ac}}+C$

77. $\int \sqrt{c+bx-ax^2}\,\mathrm{d}x = \dfrac{2ax-b}{4a}\sqrt{c+bx-ax^2}+\dfrac{b^2+4ac}{8\sqrt{a^3}}\arcsin\dfrac{2ax-b}{\sqrt{b^2+4ac}}+C$

78. $\int \dfrac{x}{\sqrt{c+bx-ax^2}}\mathrm{d}x = -\dfrac{1}{a}\sqrt{c+bx-ax^2} + \dfrac{b}{2\sqrt{a^3}}\arcsin\dfrac{2ax-b}{\sqrt{b^2+4ac}} + C$

（十）含有 $\sqrt{\pm\dfrac{x-a}{x-b}}$ 或 $\sqrt{(x-a)(b-x)}$ 的积分

79. $\int \sqrt{\dfrac{x-a}{x-b}}\mathrm{d}x = (x-b)\sqrt{\dfrac{x-a}{x-b}} + (b-a)\ln(\sqrt{|x-a|} + \sqrt{|x-b|}) + C$

80. $\int \sqrt{\dfrac{x-a}{b-x}}\mathrm{d}x = (x-b)\sqrt{\dfrac{x-a}{b-x}} + (b-a)\arcsin\sqrt{\dfrac{x-a}{b-x}} + C$

81. $\int \dfrac{\mathrm{d}x}{\sqrt{(x-a)(b-x)}} = 2\arcsin\sqrt{\dfrac{x-a}{b-x}} + C\,(a<b).$

82. $\int \sqrt{(x-a)(b-x)}\mathrm{d}x = \dfrac{2x-a-b}{4}\sqrt{(x-a)(b-x)} +$

$\dfrac{(b-a)^2}{4}\arcsin\sqrt{\dfrac{x-a}{b-x}} + C\,(a<b)$

（十一）含有三角函数的积分

83. $\int \sin x\,\mathrm{d}x = -\cos x + C$

84. $\int \cos x\,\mathrm{d}x = \sin x + C$

85. $\int \tan x\,\mathrm{d}x = -\ln|\cos x| + C$

86. $\int \cot x\,\mathrm{d}x = \ln|\sin x| + C$

87. $\int \sec x\,\mathrm{d}x = \ln\left|\tan\left(\dfrac{\pi}{4} + \dfrac{x}{2}\right)\right| + C = \ln|\sec x + \tan x| + C$

88. $\int \csc x\,\mathrm{d}x = \ln\left|\tan\dfrac{x}{2}\right| + C = \ln|\csc x - \cot x| + C$

89. $\int \sec^2 x\,\mathrm{d}x = \tan x + C$

90. $\int \csc^2 x\,\mathrm{d}x = -\cot x + C$

91. $\int \sec x\tan x\,\mathrm{d}x = \sec x + C$

92. $\int \csc x\cot x\,\mathrm{d}x = -\csc x + C$

93. $\int \sin^2 x\,\mathrm{d}x = \dfrac{x}{2} - \dfrac{1}{4}\sin 2x + C$

94. $\int \cos^2 x\,\mathrm{d}x = \dfrac{x}{2} + \dfrac{1}{4}\sin 2x + C$

95. $\displaystyle\int \sin^n x \, \mathrm{d}x = -\frac{1}{n}\sin^{n-1}x\cos x + \frac{n-1}{n}\int \sin^{n-2}x \, \mathrm{d}x$

96. $\displaystyle\int \cos^n x \, \mathrm{d}x = \frac{1}{n}\cos^{n-1}x\sin x + \frac{n-1}{n}\int \cos^{n-2}x \, \mathrm{d}x$

97. $\displaystyle\int \frac{\mathrm{d}x}{\sin^n x} = -\frac{1}{n-1}\cdot\frac{\cos x}{\sin^{n-1}x} + \frac{n-2}{n-1}\int \frac{\mathrm{d}x}{\sin^{n-2}x}$

98. $\displaystyle\int \frac{\mathrm{d}x}{\cos^n x} = \frac{1}{n-1}\cdot\frac{\sin x}{\cos^{n-1}x} + \frac{n-2}{n-1}\int \frac{\mathrm{d}x}{\cos^{n-2}x}$

99. $\displaystyle\int \cos^m x \sin^n x \, \mathrm{d}x = \frac{1}{m+n}\cos^{m-1}x\sin^{n+1}x + \frac{m-1}{m+n}\int \cos^{m-2}x\sin^n x \, \mathrm{d}x$

$\displaystyle \qquad\qquad\qquad\quad = -\frac{1}{m+n}\cos^{m+1}x\sin^{n-1}x + \frac{n-1}{m+n}\int \cos^m x\sin^{n-2}x \, \mathrm{d}x$

100. $\displaystyle\int \sin ax \cos bx \, \mathrm{d}x = -\frac{1}{2(a+b)}\cos(a+b)x - \frac{1}{2(a-b)}\cos(a-b)x + C$

101. $\displaystyle\int \sin ax \sin bx \, \mathrm{d}x = -\frac{1}{2(a+b)}\sin(a+b)x + \frac{1}{2(a-b)}\sin(a-b)x + C$

102. $\displaystyle\int \cos ax \cos bx \, \mathrm{d}x = \frac{1}{2(a+b)}\sin(a+b)x + \frac{1}{2(a-b)}\sin(a-b)x + C$

103. $\displaystyle\int \frac{\mathrm{d}x}{a+b\sin x} = \frac{2}{\sqrt{a^2-b^2}}\arctan\frac{a\tan\dfrac{x}{2}+b}{\sqrt{a^2-b^2}} + C\,(a^2 > b^2)$

104. $\displaystyle\int \frac{\mathrm{d}x}{a+b\sin x} = \frac{1}{\sqrt{b^2-a^2}}\ln\left|\frac{a\tan\dfrac{x}{2}+b-\sqrt{b^2-a^2}}{a\tan\dfrac{x}{2}+b+\sqrt{b^2-a^2}}\right| + C\,(a^2 < b^2)$

105. $\displaystyle\int \frac{\mathrm{d}x}{a+b\cos x} = \frac{2}{a+b}\sqrt{\frac{a+b}{a-b}}\arctan\left(\sqrt{\frac{a-b}{a+b}}\tan\frac{x}{2}\right) + C\,(a^2 > b^2)$

106. $\displaystyle\int \frac{\mathrm{d}x}{a+b\cos x} = \frac{1}{a+b}\sqrt{\frac{a+b}{b-a}}\ln\left|\frac{\tan\dfrac{x}{2}+\sqrt{\dfrac{a+b}{b-a}}}{\tan\dfrac{x}{2}-\sqrt{\dfrac{a+b}{b-a}}}\right| + C\,(a^2 < b^2)$

107. $\displaystyle\int \frac{\mathrm{d}x}{a^2\cos^2 x + b^2\sin^2 x} = \frac{1}{ab}\arctan\left(\frac{b}{a}\tan x\right) + C$

108. $\displaystyle\int \frac{\mathrm{d}x}{a^2\cos^2 x - b^2\sin^2 x} = \frac{1}{2ab}\ln\left|\frac{b\tan x + a}{b\tan x - a}\right| + C$

109. $\displaystyle\int x\sin ax \, \mathrm{d}x = \frac{1}{a^2}\sin ax - \frac{1}{a}x\cos ax + C$

110. $\displaystyle\int x^2\sin ax \, \mathrm{d}x = -\frac{1}{a}x^2\cos ax + \frac{2}{a^2}x\sin ax + \frac{2}{a^3}\cos ax + C$

111. $\displaystyle\int x\cos ax\,dx = \frac{1}{a^2}\cos ax + \frac{1}{a}x\sin ax + C$

112. $\displaystyle\int x^2\cos ax\,dx = \frac{1}{a}x^2\sin ax + \frac{2}{a^2}x\cos ax - \frac{2}{a^3}\sin ax + C$

（十二）含有反三角函数的积分（其中 $a > 0$）

113. $\displaystyle\int \arcsin\frac{x}{a}\,dx = x\arcsin\frac{x}{a} + \sqrt{a^2 - x^2} + C$

114. $\displaystyle\int x\arcsin\frac{x}{a}\,dx = \left(\frac{x^2}{2} - \frac{a^2}{4}\right)\arcsin\frac{x}{a} + \frac{x}{4}\sqrt{a^2 - x^2} + C$

115. $\displaystyle\int x^2\arcsin\frac{x}{a}\,dx = \frac{x^3}{3}\arcsin\frac{x}{a} + \frac{1}{9}(x^2 + 2a^2)\sqrt{a^2 - x^2} + C$

116. $\displaystyle\int \arccos\frac{x}{a}\,dx = x\arccos\frac{x}{a} - \sqrt{a^2 - x^2} + C$

117. $\displaystyle\int x\arccos\frac{x}{a}\,dx = \left(\frac{x^2}{2} - \frac{a^2}{4}\right)\arccos\frac{x}{a} - \frac{x}{4}\sqrt{a^2 - x^2} + C$

118. $\displaystyle\int x^2\arccos\frac{x}{a}\,dx = \frac{x^3}{3}\arccos\frac{x}{a} - \frac{1}{9}(x^2 + 2a^2)\sqrt{a^2 - x^2} + C$

119. $\displaystyle\int \arctan\frac{x}{a}\,dx = x\arctan\frac{x}{a} - \frac{a}{2}\ln(a^2 + x^2) + C$

120. $\displaystyle\int x\arctan\frac{x}{a}\,dx = \frac{1}{2}(a^2 + x^2)\arctan\frac{x}{a} - \frac{a}{2}x + C$

121. $\displaystyle\int x^2\arctan\frac{x}{a}\,dx = \frac{x^3}{3}\arctan\frac{x}{a} - \frac{a}{6}x^2 + \frac{a^3}{6}\ln(a^2 + x^2) + C$

（十三）含有指数函数的积分

122. $\displaystyle\int a^x\,dx = \frac{1}{\ln a}a^x + C$

123. $\displaystyle\int e^{ax}\,dx = \frac{1}{a}e^{ax} + C$

124. $\displaystyle\int xe^{ax}\,dx = \frac{1}{a^2}(ax - 1)e^{ax} + C$

125. $\displaystyle\int x^n e^{ax}\,dx = \frac{1}{a}x^n e^{ax} - \frac{n}{a}\int x^{n-1}e^{ax}\,dx$

126. $\displaystyle\int xa^x\,dx = \frac{x}{\ln a}a^x - \frac{1}{(\ln a)^2}a^x + C$

127. $\displaystyle\int x^n a^x\,dx = \frac{1}{\ln a}x^n a^x - \frac{n}{\ln a}\int x^{n-1}a^x\,dx$

128. $\displaystyle\int e^{ax}\sin bx\,dx = \frac{1}{a^2 + b^2}e^{ax}(a\sin bx - b\cos bx) + C$

129. $\int e^{ax} \cos bx \, dx = \dfrac{1}{a^2 + b^2} e^{ax} (b \sin bx + a \cos bx) + C$

130. $\int e^{ax} \sin^n bx \, dx = \dfrac{1}{a^2 + b^2 n^2} e^{ax} \sin^{n-1} bx (a \sin bx - nb \cos bx) +$

$\qquad \dfrac{n(n-1)b^2}{a^2 + b^2 n^2} \int e^{ax} \sin^{n-2} bx \, dx$

131. $\int e^{ax} \cos^n bx \, dx = \dfrac{1}{a^2 + b^2 n^2} e^{ax} \cos^{n-1} bx (a \cos bx + nb \sin bx) +$

$\qquad \dfrac{n(n-1)b^2}{a^2 + b^2 n^2} \int e^{ax} \cos^{n-2} bx \, dx$

（十四）含有对数函数的积分

132. $\int \ln x \, dx = x \ln x - x + C$

133. $\int \dfrac{dx}{x \ln x} = \ln |\ln x| + C$

134. $\int x^n \ln x \, dx = \dfrac{1}{n+1} x^{n+1} \left(\ln x - \dfrac{1}{n+1} \right) + C$

135. $\int (\ln x)^n \, dx = x (\ln x)^n - n \int (\ln x)^{n-1} \, dx$

136. $\int x^m (\ln x)^n \, dx = \dfrac{1}{m+1} x^{m+1} (\ln x)^n - \dfrac{n}{m+1} \int x^m (\ln x)^{n-1} \, dx$

（十五）含有双曲函数的积分

137. $\int \mathrm{sh} x \, dx = \mathrm{ch} x + C$

138. $\int \mathrm{ch} x \, dx = \mathrm{sh} x + C$

139. $\int \mathrm{th} x \, dx = \ln \mathrm{ch} x + C$

140. $\int \mathrm{sh}^2 x \, dx = -\dfrac{x}{2} + \dfrac{1}{4} \mathrm{sh} 2x + C$

141. $\int \mathrm{ch}^2 x \, dx = \dfrac{x}{2} + \dfrac{1}{4} \mathrm{sh} 2x + C$

（十六）定积分

142. $\int_{-\pi}^{\pi} \cos nx \, dx = \int_{-\pi}^{\pi} \sin nx \, dx = 0$

143. $\int_{-\pi}^{\pi} \cos mx \sin nx \, dx = 0$

144. $\int_{-\pi}^{\pi} \cos mx \cos nx \, dx = \begin{cases} 0, & m \neq n \\ \pi, & m = n \end{cases}$

145. $\displaystyle\int_{-\pi}^{\pi} \sin mx \sin nx \, dx = \begin{cases} 0, & m \neq n \\ \pi, & m = n \end{cases}$

146. $\displaystyle\int_{0}^{\pi} \sin mx \sin nx \, dx = \int_{0}^{\pi} \cos mx \cos nx \, dx = \begin{cases} 0, & m \neq n \\ \dfrac{\pi}{2}, & m = n \end{cases}$

147. 令 $I_n = \displaystyle\int_{0}^{\frac{\pi}{2}} \sin^n x \, dx = \int_{0}^{\frac{\pi}{2}} \cos^n x \, dx$，则

　(1) $I_n = \dfrac{n-1}{n} I_{n-2}$；

　(2) $I_n = \dfrac{n-1}{n} \cdot \dfrac{n-3}{n-2} \cdot \cdots \cdot \dfrac{4}{5} \cdot \dfrac{2}{3}$（$n$ 为大于 1 的正奇数），$I_1 = 1$；

　(3) $I_n = \dfrac{n-1}{n} \cdot \dfrac{n-3}{n-2} \cdot \cdots \cdot \dfrac{3}{4} \cdot \dfrac{1}{2} \cdot \dfrac{\pi}{2}$（$n$ 为正偶数），$I_0 = \dfrac{\pi}{2}$.

习题答案与提示

第 1 章

习题 1-1

1. (1) $x \in (-\infty, +\infty)$;　　　　　(2) $x \in [-4, 5)$;

　 (3) $x \in (1,2) \bigcup (2, +\infty)$;　　　(4) $x \in (-\infty, 1) \bigcup (1,2) \bigcup (2, +\infty)$;

　 (5) $x \in (1, e) \bigcup (e, +\infty)$;　　　(6) $x \in (-2, 0] \bigcup [1, +\infty)$.

2. (1) 不相同; (2) 不相同; (3) 相同; (4) 不相同.

3. (1) $f(2) = 0, f(-2) = -4, f(0) = 2, f(1) = \frac{1}{2}$; (2) $f(0) = 0, f(1) = 2, f(2) = 3$.

4. $(-1, 0) \bigcup (0, 1)$; $\bigcup\limits_{k \in \mathbf{Z}} \left(2k\pi, \left(2k + \frac{1}{2}\right)\pi\right) \bigcup\limits_{k \in \mathbf{Z}} \left(\left(2k + \frac{1}{2}\right)\pi, (2k+1)\pi\right)$; $x \in (1, +\infty)$.

5. (1) $x^2 + x + 3$;　　　　　　　　(2) $x^4 + 2x^2 + 2, \frac{1}{x^2} + 1$;

　 (3) $f(x) = \begin{cases} (x-1)^3, & 1 \leqslant x \leqslant 2 \\ 3(x-1), & 2 < x \leqslant 3 \end{cases}$.

6. (1) $f^{-1}(x) = \frac{1-x}{1+x}$;　　　　　(2) $f^{-1}(x) = \frac{\sqrt[3]{4(x-1)}}{2}$.

7. (1) 偶函数;　　　　　　　　　(2) 既非奇函数又非偶函数;

　 (3) 奇函数;　　　　　　　　　(4) 既非奇函数又非偶函数.

8. 略.

9. 略.

10. $f[g(x)] = 0, f[f(x)] = f(x), g[g(x)] = 0, g[f(x)] = g(x)$.

习题 1-2

1. (1) 单调增加, 发散;　　　　　　(2) 有界, 单调减少, 收敛, 0;

　 (3) 有界, 单调减少, 收敛, 1;　　　(4) 有界, 发散;

　 (5) 有界, 单调减少, 收敛, 0;　　　(6) 发散;

　 (7) 有界, 收敛, 1.

2. 略.

3. 略.

4. 略.

习题 1-3

1. 略.

2. $\delta = 0.0002$.

3. $X = \sqrt{403}$.

4. 图略，$\lim\limits_{x\to1^-} f(x) = 1$，$\lim\limits_{x\to1^+} f(x) = 1$，$\lim\limits_{x\to1} f(x) = 1$.

5. $\lim\limits_{x\to0^-} f(x) = \lim\limits_{x\to0^+} f(x) = 1$，$\lim\limits_{x\to0} f(x) = 1$；$\lim\limits_{x\to0^-} g(x) = -1$，$\lim\limits_{x\to0^+} g(x) = 1$，$\lim\limits_{x\to0} g(x)$ 不存在.

习题 1-4

1. 两个无穷小的商不一定是无穷小，如当 $x\to0$ 时，函数 $2x$ 和 $3x$ 都是无穷小，但 $\lim\limits_{x\to0} \dfrac{2x}{3x} = \dfrac{2}{3}$，即当 $x\to0$ 时，$\dfrac{2x}{3x}$ 不是无穷小.

2. 两个无穷大的差不一定是无穷大，如当 $x\to\infty$ 时，函数 x^2 和 x^2+1 都是无穷大，但 $x^2+1-x^2 = 1$ 却不是无穷大.

3. (1) 无穷小；(2) 无穷大；(3) 无穷小；(4) 无穷小.

4. 无界，不是无穷大.

习题 1-5

1. (1) $\dfrac{7}{3}$；　　(2) 4；　　(3) $-\dfrac{1}{2}$；　　(4) 2；　　(5) 4；　　(6) ∞；

(7) 0；　　(8) 3；　　(9) ∞；　　(10) 0；　　(11) 0；　　(12) $\dfrac{2}{5}$；

(13) 0；　　(14) $\dfrac{1}{3}$；　　(15) $\dfrac{1}{4}$；　　(16) 0.

2. $a = -5$，$b = 4$.

3. 不一定，如 $f(x) = x$，$g(x) = \dfrac{1}{x^2}$，有 $\lim\limits_{x\to0} f(x) = 0$，$\lim\limits_{x\to0} g(x) = \infty$，但 $\lim\limits_{x\to0} [f(x) \cdot g(x)] = \lim\limits_{x\to0} x \cdot \dfrac{1}{x^2} = \lim\limits_{x\to0} \dfrac{1}{x} = \infty$；又如 $f(x) = x$，$g(x) = \dfrac{1}{x}$，有 $\lim\limits_{x\to0} f(x) = 0$，$\lim\limits_{x\to0} g(x) = \infty$，但 $\lim\limits_{x\to0} [f(x) \cdot g(x)] = \lim\limits_{x\to0} x \cdot \dfrac{1}{x} = 1$.

习题 1-6

1. (1) $\dfrac{2}{5}$；　　(2) 1；　　(3) 2；　　(4) $\dfrac{k}{2}$；

(5) $\dfrac{2}{3}$；　　(6) $\cos a$；　　(7) 5；　　(8) π.

2. (1) $e^{\frac{3}{2}}$；　　　(2) $e^{-\frac{3}{2}}$；　　(3) e^2；　　　(4) e^2；

(5) e^{-4}；　　(6) 1；　　　(7) e；　　　(8) e.

习题 1-7

1. 当 $x \to 0$ 时，$x^2 - x^3$ 是比 $x - x^2$ 高阶的无穷小.

2. 同阶无穷小.

3. 略.

4. (1) $\dfrac{m}{n}$；　　　(2) $0(m>n), 1(m=n), \infty(m<n)$；　　　(3) $\dfrac{5}{6}$；

(4) 2；　　(5) $\dfrac{1}{2}$；　　(6) 1；　　　(7) 0；　　　(8) -3.

5. 略.

习题 1-8

1. (1) y 在整个实数轴上连续；

(2) y 在 $(-\infty, -1)$ 与 $(-1, +\infty)$ 内连续，$x=-1$ 为跳跃间断点.

2. (1) 连续；(2) 连续.

3. (1) $x=-3$ 为第二类间断点；　(2) $x=1$ 为可去间断点，$x=2$ 为第二类间断点；

(3) $x=0$ 和 $x=k\pi + \dfrac{\pi}{2}$ 为可去间断点，$x=k\pi(k\neq 0)$ 为第二类间断点；

(4) $x=0$ 为第二类间断点；　(5) $x=0$ 为可去间断点；

(6) $x=1$ 为跳跃间断点.

4. $a=1$.

5. $a=1, b=e$.

习题 1-9

1. 连续区间：$(-\infty, -3), (-3, 2), (2, +\infty)$；

$\lim\limits_{x\to 0} f(x) = \dfrac{1}{2}$，$\lim\limits_{x\to -3} f(x) = -\dfrac{8}{5}$，$\lim\limits_{x\to 2} f(x) = \infty$.

2. (1) $\sqrt{5}$；　　(2) $\dfrac{1}{2}$；　　(3) 0；　　　(4) 0；　　　(5) 8；　　(6) 1.

3～7　略.

总复习题一

1. (1) D；　(2) C；　(3) D；　(4) B；　(5) B；　(6) B；　(7) A；　(8) D；　(9) B；

(10) D；　(11) A；　(12) B.

2. (1) 1；　(2) $\arcsin(1-x^2), [-\sqrt{2}, \sqrt{2}]$；　(3) 1；　(4) $-\dfrac{3}{2}$；　(5) 1；　(6) $\ln 2$；

(7) $\dfrac{1}{1991}, 1991$；　(8) $1, -4$；　(9) $\dfrac{1}{1-2a}$；　(10) 0；　(11) 2.

3. (1) $\dfrac{6}{5}$；　(2) e^2；　(3) 2；　(4) $e^{-\frac{\pi}{2}}$；　(5) $\dfrac{1}{2}$；　(6) $\dfrac{1}{2}$.

4. $\dfrac{1}{2}\ln a$.

5. $\ln 3$.

6. $f(x)=\begin{cases} x, & |x|<1 \\ 0, & |x|=1 \\ -x, & |x|>1 \end{cases}$，$x=1$ 和 $x=-1$ 是第一类间断点.

第 2 章

习题 2-1

1. (1) $-f'(x_0)$；　　　(2) $3f'(x_0)$；　　　(3) $4f'(x_0)$.

2. 略.

3. $f'\left(\dfrac{\pi}{3}\right)=-\dfrac{\sqrt{3}}{2}$；$f'\left(\dfrac{\pi}{4}\right)=-\dfrac{\sqrt{2}}{2}$.

4. $f'_+(0)=0$；$f'_-(0)=-1$；$f'(0)$ 不存在.

5. $f'(x)=\begin{cases} \cos x, & x<0 \\ 1, & x\geqslant 0 \end{cases}$.

6. 略.

习题 2-2

1. (1) $6\left(x+\dfrac{1}{x^4}\right)$；　　(2) $1-\dfrac{1}{3}\sec^2 x$；　　(3) $15x^2-2^x\ln 2+3\mathrm{e}^x$；

(4) $\cos 2x$；　　(5) $x(2\ln x+1)$；　　(6) $3x^2\log_2 x+\dfrac{x^2}{\ln 2}$；

(7) $\dfrac{\mathrm{e}^x(x-2)}{x^3}$；　　(8) $\dfrac{1-\ln x}{x^2}$；

(9) $2x\ln x\cos x+x\cos x-x^2\ln x\sin x$；　　(10) $\dfrac{1+\sin t+\cos t}{(1+\cos t)^2}$.

2. (1) $v=v_0-gt$；　　(2) $\dfrac{v_0}{g}$.

3. (1) $-\mathrm{e}^{-3x^2}\cdot 6x$；　　(2) $\mathrm{e}^{2x}(2\sin x+\cos x)$；　　(3) $6x\sin(4-3x^2)$；

(4) $\dfrac{\mathrm{e}^x}{1+\mathrm{e}^{2x}}$；　　(5) $\dfrac{\ln x}{x\sqrt{1+\ln^2 x}}$；　　(6) $-\tan x$.

4. (1) $-\dfrac{1}{\sqrt{x-x^2}}$；　　(2) $\dfrac{x}{\sqrt{(1-x^2)^3}}$；

(3) $-\dfrac{1}{2}\mathrm{e}^{-\frac{x}{2}}(\cos 3x+6\sin 3x)$；　　(4) $\dfrac{|x|}{x^2\sqrt{x^2-1}}$；

(5) $-\dfrac{2}{x(1+\ln x)^2}$；　　(6) $\dfrac{2x\cos 2x-\sin 2x}{x^2}$；　　(7) $\dfrac{1}{2\sqrt{x-x^2}}$；

(8) $\dfrac{1}{\sqrt{a+x^2}}$.

5. (1) $\dfrac{2\arcsin \dfrac{x}{2}}{\sqrt{4-x^2}}$；

(2) $\sec x$；

(3) $\dfrac{2x\cos x^2 \sin x - 2\sin x^2 \cos x}{\sin^3 x}$；

(4) $\dfrac{\ln x}{x\sqrt{1+\ln^2 x}}$；

(5) $n\sin^{n-1}x\cos(n+1)x$；

(6) $\dfrac{1}{x\ln x\ln(\ln x)}$；

(7) $\dfrac{4}{\mathrm{e}^{2t}+\mathrm{e}^{-2t}+2}$ 或 $\dfrac{1}{\mathrm{ch}^2 t}$；

(8) $\dfrac{2\sqrt{x}+1}{4\sqrt{x}\sqrt{x+\sqrt{x}}}$；

(9) $y'=\begin{cases}\dfrac{2}{1+t^2}, & t^2<1 \\[2mm] -\dfrac{2}{1+t^2}, & t^2>1\end{cases}$；

(10) $\dfrac{1}{x^2}\tan\dfrac{1}{x}$.

6. $f(x)g(x)$ 在 x_0 处可导，其导数为 $f'(x_0)g(x_0)$.

7. 略.

习题 2-3

1. (1) $6+4\mathrm{e}^{2x}-\dfrac{1}{x^2}$；
   (2) $4\mathrm{e}^{2x-1}$；
   (3) $-2\mathrm{e}^{-t}\cos t$；

   (4) $2\cos x - x\sin x$；
   (5) $2\arctan x+\dfrac{2x}{1+x^2}$；
   (6) $-\dfrac{2(1+x^2)}{(1-x^2)^2}$；

   (7) $2\sec^2 x\tan x$；
   (8) $\dfrac{\mathrm{e}^x(x^2-2x+2)}{x^3}$.

2. 略.

3. (1) $2^{n-1}\sin\left[2x+(n-1)\dfrac{\pi}{2}\right]$；
   (2) $(-1)^n \dfrac{(n-2)!}{x^{n-1}}(n\geqslant 2)$；

   (3) $\mathrm{e}^x(x+n)$；
   (4) $(-1)^{n-1}(n-1)!\left[\dfrac{1}{(x+1)^n}-\dfrac{1}{(x-1)^n}\right]$.

4. (1) $-4\mathrm{e}^x\cos x$；
   (2) $y^{(20)}=2^{20}\mathrm{e}^{2x}(x^2+20x+95)$.

习题 2-4

1. (1) $\dfrac{y}{y^2-x}$；
   (2) $\dfrac{ay+x}{y-ax}$；
   (3) $\dfrac{y(x\ln y-y)}{x(y\ln x-x)}$；
   (4) $-\dfrac{\mathrm{e}^y}{1+x\mathrm{e}^y}$.

2. (1) $-\dfrac{1}{y^3}$；
   (2) $\dfrac{\mathrm{e}^{2y}(3-y)}{(2-y)^3}$；
   (3) $-2\csc^2(x+y)\cot^3(x+y)$；

   (4) $-\dfrac{1}{y\ln^3 y}$.

3. (1) $\left(\dfrac{x}{1+x}\right)^x\left(\ln\dfrac{x}{1+x}+\dfrac{1}{1+x}\right)$；
   (2) $\dfrac{1}{5}\sqrt[5]{\dfrac{x-5}{\sqrt{x^2+2}}}\left[\dfrac{1}{x-5}-\dfrac{2x}{5(x^2+2)}\right]$；

   (3) $\dfrac{\sqrt{x+2}(3-x)^4}{(x+1)^5}\left[\dfrac{1}{2(x+2)}-\dfrac{4}{3-x}-\dfrac{5}{x+1}\right]$；

   (4) $\dfrac{1}{2}\sqrt{x\sin x\sqrt{1-\mathrm{e}^x}}\left[\dfrac{1}{x}+\cot x-\dfrac{\mathrm{e}^x}{2(1-\mathrm{e}^x)}\right]$.

4. (1) $-\tan^2 t$;　　(2) $\dfrac{\cos t - t\sin t}{1 - \sin t - t\cos t}$.

5. (1) $\dfrac{2}{t^5}$;　　　(2) $-\dfrac{b}{a^2 \sin^3 t}$;　　(3) $\dfrac{4}{9}\mathrm{e}^{3t}$;　　(4) $\dfrac{1}{f''(t)}$.

6. $\sqrt{3} - 2$.

7. $\dfrac{16}{25\pi} \approx 0.204\,\mathrm{m/min}$.

习题 2-5

1. 切线方程：$x - y - 1 = 0$；法线方程：$x + y - 1 = 0$.

2. 切线方程：$y = x - \mathrm{e}$；法线方程：$y = \mathrm{e} - x$.

3. 切线方程：$x + y - \dfrac{\sqrt{2}}{2}a = 0$；法线方程：$x - y = 0$.

4. 切线方程：$y - 1 = \dfrac{1}{2}(x - 2)$；法线方程：$y - 1 = -2(x - 2)$.

5. 略.

6. $M_C = 450 + 0.04x$；$M_L = 40 - 0.04x$；1000 吨.

7. $\eta(P) = -0.66$.

8. $3\mathrm{m/s}$, $1\mathrm{s}$.

习题 2-6

1. 当 $\Delta x = 1$ 时，$\Delta y = 18$，$\mathrm{d}y = 11$；当 $\Delta x = 0.1$ 时，$\Delta y = 0.161$，$\mathrm{d}y = 1.1$；当 $\Delta x = 0.01$ 时，$\Delta y = 0.110601$，$\mathrm{d}y = 0.11$.

2. (1) $(x^2 + 1)^{-\frac{3}{2}}\mathrm{d}x$;　　　　(2) $\left(-\dfrac{1}{x^2} + \dfrac{\sqrt{x}}{x}\right)\mathrm{d}x$;

　　(3) $(\sin 2x + 2x\cos 2x)\mathrm{d}x$;　　(4) $2x(1 + x)\mathrm{e}^{2x}\mathrm{d}x$;

　　(5) $\mathrm{e}^{-x}[\sin(3 - x) - \cos(3 - x)]\mathrm{d}x$;　　(6) $8x\tan(1 + 2x^2)\sec^2(1 + 2x^2)\mathrm{d}x$;

　　(7) $-\dfrac{2x}{1 + x^4}\mathrm{d}x$;　　　(8) $A\omega\cos(\omega t + \varphi)\mathrm{d}t$.

3. 约减少 $43.63\,\mathrm{cm}^2$；约增加 $104.72\,\mathrm{cm}^2$.

4. (1) 0.8748;　　　(2) 2.0052.

5. 略.

总复习题二

1. (1) 充分；必要；　　(2) 充分必要；　　(3) 充分必要.

2. (1) D;　　(2) B.

3. 略.

4. (1) $f'_-(0) = f'_+(0) = f'(0) = 1$;

　　(2) $f'_-(0) = 1$; $f'_+(0) = 0$; $f'(0)$ 不存在.

5. $f'(x) = \begin{cases} \dfrac{1}{2}, & |x| > 1 \\ \dfrac{1}{1 + x^2}, & |x| \leqslant 1 \end{cases}$.

6. (1) $\dfrac{\cos x}{|\cos x|}$;　　　　　　(2) $\dfrac{1}{1+x^2}$;　　　　　　(3) $\dfrac{e^x}{1+e^{2x}}$;

 (4) $-\dfrac{\tan x}{\ln \sin x}-\cot x\dfrac{\ln \cos x}{\ln^2 \sin x}$;　(5) $\sin x \cdot \ln \tan x$;　(6) $\dfrac{e^x}{\sqrt{1+e^{2x}}}$;

 (7) $x^{\frac{1}{x}-2}(1-\ln x)$;　　　(8) $(1+x^2)^{\arctan x-1}\left[\ln(1+x^2)+2x\arctan x\right]$.

7. $\dfrac{\mathrm{d}y}{\mathrm{d}x}=\dfrac{1}{2t}$,$\dfrac{\mathrm{d}^2 y}{\mathrm{d}x^2}=-\dfrac{1+t^2}{4t^3}$.

8. (1) $y^{(n)}(0)=\begin{cases}\dfrac{(-1)^{n-1}n!}{n-2}, & n\geqslant 3 \\ 0, & n=1,2\end{cases}$;

 (2) $y^{(n)}=\begin{cases}(-1)^n n!\left[\dfrac{8}{(x-2)^{n+1}}-\dfrac{1}{(x-1)^{n+1}}\right], & n\geqslant 2 \\ 1-\dfrac{8}{(x-2)^2}+\dfrac{1}{(x-1)^2}, & n=1\end{cases}$.

9. $a=-1$; $b=-1$.

10. (1) $b=-\dfrac{1}{3}$;　　(2) $y=7x+3$ 或 $y=3x+3$.

11. 1.007.

第 3 章

习题 3-1

1～9 略.

习题 3-2

1. (1) $\ln a$;　(2) $\dfrac{2}{5}$;　(3) 2;　(4) $\dfrac{1}{6}$;　(5) $-\dfrac{1}{2}$;　(6) $-\dfrac{1}{3}$;

 (7) 2;　(8) 1;　(9) 1;　(10) $\dfrac{1}{5}$;　(11) e;　(12) $e^{-\frac{1}{6}}$;

 (13) e^{-1};　(14) e^6;　(15) 1;　(16) 1;　(17) 1;　(18) $\dfrac{1}{2}$;

 (19) $-\dfrac{1}{3}$;　(20) $\dfrac{1}{3}$;　(21) $\dfrac{\ln a}{6}$;　(22) -2;　(23) $+\infty$;　(24) 1.

2. 略.

3. 略.

4. $a=1$,$b=-\dfrac{5}{2}$.

习题 3-3

1. $-1-(x+1)-(x+1)^2-\cdots-(x+1)^n+\dfrac{(-1)^{n+1}}{\xi^{n+2}}(x+1)^{n+1}$,$\xi\in(-1,x)$.

2. $5-13(x+1)+11(x+1)^2-2(x+1)^3$.

3. $2+\dfrac{1}{4}(x-4)-\dfrac{1}{64}(x-4)^2+\dfrac{1}{512}(x-4)^3-\dfrac{15(x-4)^4}{4!\cdot 16[4+\theta(x-4)^{\frac{7}{2}}]}$,$0<\theta<1$.

4. $x+x^2+\dfrac{1}{2!}x^3+\cdots+\dfrac{n+1+\theta x}{(n-1)!}\mathrm{e}^{\theta x}x^{n+1}$，$0<\theta<1$.

5. (1) $\ln 1.2\approx 0.1847$，$|R_3|<4\times 10^{-4}$；

 (2) $\sin 18°\approx 0.3090$，$|R_3|<4\times 10^{-4}$.

6. (1) $\dfrac{1}{2}$；　　(2) $\dfrac{3}{2}$；　　(3) $\dfrac{1}{6}$；　　(4) $-\dfrac{1}{12}$；　　(5) $\dfrac{1}{3}$；　　(6) 0.

习题 3-4

1. 单调增加.

2. (1) 单调增加区间为 $(-\infty,-1]\cup[5,+\infty)$；单调减少区间为 $[-1,5]$.

 (2) 单调增加区间为 $[-2,0]\cup[2,+\infty)$；单调减少区间为 $(-\infty,-2]\cup[0,2]$.

 (3) 单调增加区间为 $\left(-\infty,\dfrac{1}{3}\right]\cup[2,+\infty)$；单调减少区间为 $\left[\dfrac{1}{3},2\right]$.

 (4) 单调增加区间为 $\left[\sqrt{\dfrac{5}{2}},+\infty\right)$；单调减少区间为 $\left[0,\sqrt{\dfrac{5}{2}}\right]$.

 (5) 单调增加区间为 $\left(k\pi-\dfrac{\pi}{2},k\pi+\dfrac{\pi}{2}\right)$.

 (6) 单调增加区间为 $(-\infty,+\infty)$.

3. 略.

4. (1) 在 $(-\infty,+\infty)$ 为凹函数；　　(2) 在 $(-\infty,+\infty)$ 为凸函数；

 (3) 在 $(-\infty,+\infty)$ 为凹函数；　　(4) 在 $(0,+\infty)$ 为凹函数.

5. (1) 拐点 $\left(\dfrac{5}{3},\dfrac{20}{27}\right)$；在 $\left(-\infty,\dfrac{5}{3}\right]$ 凸，在 $\left[\dfrac{5}{3},+\infty\right)$ 凹.

 (2) 拐点 $\left(-\dfrac{1}{\sqrt{2}},\dfrac{1}{\sqrt{\mathrm{e}}}\right)$ 和 $\left(\dfrac{1}{\sqrt{2}},\dfrac{1}{\sqrt{\mathrm{e}}}\right)$；在 $\left(-\infty,-\dfrac{1}{\sqrt{2}}\right]\cup\left[\dfrac{1}{\sqrt{2}},+\infty\right)$ 凹，在 $\left[-\dfrac{1}{\sqrt{2}},\dfrac{1}{\sqrt{2}}\right]$ 凸.

 (3) 拐点 $\left(2,\dfrac{2}{\mathrm{e}^2}\right)$；在 $(-\infty,2]$ 凸，在 $[2,+\infty)$ 凹.

 (4) 拐点 $(-1,0)$；在 $(-\infty,-1]\cup(0,+\infty)$ 凹，在 $[-1,0)$ 凸.

 (5) 无拐点，处处凹.

 (6) 拐点 $\left(\dfrac{1}{2},\mathrm{e}^{\arctan\frac{1}{2}}\right)$；在 $\left(-\infty,\dfrac{1}{2}\right]$ 凹，在 $\left[\dfrac{1}{2},+\infty\right)$ 凸.

 (7) 拐点 $(1,-7)$；在 $(0,1]$ 凸，在 $[1,+\infty)$ 凹.

 (8) 拐点 $\left(1,\dfrac{4}{3}\right)$；在 $(-\infty,1]$ 凸，在 $[1,+\infty)$ 凹.

6. 略.

习题 3-5

1. (1) 极大值为 $f\left(-\dfrac{1}{3}\right)=\dfrac{14}{27}$；极小值为 $f(3)=-18$.

 (2) 极大值为 $f(0)=2$；极小值为 $f(\pm 2)=-14$.

 (3) 极大值为 $f\left(\dfrac{\pi}{4}+2k\pi\right)=\dfrac{\sqrt{2}}{2}\mathrm{e}^{\frac{\pi}{4}+2k\pi}$；极小值为 $f\left(\dfrac{\pi}{4}+(2k+1)\pi\right)=-\dfrac{\sqrt{2}}{2}\mathrm{e}^{\frac{\pi}{4}+(2k+1)\pi}$，

$k\in\mathbf{Z}$.

 (4) 无极值.

261

(5) 极大值为 $f\left(\dfrac{1}{3}\right)=\dfrac{125}{27}$；极小值为 $f(2)=0$.

(6) 极大值为 $f(-1)=1$；极小值为 $f(0)=0$.

(7) 极大值为 $f(-\sqrt{2})=\dfrac{4+3\sqrt{2}}{4-3\sqrt{2}}$；极小值为 $f(\sqrt{2})=\dfrac{4-3\sqrt{2}}{4+3\sqrt{2}}$.

(8) 极大值为 $f(0)=4$；极小值为 $f(-2)=\dfrac{8}{3}$.

2. $a=\dfrac{1}{2}$，$b=\sqrt{3}$，$x=\dfrac{\sqrt{3}}{3}$.

3. $a=2$，$f\left(\dfrac{\pi}{3}\right)=\sqrt{3}$ 为极大值.

4. $f(c)$ 为极小值.

5. (1) 最大值为 $f(0)=0$，最小值为 $f(-1)=-2$；

(2) 最大值为 $f(4)=80$，最小值为 $f(-1)=-5$；

(3) 最大值为 $f\left(\dfrac{\pi}{4}\right)=1$，最小值为 $f(0)=0$；

(4) 最大值为 $f(0)=0$，最小值为 $f(-2)=f(4)=-4$；

(5) 最大值为 $f(3)=11$，最小值为 $f(2)=-14$；

(6) 最大值为 $f(1)=f\left(\dfrac{5}{2}\right)=5$，最小值为 $f(0)=0$.

6. 底长为 6cm，高为 3cm.

习题 3-6

略.

习题 3-7

1. $k=\dfrac{\sqrt{2}}{4}$.

2. $k=2$，$\rho=\dfrac{1}{2}$.

3. 顶点处曲率最大，曲率半径为 $\rho=\dfrac{1}{2}$.

4. $k=\dfrac{\sqrt{2}}{4}$，$\rho=2\sqrt{2}$.

总复习题三

1. 2.

2. ka.

3~7 略.

8. (1) 2； (2) $\dfrac{1}{2}$； (3) $a_1 a_2 \cdots a_n$； (4) $\ln\dfrac{a}{b}$.

9~12 略.

13. $\sqrt[3]{3}$.

14. $y = 2x + 1$.

15. 略.

16. $a = \dfrac{4}{3}$, $b = -\dfrac{1}{3}$.

17. 略.

第 4 章

习题 4-1

1. (1) $\dfrac{1}{4}x^2 - \ln|x| - \dfrac{1}{2}x^{-2} + \dfrac{4}{3}x^{-3} + C$;

    (2) $-\dfrac{2}{3}x^{-\frac{3}{2}} + C$;

    (3) $\dfrac{3}{4}x^{\frac{4}{3}} - 2x^{\frac{1}{2}} + C$;

    (4) $\dfrac{2^x}{\ln 2} + \dfrac{1}{3}x^3 + C$;

    (5) $\dfrac{8}{15}x^{\frac{15}{8}} + C$;

    (6) $-\dfrac{1}{x} - \arctan x + C$;

    (7) $x^3 - x + 2\arctan x + C$;

    (8) $\dfrac{2^x \mathrm{e}^x}{1 + \ln 2} + C$;

    (9) $\dfrac{7\left(\dfrac{3}{2}\right)^x}{\ln 3 - \ln 2} - 9x + C$;

    (10) $\dfrac{x + \sin x}{2} + C$;

    (11) $\dfrac{1}{2}\tan x + C$;

    (12) $\sin x - \cos x + C$;

    (13) $-(\cot x + \tan x) + C$;

    (14) $\sqrt{\dfrac{2h}{g}} + C$.

2. $-\sin x$.

3. $\dfrac{1}{x\sqrt{1 - x^2}}$.

4. $y = \ln|x| + 1$.

习题 4-2

(1) $\dfrac{1}{2}\mathrm{e}^{2x} + C$;

    (2) $-\dfrac{1}{12}(3 - 2x)^6 + C$;

(3) $-\dfrac{1}{2(1 + 2x)} + C$;

    (4) $-\dfrac{2}{3}\sqrt{5 - 3x} + C$;

(5) $\dfrac{1}{9}\tan^9 x + C$;

    (6) $-\dfrac{1}{a}\cos ax - b\mathrm{e}^{\frac{x}{b}} + C$;

(7) $\dfrac{1}{2}\ln(1 + x^2) + C$;

    (8) $-\dfrac{1}{2}\mathrm{e}^{-x^2} + C$;

(9) $-\dfrac{1}{2}\sqrt{1 - 2x^2} + C$;

    (10) $-\dfrac{2^{\arccos x}}{\ln 2} + C$;

(11) $2|\ln\sec\sqrt{x} + \tan\sqrt{x}| + C$;

    (12) $-\cos\sqrt{1 + x^2} + C$;

(13) $-\dfrac{1}{\arcsin x}+C$;

(14) $(\arctan \sqrt{x})^2+C$;

(15) $\dfrac{1}{2}\ln (1+\ln^2 x)+C$;

(16) $\ln |\ln \ln x|+C$;

(17) $\dfrac{1}{2}\arctan (\sin^2 x)+C$;

(18) $-\dfrac{1}{3\omega}\cos^3 (\omega t+\varphi)+C$;

(19) $\ln |\mathrm{e}^x-1|+C$;

(20) $\ln |\tan x|+C$;

(21) $-\dfrac{1}{x\ln x}+C$;

(22) $\dfrac{1}{2}(\ln \tan x)^2+C$;

(23) $\dfrac{1}{2}\ln (x^2+2x+5)+C$;

(24) $-\cos x+\dfrac{1}{3}\cos^3 x+C$;

(25) $\dfrac{t}{2}+\dfrac{1}{4\omega}\sin 2(\omega t+\varphi)+C$;

(26) $\dfrac{1}{3}\sec^3 x-\sec x+C$;

(27) $\tan x-2\sec x+C$;

(28) $\dfrac{1}{2}x^2-8\ln (x^2+16)+C$;

(29) $\dfrac{1}{2}\arcsin \dfrac{2}{3}x+\dfrac{1}{4}\sqrt{9-4x^2}+C$;

(30) $\dfrac{1}{4}(\ln |x-3|-\ln |x+1|)+C$;

(31) $\dfrac{1}{2\sqrt{2}}\ln \left|\dfrac{\sqrt{2}x-1}{\sqrt{2}x+1}\right|+C$;

(32) $\dfrac{1}{2}\cos x-\dfrac{1}{10}\cos 5x+C$;

(33) $\dfrac{1}{3}\sin \dfrac{3}{2}x+\sin \dfrac{x}{2}+C$;

(34) $\dfrac{1}{4}\sin 2x-\dfrac{1}{24}\sin 12x+C$.

习题 4-3

1. (1) $\dfrac{2}{3}\sqrt{3x}-\dfrac{2}{3}\ln (1+\sqrt{3x})+C$;

(2) $\dfrac{2}{27}(3x-1)^{\frac{3}{2}}+\dfrac{2}{9}(3x-1)^{\frac{1}{2}}+C$;

(3) $\arccos \dfrac{1}{|x|}+C$;

(4) $\sqrt{x^2-9}-3\arccos \dfrac{3}{|x|}+C$;

(5) $\dfrac{1}{4}\ln \left|\dfrac{\sqrt{4-x^2}-2}{\sqrt{4-x^2}+2}\right|+C$;

(6) $\dfrac{x}{\sqrt{1+x^2}}+C$;

(7) $\dfrac{1}{15}(8-4x^2+3x^4)\sqrt{1+x^2}+C$;

(8) $2\ln (\sqrt{1+\mathrm{e}^x}-1)-x+C$;

(9) $\arcsin x-\dfrac{x}{1+\sqrt{1-x^2}}+C$;

(10) $\dfrac{1}{2}(\arcsin x+\ln |x+\sqrt{1+x^2}|)+C$;

(11) $\dfrac{1}{2}\left(\dfrac{x+1}{x^2+1}+\ln (1+x^2)+\arctan x\right)+C$;

(12) $\dfrac{1}{2}\ln (x^2+2x+3)-\sqrt{2}\arctan \dfrac{x+1}{\sqrt{2}}+C$.

2. $f(x)=2\sqrt{x+1}-1$.

习题 4-4

1. (1) $-x\cos x+\sin x+C$;

(2) $\mathrm{e}^{-x}\cdot (-x-1)+C$;

(3) $2x\sin \dfrac{x}{2}+4\cos \dfrac{x}{2}+C$;

(4) $x^2\sin x+2x\cos x-2\sin x+C$;

(5) $x\arctan x-\dfrac{1}{2}\ln(1+x^2)+C$;

(6) $x\ln(1+x^2)-2x+2\arctan x+C$;

(7) $-\dfrac{1}{2}x^2+x\tan x+\ln|\cos x|+C$;

(8) $x\ln^2 x-2x\ln x+2x+C$;

(9) $\dfrac{1}{2}(x^2-1)\ln(x-1)-\dfrac{1}{4}x^2-\dfrac{1}{2}x+C$;

(10) $-\dfrac{1}{x}(\ln x+1)+C$;

(11) $x(\arcsin x)^2+2\sqrt{1-x^2}\arcsin x-2x+C$;

(12) $\dfrac{2}{3}(\sqrt{3x+9}-1)\mathrm{e}^{\sqrt{3x+9}}+C$;

(13) $2\sqrt{x}\ln(1+x)-4\sqrt{x}+4\arctan\sqrt{x}+C$;

(14) $\dfrac{\mathrm{e}^{-x}}{2}(\sin x-\cos x)+C$;

(15) $\dfrac{x}{2}(\cos\ln x+\sin\ln x)+C$;

(16) $\dfrac{1}{2}\mathrm{e}^x-\dfrac{1}{5}\mathrm{e}^x\sin 2x-\dfrac{1}{10}\mathrm{e}^x\cos 2x+C$.

2. $\dfrac{x\cos x-2\sin x}{x}+C$.

3. $x\ln x+C$.

习题 4-5

(1) $\dfrac{1}{3}x^3-\dfrac{3}{2}x^2+9x-27\ln|x+3|+C$;

(2) $\ln|x-2|+\ln|x+5|+C$;

(3) $-\dfrac{1}{x-1}-\dfrac{1}{(x-1)^2}+C$;

(4) $\ln\left(\dfrac{x+3}{x+2}\right)^2-\dfrac{3}{x+3}+C$;

(5) $2\ln|x+2|-\dfrac{1}{2}\ln|x+1|-\dfrac{3}{2}\ln|x+3|+C$;

(6) $\dfrac{1}{2}\ln|x^2-1|+\dfrac{1}{x+1}+C$;

(7) $-\dfrac{1}{2}\ln\dfrac{x^2+1}{x^2+x+1}+\dfrac{\sqrt{3}}{3}\arctan\dfrac{2x+1}{\sqrt{3}}+C$;

(8) $\arctan x-\dfrac{1}{x^2+1}+C$;

(9) $-\dfrac{x+1}{x^2+x+1}-\dfrac{4}{\sqrt{3}}\arctan\dfrac{2x+1}{\sqrt{3}}+C$;

(10) $\dfrac{2}{\sqrt{3}}\arctan\dfrac{2\tan\frac{x}{2}+1}{\sqrt{3}}+C$.

总复习题四

1. (1) $\dfrac{1}{2}\ln\dfrac{|\mathrm{e}^x-1|}{\mathrm{e}^x+1}+C$;

(2) $\dfrac{1}{2(1-x)^2}-\dfrac{1}{1-x}+C$;

(3) $\dfrac{1}{6a^3}\ln\left|\dfrac{a^3+x^3}{a^3-x^3}\right|+C$;

(4) $\ln|x+\sin x|+C$;

(5) $\ln x(\ln\ln x-1)+C$;

(6) $\dfrac{1}{2(\ln 3-\ln 2)}\ln\left|\dfrac{3^x-2^x}{3^x+2^x}\right|+C$;

(7) $-\ln|\csc x+1|+C$;

(8) $2\ln(\sqrt{x}+\sqrt{1+x})+C$ 或 $\ln\left|x+\dfrac{1}{2}+\sqrt{x(1+x)}\right|+C$;

(9) $\dfrac{1}{20}(\ln x^{10}-\ln(x^{10}+2))+C$;

(10) $x+\ln|5\cos x+2\sin x|+C$;

(11) $-\dfrac{\sqrt{(1+x^2)^3}}{3x^3}+\dfrac{\sqrt{1+x^2}}{x}+C$;

(12) $(4-2x)\cos\sqrt{x}+4\sqrt{x}\sin\sqrt{x}+C$;

(13) $2\sin \dfrac{x}{2}-2\cos \dfrac{x}{2}+C$；

(14) $(x+1)\arctan \sqrt{x}-\sqrt{x}+C$；

(15) $\dfrac{x^4}{8(1+x^8)}+\dfrac{1}{8}\arctan x^4+C$；

(16) $\dfrac{x^4}{4}+\ln \dfrac{\sqrt[4]{x^4+1}}{x^4+2}+C$；

(17) $\ln |x|-\dfrac{1}{4}\ln (1+x^8)+C$；

(18) $\ln \dfrac{x}{(\sqrt[6]{x}+1)^6}+C$；

(19) $\dfrac{x\ln x}{\sqrt{1+x^2}}-\ln (x+\sqrt{1+x^2})+C$；

(20) $\dfrac{1}{1+\mathrm{e}^x}+\ln \dfrac{\mathrm{e}^x}{1+\mathrm{e}^x}+C$；

(21) $x\ln (x+\sqrt{1+x^2})-\sqrt{1+x^2}+C$；

(22) $\dfrac{x}{4\cos^4 x}-\dfrac{1}{4}\left(\tan x+\dfrac{1}{3}\tan^3 x\right)+C$；

(23) $\dfrac{1}{4}(\arcsin x)^2+\dfrac{x}{2}\sqrt{1-x^2}\arcsin x-\dfrac{x^2}{4}+C$；

(24) $\mathrm{e}^{\sin x}(x-\sec x)+C$；

(25) $x\ln (x+\sqrt{1+x^2})-2\sqrt{1+x^2}\ln (x+\sqrt{1+x^2})+2x+C$；

(26) $\dfrac{1}{6}\ln \dfrac{x^2+1}{x^2+4}+C$；

(27) $\dfrac{2}{1+\tan \dfrac{x}{2}}+x+C$ 或 $\sec x+x-\tan x+C$；

(28) $x\tan \dfrac{x}{2}+\ln (1+\cos x)+C$；

(29) $\dfrac{1}{2}(\sin x-\cos x)-\dfrac{1}{2\sqrt{2}}\ln \left|\dfrac{\tan \dfrac{x}{2}-1+\sqrt{2}}{\tan \dfrac{x}{2}-1-\sqrt{2}}\right|+C$；

(30) $\dfrac{1}{3}\ln (2+\cos x)-\dfrac{1}{2}\ln (1+\cos x)+\dfrac{1}{6}\ln (1-\cos x)+C$；

(31) $\mathrm{e}^x\tan \dfrac{x}{2}+C$；

(32) $\dfrac{x}{4}+\dfrac{1}{24}\sin 6x+\dfrac{1}{16}\sin 4x+\dfrac{1}{8}\sin 2x+C$.

2. $-\dfrac{1}{3}\sqrt{(1-x^2)^3}+C$.

3. $x+2\ln |x-1|+C$.

4. $\dfrac{1}{2}\left[\dfrac{f(x)}{f'(x)}\right]^2+C$.

5. $x+\ln |x|-\ln |1+x\mathrm{e}^x|+C$.

第 5 章

习题 5-1

1. $\displaystyle\int_{T_1}^{T_2} v(t)\mathrm{d}t$，步骤略.

2. (1) $\dfrac{1}{2}$;　　　　(2) $\dfrac{1}{4}$.

3. (1) $\dfrac{1}{2}$;　　　　(2) 0;　　　　(3) $-\dfrac{3}{2}$;　　　　(4) $\dfrac{9\pi}{4}$.

4. (1) $\displaystyle\int_0^1 x\,\mathrm{d}x \geqslant \int_0^1 \ln(1+x)\,\mathrm{d}x$;　　　　(2) $\displaystyle\int_1^2 \mathrm{e}^x\,\mathrm{d}x \geqslant \int_1^2 \mathrm{e}x\,\mathrm{d}x$;

　　(3) $\displaystyle\int_3^4 \ln x\,\mathrm{d}x < \int_3^4 (\ln x)^2\,\mathrm{d}x$;　　　　(4) $\displaystyle\int_0^{\frac{\pi}{2}} x\,\mathrm{d}x \geqslant \int_0^{\frac{\pi}{2}} \sin x\,\mathrm{d}x$.

5. 略.

6. (1) $\dfrac{1}{2} \leqslant \displaystyle\int_{\frac{\pi}{4}}^{\frac{\pi}{2}} \dfrac{\sin x}{x}\,\mathrm{d}x \leqslant \dfrac{\sqrt{2}}{2}$;　　　　(2) $1 \leqslant \displaystyle\int_0^1 \mathrm{e}^{x^2}\,\mathrm{d}x \leqslant \mathrm{e}$;

　　(3) $6 \leqslant \displaystyle\int_1^4 (x^2+x)\,\mathrm{d}x \leqslant 60$;　　　　(4) $\dfrac{1}{2} \leqslant \displaystyle\int_0^1 \dfrac{1}{\sqrt{4-x^2+x^3}}\,\mathrm{d}x \leqslant \dfrac{3}{2}\sqrt{\dfrac{3}{26}}$.

7. 略.

习题 5-2

1. (1) $\sin(\mathrm{e}^x)$;　　(2) $3x^2\ln x^3 - 2x\ln x^2$;　　(3) $\sin(\pi\sin^2 x)\cos x + \sin(\pi\cos^2 x)\sin x$;

　　(4) $-\dfrac{2x}{1+x^4}$.

2. $-\dfrac{\mathrm{e}^{2x}}{\sin y}$.

3. $\dfrac{1}{2\sin u}$.

4. 略.

5. (1) 6;　　(2) $\dfrac{2}{3} - \dfrac{\sqrt{2}}{6}$;　　(3) $\dfrac{1442}{5}$;　　(4) $\dfrac{\pi}{4}$;　　(5) $\dfrac{2\mathrm{e}-1}{\ln 2\mathrm{e}}$;

　　(6) π;　　(7) $\dfrac{\pi}{2}-1$;　　(8) 0;　　(9) 2;　　(10) 1.

6. (1) $\dfrac{1}{2}$;　　(2) 2;　　(3) 1;　　(4) $\dfrac{1}{\mathrm{e}}$.

7. 1.

8. (1) $\ln 2$;　　(2) $\dfrac{2}{\pi}$.

习题 5-3

1. (1) 10;　　(2) $\dfrac{1}{5}(\mathrm{e}^5-1)$;　　(3) $\dfrac{1}{4}$;　　(4) $\dfrac{\pi}{8}+\dfrac{1}{4}$;　　(5) $\dfrac{1}{2}\ln\dfrac{11}{3}$;

　　(6) $2\sqrt{2}$;　　(7) a;　　(8) $\sqrt{2}-\dfrac{2\sqrt{3}}{3}$;　　(9) 0;　　(10) $\dfrac{3}{2}\pi$;

　　(11) $\dfrac{\pi^3}{324}$;　　(12) $\dfrac{1}{3}(\ln 4)^3$;　　(13) $\dfrac{2}{3}$;　　(14) 4.

2. 2.

3~5　略.

6. (1) $1-\dfrac{2}{e}$;　　　(2) $\dfrac{1}{4}(e^2+1)$;　　　(3) $\dfrac{\pi}{2}-1$;　　　(4) $\dfrac{\pi}{4}+\ln\dfrac{\sqrt{2}}{2}$;

(5) $\dfrac{e(\sin 1-\cos 1)+1}{2}$;　(6) $\dfrac{2}{5}(e^{\frac{\pi}{2}}+1)$;　　(7) $\ln(1+\sqrt{2})-\dfrac{2\sqrt{2}-1}{3}$;　　(8) 2.

习题 5-4

1. (1) π;　　　　　(2) $\dfrac{2}{3}$;　　　　　(3) 0;　　　　(4) 发散;

(5) 发散;　　　　(6) 发散;　　　　(7) 发散;　　　(8) 1;

(9) π;　　　　　(10) 发散.

2. 1.

总复习题五

1. (1) 必要,充分;　(2) 不一定;　(3) $\dfrac{1}{x}f(\ln x)+\dfrac{1}{x^2}f\left(\dfrac{1}{x}\right)$;　(4) $\dfrac{1}{\sqrt{1-e^{-1}}}$.

2. (1) $\dfrac{\pi^2}{2}+2\pi-4$;　　(2) $\dfrac{\pi}{4}$;　　(3) $\dfrac{\pi}{8}$;　　(4) 0;　　(5) $\dfrac{\pi}{2}$;

(6) $\ln\dfrac{2+e}{1+e}+\ln\dfrac{2}{3}+\dfrac{1}{2}-\dfrac{1}{1+e}$;　　(7) $\begin{cases}\dfrac{1}{3}x^3-\dfrac{2}{3}, & x<-1 \\ x, & -1\leqslant x\leqslant 1; \\ \dfrac{1}{4}x^4+\dfrac{3}{4}, & x>1\end{cases}$

(8) $\dfrac{\pi}{2}+\ln(2+\sqrt{3})$;　　(9) $e^{-2}\left(\dfrac{\pi}{2}-\arctan e\right)$;　　(10) $\dfrac{\pi}{8}\ln 2$;　　(11) $\ln 2$;

(12) $-\dfrac{\pi}{2}\ln 2$. $\left(提示:\displaystyle\int_{\frac{\pi}{4}}^{\frac{\pi}{2}}\ln\sin x\,dx=\int_0^{\frac{\pi}{4}}\ln\cos x\,dx\right)$

3. (1) $af(a)$;　(2) 1;　(3) $\dfrac{2}{3}(2\sqrt{2}-1)$;　(4) $\dfrac{1}{p+1}$;　(5) $\dfrac{\pi^2}{4}$;　(6) 12.

4. $-\dfrac{1}{2}$.

5. $8-2\pi-4\ln 2$.

6. $F(x)$ 在 $x=\pi$ 处连续但不可导.

7. $0<\alpha<2$.

8~13. 略.

第 6 章

习题 6-2

1. $\dfrac{8}{3}$.

2. $1-\cos 2$.

3. $\dfrac{3}{2}\pi a^2$.

4. $\dfrac{3\pi+2}{9\pi-2}$.

5. $\dfrac{\mathrm{e}}{2}-1$.

6. 略.(提示：利用椭圆的参数方程进行证明)

7. $\dfrac{1}{3}(\pi+3\sqrt{3}-2)$.

8. $a=-\dfrac{5}{4},b=\dfrac{3}{2},c=0$.

9. 略.

10. $2\pi^2$.

11. $\dfrac{\pi}{6}$.

12. $\dfrac{128\pi}{7}$，$\dfrac{64\pi}{5}$.

13. $\dfrac{35}{3}$，$\dfrac{1088\pi}{15}$.

14. 略.

15. $1+\dfrac{1}{2}\ln\dfrac{3}{2}$.

16. $2\sqrt{3}-\dfrac{4}{3}$.

17. $\dfrac{16a^3}{3}$.

18. $a=1,b=\sqrt{2}$(或 $a=\sqrt{2},b=1$).

19. 略.

20. $a\pi\sqrt{1+4\pi^2}+\dfrac{a}{2}\ln(2\pi+\sqrt{1+4\pi^2})$.

习题 6-3

1. $\dfrac{kq}{a}$.

2. $k\ln\dfrac{b}{a}$.

3. 3462kJ.

4. $mgR^2\left(\dfrac{1}{R}-\dfrac{1}{R+h}\right)$.

5. $\dfrac{1}{3}\rho r^3$.

6. $\dfrac{1}{6}\rho gah^2$(ρ 为水的密度)；压力增加了一倍.

7. 205.8kN.

8. $\dfrac{GmM}{a(l+u)}$.

习题 6-4

1. 31250.

2. (1) 510 元； (2) 12.6875 元； (3) 13.0625 元.

3. 10000.

4. $C(x) = 10000 + x^3 - 7x^2 + 100x$.

5. 产量为 300 吨时平均成本最低.

总复习题六

1. $\dfrac{\pi^2}{2}, 2\pi^2$.

2. 当 $t = \dfrac{1}{2}$ 时，S 最小；当 $t = 1$ 时，S 最大.

3. $\dfrac{\pi}{6}$.

4. (1) $a = e^{-1}, (e^2, 1)$； (2) $\dfrac{1}{6}\rho^2 - \dfrac{1}{2}$； (3) $\dfrac{\pi}{2}$.

5. $2, 9\pi$.

6. $\dfrac{\rho^2 + 1}{4}$.

7. 生产量为 200 单位时利润最大，最大利润为 39000 元.

8. $\sqrt{6} + \ln(\sqrt{2} + \sqrt{3})$.

9. 57697.5kJ.

10. $\sqrt{2} - 1$.

11. 1.65N.

12. 引力的大小为 $\dfrac{2Gmu}{R}\sin\dfrac{\varphi}{2}$，方向为 M 指向圆弧的中点.

13. 略.

14. $\dfrac{8}{9}\left[\left(\dfrac{5}{2}\right)^{\frac{3}{2}} - 1\right]$.

15. $a = 7\sqrt{7}$.

16. $4ab\arcsin\dfrac{b}{\sqrt{a^2 + b^2}} \; (0 < b < a)$.